Java和 Android 开发实战详解

陈会安 著 李强 改编

人民邮电出版社

北京

图书在版编目（CIP）数据

Java和Android开发实战详解 / 陈会安著. -- 北京
: 人民邮电出版社, 2014.1
ISBN 978-7-115-32615-7

Ⅰ. ①J… Ⅱ. ①陈… Ⅲ. ①
JAVA语言－程序设计②移动终端－应用程序－程序设计
Ⅳ. ①TP312②TN929.53

中国版本图书馆CIP数据核字(2013)第206125号

内 容 提 要

本书把 Java 和 Android 开发技术结合起来讲解，可以使读者更快适应 Android 的开发。

全书包括 18 章：第 1 章 Java 结构化程序设计，介绍了安装 JDK 和 Eclipse IDE 来建立 Java 开发环境；第 2 章详细说明 Java 程序的
基本架构；第 3 章~第 6 章是 Java 语言开发的技术，以便帮助读者建立基本的 Java 程序设计能力；第 7 章~第 9 章依次说明类与对象、
继承、多态、接口、嵌套类、抽象类和包，可以轻松带领读者进入面向对象程序设计的领域；第 10 章讲解了线程和泛型集合对象；第 11
章是 XML 与 Android 的开发基础；第 12 章~第 13 章讲解了建立第 1 个 Android 应用程序及和 Android 开发有关的核心技术；第 14 章讲
解了建立多活动的 Android 应用程序；第 15 章讲解了高级应用接口的菜单、对话框与列表接口；第 16 章讲解了存储数据、文件和 SQLite
数据库；第 17 章讲解内容提供者、广播接收器与信息提醒的系统服务；第 18 章讲解了 GPS 定位服务与 Google 地图开发的知识。

本书适合 Android 开发入门者、Java 程序员，以及作为大中专院校相关专业师生的学习用书，也可作为培训学校的教材。

- ◆ 著　　　　陈会安

  改　编　李　强

  责任编辑　张　涛

  责任印制　程彦红　焦志炜
- ◆ 人民邮电出版社出版发行　　北京市丰台区成寿寺路 11 号
  邮编　100164　电子邮件　315@ptpress.com.cn
  网址　http://www.ptpress.com.cn
  北京九州迅驰传媒文化有限公司印刷
- ◆ 开本：787×1092　1/16
  印张：24.75　　　　　　　2014 年 1 月第 1 版
  字数：603 千字　　　　　　2024 年 7 月北京第 15 次印刷
  著作权合同登记号　图字：01-2012-7078 号

定价：79.90 元
读者服务热线：(010)81055410　印装质量热线：(010)81055316
反盗版热线：(010)81055315

前　言

面向对象程序设计是目前程序设计的潮流。Java 语言是一款真正的面向对象程序语言，使用 Java 编写的程序代码会自然融入面向对象的概念，这是学习面向对象程序设计的最佳编写语言，目前最新版本为 Java SE 7。

Android 是一款基于 Linux 操作系统开发的开源（Open Source）操作系统，最初主要是针对手机等移动设备；现在 Android 已经逐渐扩展到平板电脑、笔记本电脑和其他领域，例如：电子书阅读器、MP4 播放器和 Internet 电视等；目前最新版本为 4.x 版。

本书可以作为大专院校、技术学院和科技大学程序语言(取代传统 Swing 或 AWT 的 Java 语言)、面向对象程序设计或手机程序设计课程的入门教材，初学程序设计者通过此书可以从 Java 语言开始，轻松进入 Android 应用程序开发的广阔天地。

本书提供完整 Java 程序语言与面向对象教学，在读者熟悉 Java 语言、面向对象和 Eclipse IDE 的使用后，再进入 Android 应用程序开发，真正从基础来深入学习 Android 应用程序设计。

因为 Android 应用程序开发是 Java 技术的扩展，也是当前的热门，有鉴于此，本书替换传统 Java 语言的窗口程序设计章节，改为 Android 应用程序开发，让学习 Java 语言和实际开发结合，以期帮助读者轻松地进入时下当红的软件开发领域。

在 Java 语言部分，不只详细说明 Java 语言的基本语法和程序设计，更使用大量图例和 UML 类图来说明面向对象概念，借此帮助读者学会面向对象的思考模式，使用面向对象程序设计来解决问题。

如何阅读本书

本书的架构遵循循序渐进的思路，首先简单介绍程序设计和如何搭建 Java 程序开发环境，（包括安装 JDK、Windows 操作系统的环境设置和 Eclipse IDE 的使用）；然后介绍 Java 基础语法，以及面向对象程序设计的理念；最后才进入 Android 应用程序开发。

第 1 章说明如何在 Windows 操作系统安装 JDK 和 Eclipse IDE 以搭建 Java 开发环境。第 2 章将创建本书的第 1 个 Java 应用程序并详细说明 Java 程序的基本结构。

第 3 章～第 6 章是 Java 语言的基础，包括属于传统结构化程序语言的变量、运算符、流程控制，以及过程与函数（方法），再加上数组和字符串。Java 初学者请详细阅读本篇，以便建立基本 Java 程序设计能力。

第 7 章～第 9 章依次说明类与对象、继承、多态、接口、嵌套类、抽象类和包，此篇使用大量程序范例辅以 UML 类图，可以带领读者轻松进入面向对象程序设计的天空。在第 10 章说明异常处理、线程和泛型集合对象。

第 11 章介绍 XML 与 Android 的基础知识，以及 Android 开发环境的建立，最后说明如何使用 Android 模拟器 AVD，也就是使用 Android 操作系统。第 12 章～第 13 章将创建第 1 个 Android 应用程序，说明 Android 程序的用户界面和事件处理，包括如何创建界面与界面控件，并且详细说明活动的生命周期。

第 14 章说明如何使用意图与意图过滤器来创建多活动的 Android 应用程序，以及如何启动操作系统内置的应用程序。第 15 章介绍菜单、对话框与列表控件。第 16 章介绍存储程序数据的偏好设置、文件与 SQLite 数据库。在第 17 章说明内容提供程序、广播接收器与信息提醒的系统服务。第 18 章介绍如何在 Android 应用程序使用 GPS 定位服务与 Google 地图。

源程序下载地址为：http://pan.baidu.com/s/1otQ0M。

附录 A 介绍 Java Applet、AWT 包与委托事件处理，即 Java 图形用户接口 AWT，附录 B 说明如何制作 Android 安装包以及发布 Android 应用程序。

在编著本书的过程中，作者虽力求完美，但学识与经验不足，谬误难免，请读者不吝指正。

编辑联系邮箱：zhangtao@ptpress.com.cn。

编者

目　录

第1章 编程语言与 Java 基础知识

1.1 编程语言基础知识

"编程语言"（Programming Language）是人类告诉计算机如何工作的一款语言，如同人与人之间沟通使用自然语言，编程语言被设计用于人类与计算机之间进行沟通。从技术角度来说，编程语言就是一款将执行指令传达给计算机的标准通信技术。

1.1.1 程序、软件与应用程序

在说明编程语言之前，我们需要了解什么是程序、软件与应用程序。简单地说来，编程语言提供了语法，可以让我们编写程序代码来建立程序，程序经编译建立成应用程序后，就可以归类成不同软件。

1. 程序

"程序"（Program）是使用指定编程语言所编写的特殊符号的组合，这些符号组成指令和语句，再进一步编写成程序代码，程序代码可以告诉计算机解决指定问题的步骤。

简单地说，程序就像是一个转换器，当从计算机键盘或鼠标取得输入数据后，程序就可以将数据转换成有用的信息，如图 1-1 所示。

▲图 1-1

如图 1-1 所示的输出结果可能显示在屏幕或是从打印机打印出来，计算机只是按照程序的指令将输入数据进行转换，并产生所需的输出结果。换句话说，为了让计算机能够看懂程序，程序需要根据编程语言的规则、结构和语法，以指定文字或符号来编写程序，例如，使用 Java 编程语言编写的程序称为 Java 程序代码（Java Code），或称为"源代码"（Source Code）。

编程语言与人类使用的自然语言的最大不同，在于我们平常使用的语言并不要求十分精确，就算有一些小错误也一样可以猜测其意义。但是计算机就没有这么聪明，一定要严格遵照编程语言规则来编写程序，否则计算机执行程序就会产生错误。

2. 软件与应用程序

"应用程序"（Application）是一款处理指定工作的计算机程序，例如，数学计算分析、文字处理、电子表格工具以及编程语言的集成开发工具等。"软件"（Software）是在计算机执行的应用程序或者操作系统的泛称，通常软件可以是一款或多款程序或整套应用程序的泛称。

1.1.2　编程语言的种类

随着计算机科技的进步，编程语言已经发展成一个庞大的族群。在编程语言的分类上，按照其发展时代来区分可以分为五代，如表 1-1 所示。

表 1-1　　　　　　　　　　　　　　　　编程语言的分代

代	编程语言
第一代	机器语言（Machine Language）
第二代	汇编语言（Assembly Language）
第三代	高级语言（High Level Language）
第四代	应用程序产生的语言（Application-Generation Language）或查询语言（Query Language）
第五代	面向逻辑语言（Logic-Oriented Language）

所谓第四代语言是特定应用程序专用的编程语言，例如，用于数据库查询的 SQL 语言。第五代编程语言主要是使用在人工智能和专家系统的逻辑分析语言，也称为"自然语言"（Natural Languages）。

1.1.3　低级语言

如果按照与程序编写者的亲和度来区分，编程语言可以分为偏向计算机的低级语言和编写者容易了解的高级编程语言。

低级语言（Low Level Language）是一款面向计算机不容易了解的编程语言。简单地说，它是计算机看得懂的编程语言。所以执行效率高，但是用户并不易学习。低级语言主要有两款：机器语言和汇编语言。

1. 机器语言（Machine Language）

机器语言使用二进制的 0 和 1 来表示程序代码，计算机可以直接执行机器语言的程序代码，所以执行效率最高，如下所示：

```
0111 0001 0000 1111
1001 1101 1011 0001
```

2. 汇编语言（Assembly Language）

汇编语言使用一些由简单符号组成的指令集来代表机器语言 0 和 1 表示的二进制程序代码。其建立的程序代码只需使用"汇编程序"（Assembler）就可以转换成机器语言，然后在计算机上执行。汇编语言是一款十分接近机器语言的编程语言，如下所示：

```
MOV AX 01
MOV BX 02
ADD AX BX
```

1.1.4 高级语言

高级语言（High Level Languages）是一种接近人类语言的编程语言，或称为半英文（Half-English）编程语言。因为计算机不能马上看懂，所以需要进一步翻译转换成机器语言，其转换的程序代码通常比直接使用机器语言编写的代码冗长，所以效率较低，但是非常适合用户学习。

目前常见的高级语言有：Basic、C/C++、C#、Java、Fortran、COBOL 和 Pascal 等。高级语言需要进行翻译，将程序代码转译成机器语言的执行文件后，才能在计算机上执行，翻译方式有两款：使用编译程序和使用解释程序。

1. 编译程序（Compiler）

C/C++等编程语言属于编译型语言，编译程序需要检查完整个程序文件的代码，在完全没有错误的情况下，才会翻译成机器语言的程序文件。其主要功能有两项，具体如下所示。

- 检查程序错误。
- 将程序翻译成机器语言的程序文件。

2. 解释程序（Interpreter）

早期 Basic 语言（例如 BASICA、QuickBasic 等）和目前网页技术常见的"脚本"（Scripts）语言，例如 VBScript 和 JavaScript，都属于解释型语言。解释程序在处理程序代码时，并不会输出可执行文件，而是直接一个指令一个动作，一行一行地执行程序代码，其执行效率相对较低，但是非常便于系统开发阶段的程序调试。

1.1.5 程序是如何执行的

程序在计算机实际执行的过程对于高级编程语言来说并非十分重要。不过，对计算机执行程序有一定的认识，在程序设计时仍然有一定的帮助。

不论我们是使用高级或低级编程语言来编写程序，所编写的程序代码最后都会编译成计算机看得懂的机器语言，这些指令是 CPU 支持的"指令集"（Instruction Set）。

因为各计算机使用的 CPU 不同，其支持的指令集也不相同。但要认识到，虽然高级语言有很多种，但是 CPU 只懂一种语言，也就是其能执行的机器语言，如图 1-2 所示。

图 1-2 所示为计算机的基本结构，其中 CPU 使用总线来连接周边设备，在图 1-2 只绘出主存储器。CPU 执行机器语言程序是一种例行工作，过程只是依次将存储在内存的机器语言指令"取出和执行"（Fetch-and-execute）。简单地说，CPU 从内存中访问出指令，然后执行此指令；取出下一个指令，再执行它。现在我们可以来简单了解程序执行的步骤，具体如下所示。

- 在计算机主存储器存储机器语言的程序代码和数据。

● 由 CPU 从内存依次取出一个个机器语言指令，然后执行它。当然，CPU 并非真正了解机器语言在做什么，这只是它的例行工作——依次执行机器语言指令，所以用户设计的程序不能有错误，因为 CPU 实在没有聪明到能够替您的程序纠错。

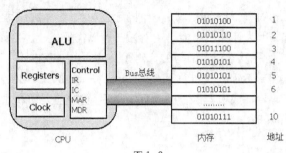

▲图 1-2

1．中央处理器

中央处理器（CPU）是计算机实际提供运算功能的组件，目前的个人计算机都是使用单芯片集成电路（Integrated Circuit，IC）来作为处理器的，其主要功能是使用 "ALU"（Arithmetic and Logic Unit，算术逻辑单元）中的逻辑电路进行运算，执行机器语言的指令。

在 CPU 拥有很多组 "寄存器"（Registers），寄存器是位于 CPU 内部的内存，可以暂时存储数据或机器语言指令，例如，执行加法指令需要两个操作数，运算时这两个操作数数据就存储在寄存器。

CPU 中拥有一些控制 "取出和执行"（Fetch-and-execute）用途的寄存器，其说明如表 1-2 所示。

表 1-2　　　　　　　　　　　　　　寄存器

寄 存 器	说　　明
指令寄存器（Instruction Register，IR）	存储目前执行的机器语言指令
指令计数寄存器（Instruction Counter，IC）	存储下一个执行指令的内存地址
内存地址寄存器（Memory Address Register，MAR）	存储从内访问得数据的内存地址
内存数据寄存器（Memory Data Register，MDR）	存储当前从内访问得的数据

现在我们可以进一步查看 "取出和执行"（Fetch-and-execute）过程，CPU 的执行速度是依据 Clock 产生的频率，即以 MHz 为单位的速度来执行存储在 IR 的机器语言指令。在执行后，以 IC 寄存器存储的地址，通过 MDR 和 MAR 寄存器从总线取得内存的下一个指令，然后执行指令，重复上述操作即可执行完整个应用程序。

2．内存

当我们执行程序时，操作系统可以将存储在硬盘或软盘的执行文件加载计算机主存储器（Main Memory）上，CPU 可以从内存依次加载指令并执行。

事实上，我们编写的程序代码本身和使用的数据都存储在 RAM（Random Access Memory）中，每一个存储单位有数字编号，称为 "地址"（Address）。如同大楼里的信箱，门牌号码是地址，信箱内容是程序代码或数据，存储数据占用的内存空间大小，需根据使用的数据类型而定。

计算机 CPU 访问内存数据的主要步骤，如下所示。

 送出读写的内存地址：当 CPU 读取程序代码或数据时，需要送出欲取得的内存地址，例如，内存地址 4。

 读写内存存储的数据：CPU 可以从指定地址读取内存内容，例如，地址 4 中的内容是 01010101，这是一个二进制值，每一个 0 或 1 是一个"位"（Bit），8 个位称为"字节"（Byte），这是计算机内存的最小存储单位。

每次 CPU 从内存读取的数据量，需根据 CPU 与内存间的"总线"（Bus）而定，在购买计算机时，常听到所谓 32 位或 64 位的 CPU，就是指 CPU 每次可以读取 4 个字节或 8 个字节数据来进行运算。当然每次 CPU 可以读取越多的数据量，CPU 的执行效率也越高。

3. 输入/输出设备

计算机的输入/输出设备（Input/Output Devices）是程序的窗口，可以让用户输入数据和显示程序的执行结果。目前而言，计算机最常用的输入设备是键盘和鼠标；输出设备是屏幕和打印机。

当人们在"记事本"使用键盘输入英文字母和数字时，屏幕马上显示对应的英文或中文字。

但对于计算机来说，当用户在键盘按下大写 A 字母时，传给计算机的是 1 个一字节宽的数字（英文字母和数字只使用其中的 7 位）。目前个人计算机主要是使用"ASCII"（American Standard Code for Information Interchange）码来表示字符，例如，大写 A 对应的 ASCII 码是 65，换句话说，计算机实际显示和存储的数据是数值 65。

同样的，在屏幕上显示的中文字，我们看到的是中文字，计算机看到的仍然是内码。因为中文字很多，需要使用 2 个字节的数值来代表常用的中文字，繁体中文的内码是 Big 5，简体中文有 GB 和 HZ。也就是说，1 个中文字的内码值占用两个字节，相当于两个英文字母。

目前 Windows 操作系统也支持 Unicode，它是由 Unicode Consortium 组织所制定的一个能包括全世界文字的内码集，包含 GB2312 和 Big5 的所有内码集，即 ISO 10646 内码集。有两种常用的编码方式：UTF-8，为 8 位编码；UTF-16，为 16 位的编码。

4. 二级存储设备

二级存储设备（Secondary Storage Unit）是一种能够长时间和提供高容量存储数据的设备。计算机程序与数据是在加载到内存后，才依次让 CPU 来执行，不过，在此之前这些程序与数据存储在二级存储设备，例如硬盘驱动器。

当我们在 Windows 操作系统使用"记事本"编辑 Java 程序代码时，这些数据只会暂时存储在计算机的主存储器，因为主存储器在关闭电源后，其存储的数据就会消失，为了长时间存储这些数据，我们需要使用二级存储设备，比如将数据存储到硬盘。

在二级存储设备的程序代码文件可以长时间存储，当我们需要编译和执行程序时，再将文件内容加载主存储器。基本上，硬盘是最常用的二级存储设备，此外，CD 和 DVD 光驱也是计算机常用的二级存储设备。

1.2　Java 基础知识

Java 语言类似于 C++是一种编译型语言，不过两者并不完全相同，严格说来，Java 是结合编译和解释优点的一种编程语言。

1.2.1　Java 平台

"平台"（Platform）是一种结合硬件和软件的执行环境。Java 既是一种高级的面向对象的编程语言，也是一个平台。Java 平台是一种纯软件平台，它可以在各种基于硬件的平台上运行，与硬件无关，主要是由 JVM 和 Java API 两个部分组成。

1.　JVM 虚拟机

JVM（Java Virtual Machine，Java 虚拟机）是由软件虚拟出来的一台计算机，Java 源代码并不是使用 Java 编译程序（Java Compiler）编译成其安装实体计算机可执行的机器语言，而是 JVM 虚拟机的机器语言，称为"字节码"（Bytecode）。

字节码是一种可以在 JVM 解释或编译执行的程序，换句话说，计算机操作系统需要安装 JVM，才能够使用 Java 解释程序（Java Interpreter）来解释和执行字节码，如图 1-3 所示。

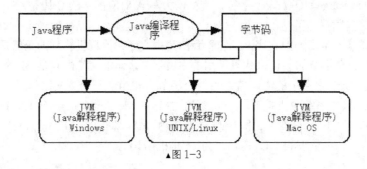

▲图 1-3

图 1-3 中的 Java 源代码(扩展名为.java)在编译成字节码(扩展名为.class)后，即可在 Windows、UNIX，或 Machintosh 的 Mac OS 操作系统上执行，只需安装 JVM，同一个字节码文件就可以跨平台运行在不同操作系统上，使用 Java 解释程序来正确执行 Java 应用程序。

2.　Java API

Java API（Java Application Programming Interface）是软件组件的一个集合，也就是 C/C++语言所谓的函数库，它提供集合对象、GUI 组件、文件处理、数据库访问和网络等相关的类和接口，称为"包"（Package）。

1.2.2　Java 语言的版本

Java 是一种高级和面向对象编程语言，其语法和 C/C++语言十分相似，支持 Windows、Solaris、

Linux 和 Mac OS X 操作系统，分成企业版（EnterPrise Edition，EE）和标准版（Standard Edition，SE）。

1. 标准版的版本演进

本书介绍应用程序开发使用的是 Java SE 标准版，其版本演进如表 1-3 所示。

表 1-3　　　　　　　　　　　　　　　　Java SE 版本

版　　本	日　　期	说　　明
1.0	1996/1	Java Development Kit 1.0 版（JDK 1.0）
1.1	1997/2	Java Development Kit 1.1 版（JDK 1.1）
1.2	1998/12	Software Development Kit 1.2 版（SDK 1.2），开始称为 Java 2 平台
1.3	2000/5	平台名称为 J2SE（Java 2 Platform, Stardard Edition），产品名称是 Software Development Kit 1.3 版（SDK 1.3），也称为 Java 2 1.3 版
1.4	2002/2	平台名称 J2SE，产品名称是 SDK 1.4，也称为 Java 2 1.4 版
5.0	2004/9	平台名称 J2SE 5.0，产品名称是 J2SE Development Kit 5.0 版（JDK 5.0），其开发版本号为 JDK 1.5.0
SE 6	2006/12	平台名称 Java SE 6，产品名称是 Java SE Development Kit 6（JDK 6），其开发版本号为 1.6.0
SE 7	2011/07	平台名称 Java SE 7，产品名称是 Java SE Development Kit 7（JDK 7），其开发版本号为 1.7.0

其中 1.0、1.1、5.0 和 6 简称 JDK，1.2、1.3 和 1.4 版简称 SDK。在 1.2 版时，因为与前版有极大改进，增加全新 Swing 图形用户接口，所以称为 Java 2 平台。

从 1.3 版后，Sun 将平台与平台开发工具的名称分开，平台分为标准版（Standard Edition，SE）和企业版（Enterprise Edition，EE）。企业版新增额外函数库，主要用来开发企业级的服务器端 Java 应用程序。

到了 5.0 版，Java 版本号也分为两种：产品版本号是 5.0 版（Product Version），JDK 使用 1.5.0 版，为开发版本号（Developer Version）。从 SE 6 版开始，官方名称由 J2SE 改为 Java SE，不再称为 Java 2，Java SE 7 是平台名称，同时使用开发版本号 1.7.0 和产品版本号 7 代表新版的 Java 平台。

2. Java SE 7

Java SE 7 是 Jave 语言的最新版本，也是甲骨文（Oracle）并购 Sun 公司后，首次发布的 Java 平台版本。Java SE 7 版包含很多全新功能、增强功能与错误修正，可以全方面提升开发与执行 Java 程序的效率。

Java SE 7 除了修正不少漏洞及提升整体性能外，更提供对 Ruby、Python 和 JavaScript 语言的支持，并且针对多内核环境新增全新 API，并大幅提升 JVM 性能，使用全新文件系统 API，支持异步 I/O。其主要增强功能简要说明如下。

- 改善整体性能、稳定性及安全性。
- 增强 Java 插件的功能，方便 Intenet 应用程序的开发与部署。
- 强化 Java 语法，让开发人员更轻松地编写与优化 Java 程序代码。
- 增强 Java 虚拟机的功能，使其可以支持非 Java 语言。

1.2.3　Java 编程语言的特点

Java 语言是一款简单、功能强大和高性能的面向对象编程语言，不只这样，Java 语言还拥有一些传统编程语言所没有的特点。

1.　分布式

Java 语言最初的规划是一种网络编程语言，可以支持各种网络协议，能够建立分布式（Distributed）主从架构的应用程序，轻松访问网络上其他主机的资源。

2.　多线程

Java 语言支持多线程（Multi-Threading），在同一程序能够创建多个执行小程序，称为"轻量级进程"（Light Weight Process），以便执行不同的工作，并且支持同步功能，能够避免"死锁"（Deadlock）情况的发生。

3.　垃圾回收

垃圾（Garbage Collection）是指处理程序不再使用的内存空间。在 C/C++语言中需要程序员自行处理内存的配置与释放，当不再使用时，程序需要提供程序代码来释放内存将其存归还给操作系统，这样操作系统才能够再次分配内存给其他应用程序。

Java 语言则拥有自动垃圾回收能力，程序设计者不用担心内存配置不足的问题，因为在执行 Java 程序时，会自动将不再使用的内存归还给操作系统。

4.　异常处理

计算机程序不可能没有"小臭虫"（Bugs）。在程序运行时极有可能产生一些小错误，有些可能只会产生错误结果，但是有一些小错误可能导致严重的系统当机问题，传统编程语言并没有完善的异常处理（Exception Handling）机制，所以常常会出现一些不明的系统错误。

异常处理的目的是为了让程序能够更加"强壮"（Robust），就算程序遇到不寻常情况，也不会造成程序"崩溃"（Crashing），甚或导致整个系统的当机。

1.3　Java 语言的开发环境

编程语言的"开发环境"（Development Environment）指的是一组工具程序，可用来创建、编译和维护编程语言所构建的应用程序。一般来说，我们可以使用两种 Java 开发环境来创建 Java 应用程序。

1.　终端机模式的开发环境

或称为"命令行模式"，对于传统 MS-DOS 或 UNIX、Linux 系统的用户，程序执行时的输入数据和输出数据都是使用"命令行界面"（Command-line Interface）来完成，即文本模式的键盘输入且输出单纯文本内容。

在终端机模式，只需安装 Java 开发工具 Java Development Kit（JDK）和设置好环境参数，然后配合 vi、edit 或记事本等程序代码编辑工具，就可以开发 Java 应用程序。

2. 集成开发环境

对于高级编程语言来说，大多拥有一个"集成开发环境"（Integrated Development Environment，IDE），即可以在同一个应用程序中对所开发程序进行编辑、编译、执行和调试等操作。

目前市面上有相当多支持 Windows 操作系统的 Java 集成开发环境，搭配 JDK，就可以使用该工具软件来编辑、编译和调试 Java 程序。常见 Java 集成开发环境如下：

- Eclipse：开放原始码计划建立的程序开发平台，不仅支持 Java 语言，也支持 C/C++语言和 PHP 等多种编程语言。其网址：http://www.eclipse.org/。
- NetBeans IDE：NetBeans 是一个开源计划，一套全功能的 Java 集成开发环境，可以建立跨平台桌上、企业和 Web 应用程序。其网址：http://www.netbeans.org/。
- Borland JBuilder：Borland 公司的 Java 集成开发环境，分为数种版本，它是以 Eclipse 为基础建立的 Java 集成开发环境。其网址：http://www.codegear.com/products/jbuilder。
- JCreator：Xinox 软件公司的 JCreator 集成开发环境是在 Windows 操作系统使用 C++语言开发的应用程序，分为 LE（Lite Edition）和 Pro（Pro Edition）两种版本。其网址：http://www.jcreator.com。

1.4 搭建 Java 开发环境

在开发 Java 应用程序前需要搭建 Java 的开发环境，首先需要安装 JDK，然后即可配合编辑工具或集成开发环境来创建 Java 应用程序。本书主要介绍如何使用 Eclipse 集成开发环境来创建 Java 和 Android 应用程序。

1.4.1 安装与设置 JDK

一般来说，有些集成开发环境会一并安装 JDK，例如 JBuilder，不过，大部分集成开发环境需要用户自行安装 JDK。本书使用的 JDK 版本是 JDK 7（Java SE Development Kit 7），其下载网址为：http://java.sun.com/javase/downloads/index.jsp。

1. 移除旧版 JDK

如果在 Windows 计算机已经安装旧版 JDK，基于安全性考虑，建议删除它。其步骤介绍如下：

step 01 执行"开始>控制面板"打开"控制面板"窗口，在程序集下选择"添加/删除程序"，可以看到添加或删除程序的页面，如图 1-4 所示。

step 02 滚动安装程序列表，找到旧版 JDK，本例子中是"Java SE Development Kit 6 Update 38"，在选择后，单击"删除"按钮，可以看到一个"添加或删除程序"的确认对话框，如图 1-5 所示。

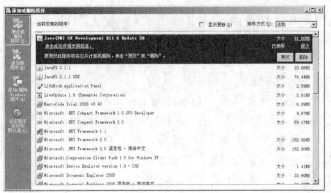

▲图 1-4　　　　　　　　　　　　　　　　　　▲图 1-5

 单击"是"按钮确认卸载 JDK 6，就可以安全地删除系统上的旧版 JDK（如果看到"用户账户控制"对话框，单击"是"按钮继续）。

 同样方式，如果有的话，卸载 JRE，即"Java 6 Update 38"。

2．安装 JDK 7

JDK 7 更新版本并不是使用"."后的次版本号来表示，而是改为在后面加 Update，如本例中的 JDK 7 Update 1。从官网下载 Windows 版 JDK 的文件"jdk-7u1-windows-i586.exe"，然后执行此文件就可以安装 JDK 7，其步骤如下所示：

 双击"jdk-7u1-windows-i586.exe"程序文件，如果看到"用户账户控制"对话框，请单击"是"按钮继续，可以看到欢迎安装的向导画面，如图 1-6 所示。

 单击 Next 按钮选择 JDK 的安装组件和路径，如图 1-7 所示。

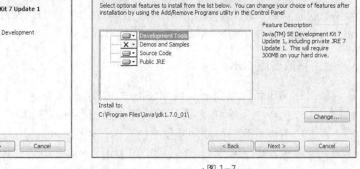

▲图 1-6　　　　　　　　　　　　　　　　　　▲图 1-7

 默认安装路径为"C:\Program Files\Java\jdk1.7.0_01\"，不用更改，单击"Next"按钮开始安装 JDK。

稍等数分钟，即可安装好 JDK，然后选择安装 Java SE Runtime Environment 的路径，如图 1-8 所示。

 不用更改，单击"Next"按钮，稍等一下，完成安装和设置 Java SE Runtime Environment（即 JVM）后，可以看到安装完成的向导画面，如图 1-9 所示。

▲图 1-8

▲图 1-9

 单击"Finish"按钮即完成 JDK 的安装，此时会打开浏览程序进入软件注册的页面，可以免费注册 JDK（请自行决定是否注册，不注册一样可以使用 JDK）。

3. 设置 JDK

在安装 JDK 后，如果使用集成开发环境，通常集成开发环境会自动搜寻 JDK 的安装路径，并不用设置。但如果是使用"命令提示符"窗口以命令行指令编译和执行 Java 程序，就需要设置 JDK 执行环境。

设置 JDK 就是在 Windows 操作系统新增环境变量 Path 的查找路径"C:\Program Files\Java\jdk1.7.0_01\bin"，其中"C:\Program Files\Java\jdk1.7.0_01\"是 JDK 安装路径，其步骤介绍如下。

 执行"开始>控制面板"打开"控制面板"窗口，选择"性能和维护"，选"系统"，再选"高级"，可以看到"系统属性"对话框，如图 1-10 所示。

 单击右下方的"环境变量"按钮，可以看到"环境变量"对话框，如图 1-11 所示。

 选择下方"系统变量"框中的"Path"，单击"编辑"按钮，可以看到"编辑系统变量"对话框，如图 1-12 所示。

 在"变量值"栏最后加上";C:\Program Files\Java\jdk1.7.0_01\bin"，注意前面加";"号，单击 3 次"确定"按钮即完成 JDK 的环境设置。

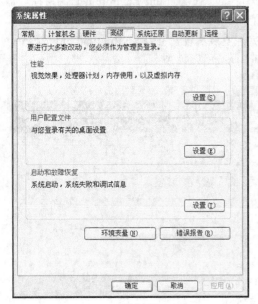

▲图 1-10　　　　　　　　　　　　　　　　　▲图 1-11

▲图 1-12

1.4.2　安装与启动 Eclipse IDE

Eclipse IDE 原为 IBM 公司发起的项目，其目的是开发一套免费且开放源代码的集成开发环境，支持多种编程语言的应用程序开发，例如 Java、JavaScript 和 C/C++等语言。Eclipse IDE 需要安装 JRE 才能执行，其下载网址为：

● http://www.eclipse.org/downloads/

在下载页面我们注意到针对 Java 语言的版本有两种：Eclipse IDE for Java EE Developers 和 Eclipse IDE for Java Developers，我们选择"Eclipse IDE for Java Developers"，单击后面的下载链接 "Windows 32 Bit"，即可下载最新版的 Eclipse IDE。

1.　安装 Eclipse IDE

本书使用的是 Eclipse 3.7（代号/ndigo）SR1 版本，其下载文件名为 ZIP 压缩格式的 "eclipse-java-indigo-SR1-win32"。Eclipse IDE 并没有安装程序，我们只需解压缩至指定文件夹，例如 "C:\Java_IDE\eclipse"，然后建立快捷方式即可完成安装，其步骤如下所示：

在硬盘 C:新增一个 "Java_IDE" 文件夹，将 "eclipse-java-indigo-SR1-win32" 压缩文件解压到此文件夹，默认将建立 "eclipse" 子文件夹，如图 1-13 所示。

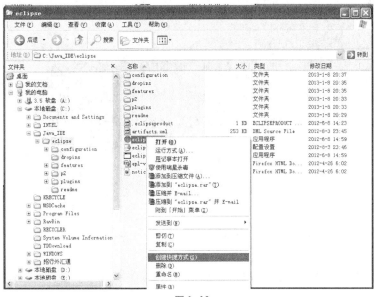

▲图 1-13

打开 "C:\Java_IDE\eclipse" 文件夹，找到 "eclipse.exe"，然后执行右键快捷菜单的 "创建快捷方式" 命令，建立 Elipse IDE 的快捷方式。

将快捷方式文件拖曳至 Windows 桌面，之后我们就可以使用此快捷方式来启动 Eclipse IDE。

2. 启动 Eclipse IDE

在安装 Eclipse IDE 和建立桌面快捷方式后，就可以来启动 Eclipse IDE，其步骤如下所示：

双击前面建立的桌面快捷方式来启动 Eclipse IDE，稍等一下，可以看到一个 "Workspace Lanucher" 选取工作空间对话框，如图 1-14 所示。

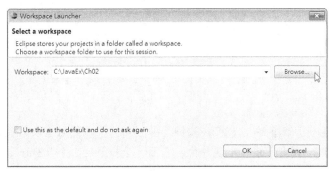

▲图 1-14

选择工作空间（Workspace，这是包含项目和配置文件案的文件夹），单击 Browse 按钮选择本书默认的范例目录"C:\JavaEx\Ch02"，单击"OK"按钮，稍等一下，可以看到 Eclipse IDE 集成开发环境，显示 Welcome 欢迎页面，如图 1-15 所示。

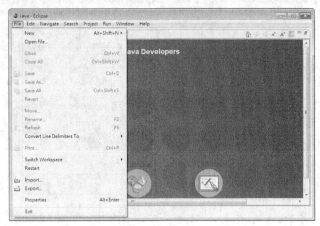

▲图 1-15

 执行 File>Exit 指令，就可以退出 Eclipse IDE。

如果在启动 Eclipse IDE 后，显示一个 Usage Data Upload 的向导画面，如图 1-16 所示。

!Memo

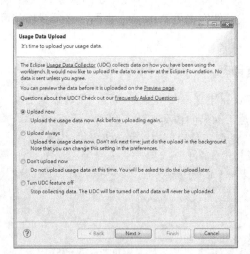

▲图 1-16

该画面所示的向导步骤是询问你是否同意上传使用 Eclipse IDE 的数据，请根据意愿处理，如果不想再出现此向导画面，选择最后 1 个"Turn UDC feature off"选项，单击"Finish"按钮结束向导画面。

习题

1. 请说明什么是程序与软件，以及编程语言的种类。

2. 第五代编程语言主要是使用在人工智能和专家系统的逻辑分析语言，也称为_____语言。请说明低级和高级编程语言的差异为何？

3. 请比较编译型和解释型编程语言的差异。各举出两种编程语言说明。

4. 请简单说明计算机是如何执行。计算机 CPU 访问内存数据的主要步骤是什么？

5. 请问什么是 Java 平台？Java 平台是由_____和_____组件组成。为什么 Java 是一种跨平台的编程语言？

6. 请简单说明 JVM 是什么，并且使用图例说明 Java 程序的执行过程。

7. Java 语言从 1.3 版后，平台与此平台开发工具的名称分开，分别是_____和_____。

8. 请简单说明 Java SE 的版本演进。

9. 请问 Java 语言有哪几项特点？什么是编程语言的开发环境？试举出两套 Java 集成开发环境。

10. 请读者在 Windows 操作系统自行安装 JDK 来搭建立 Java 程序开发环境。

第 2 章　构建 Java 应用程序

2.1　如何构建应用程序

一般来说，我们使用 Java 程序语言的目的，就是编写程序代码构建应用程序，以期让计算机执行来解决问题。

2.1.1　如何编写程序代码

程序设计（Programming）很困难吗？事实上，如果你可以引导问路人到达目的地、走迷宫或开车到你家，一步一步详细列出活动流程，就表示你一定可以编写程序代码。不过，在列流程时请注意！计算机一点都不聪明，也不会举一反三，所以，我们需要告诉计算机详细的步骤和信息，不能只有模棱两可的内容。

例如，在北京开车从建国门北上到奥林匹克公园，行车路线如下所示。

 从二环出发向北开。

进入安定门外大街（安定门桥）。

进入安定路。

直行到路口后，右转进入安慧桥，然后直行。

左转进入大屯路后直行到终点。

上述步骤告诉我们人类的话，所提供的信息已经足以让我们开车到达目的地，但是如果将这些步骤告诉计算机，计算机一定不知道如何开车到达目的地，因为它还需要更多的信息，如下所示。

- 从哪里开始开车？二环路上需向北开几千米？
- 如何分辨十字路口？如何从十字路口下来？
- 在安定门高架桥开几公里可以到安定路出口？如何下去？
- 从安慧桥直行几公里可以看到红绿灯？
- 开多少公里可以看到大屯路？如何左转？接着需要如何开？如何停车？

换句话说，编写程序代码时需要告诉计算机非常详细的步骤，如同教导小孩去做一件他从没有做过的事。所谓程序设计就是在解决问题，你需要将解决问题的详细步骤一一写下来（即算法，第

2.1.3 小节将介绍），然后将它转换成程序代码即可。

2.1.2 程序设计的基础

如前所述，程序设计是将需要解决的问题转换成程序代码，程序代码不只能够在计算机上正确执行，而且还应可以验证程序执行的正确性。基本上，程序设计的过程主要可以分成 5 个阶段，如图 2-1 所示。

1. 需求

需求（Requirements）是为了了解问题本身，以便确切获得程序需要输入的数据和预期应产生的结果，如图 2-2 所示。

▲图 2-1   ▲图 2-2

在输入数据后，执行程序应可以输出执行结果，这就是程序设计的需求。例如，要计算从 1 加到 100 的总和，程序输入数据应是相加求和的数值，范围为 1～100，执行程序则可以输出计算结果 5050。

2. 设计

了解程序设计（Design）的需求后，我们就可以开始找寻解决问题的方法和策略。简单地说，设计实际是在找出解决问题的步骤，如图 2-3 所示。

图 2-3 的数据需要经过处理才能转换成有用的信息，也就是输出结果。例如，为了求 1 加到 100 即 1+2+3+4+…+100 的结果，可以在程序中使用数学运算的加法来解决问题，或第 4 章的循环来执行计算。

▲图 2-3

再看一个例子，如果需要将华氏温度转换成摄氏温度，所输入数据当是华氏温度，温度转换则使用一个数学公式，经过运算后，就可以得到摄氏温度，也就是我们所需的信息。

换句话说，为了解决需求，程序需要执行数据的运算或比较等操作，将详细的执行步骤和顺序写下来，这就是设计解决问题的方法，也就是第 2.1.3 小节的算法。

3. 分析

解决需求时是不是只有一种解决方法？未必。例如，有 100 个数据需要存储，我们既可以定义 100 个变量保存数据，也可以使用第 6 章的数组（一种数据结构）来保存。分析（Analysis）阶段是将所有可能解决问题的算法都写下来，然后分析哪一种方法比较好，选择最好的算法来编写程序代码。

如果一时不能分辨出哪一种方法比较好，不妨直接选择一种方法继续下一个阶段，因为在编写程序代码时，如果发现另一种方法比较好，我们可以马上改用另一种方法来编写程序代码。

4. 编写程序代码

现在我们就可以使用程序语言来进行编码（Coding）工作，例如本书使用的是 Java 语言。在实际编写程序时，可能发现另一种方法比较好，因为设计归设计，有时在实际编写程序时才会发现其优劣，如果是一个良好的设计方法，就算改成其他方法也不会太困难。

设计者有时很难下决定，继续此方法，还是改为其他方法而重新开始。此时需视情况而定。不过每次编写程序代码最好只使用一种方法，而不要同时使用多种方法。当发现问题需要重新开始时，已经有了编写一种方法的经验，第 2 次将会更加容易。

5. 验证

验证（Verification）是为了证明程序执行的结果是否符合需求的输出数据，在这个阶段可以再细分成 3 个子阶段。

- 证明：执行程序时需要证明它的执行结果是正确的，所输入数据符合既定组合，程序规格说明也都符合算法的需求。
- 测试：程序需要测试各种可能情况、条件和输入数据，以测试程序执行无误。如果有错误产生，就需要除错来解决问题。
- 调试：如果程序无法输出正确结果，通过调试来找出错误的地方。我们不但需要找出错误，还需要找出更正错误的方法。

上述 5 个阶段是设计每一个程序和开发应用程序都需经历的阶段，不论大型应用程序或一个小程序，都可以套用相同流程。首先针对问题定义需求，接着找寻各种解决方法，在编写程序代码的过程中找出最佳的解决方法，最后经过重重验证，就可以构建正确执行的程序。

2.1.3 算法

解决问题的步骤、策略或方法就是"算法"（Algorithm），其基本定义如下：

算法是用于完成目标工作且步骤有限的一组命令。除此之外，算法还必须满足一些条件，如下所示。

- 输入（Input）：数个外界的输入数据。也可以没有。
- 输出（Output）：至少有一个输出结果。
- 明确性（Definiteness）：每一个命令步骤都十分明确，不能模棱两可。
- 有限性（Finiteness）：这组命令一定会结束。
- 有效性（Effectiveness）：每一个步骤都可行，可以追踪其结果。

根据上述算法设计的程序一定会结束，但并非所有程序都满足这项特性。例如，早期的 MS-DOS 操作系统，除非系统当机，否则它永远执行一个等待循环，等待用户输入命令。

因为算法只是将解决问题的步骤详细写出来，所以并没有固定方式，基本上只要能够描述命令的执行过程即可。常用算法描述方式有如下几种。

- 一般语言文字：直接使用文字描述来说明执行的步骤。
- 伪码（Pseudo Code）：一种接近程序语言的描述方法，它并没有固定语法，每一行约可转换成一行程序代码，如下所示：

```
/* 计算 1 加到 10 */
Let counter = 1
Let total = 0
while counter <= 10
  total = total + counter
  Add 1 to counter
Output the total    /* 显示结果 */
```

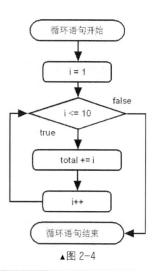

● 流程图（Flow Chart）：使用结构化的图表描述执行过程，以各种不同形状的图形表示不同的操作，使用箭头直线标示执行方向。例如，图 2-4 即为上述伪码的流程图。

▲图 2-4

2.2 构建 Java 应用程序

照第 1 章介绍安装和设置 JDK 执行环境后，就可以在 Windows 操作系统的"命令提示符"窗口或 Eclipse IDE 开发 Java 应用程序。

2.2.1 构建第一个 Java 程序

首先，我们使用 Windows 操作系统下的记事本和"命令提示符"窗口来构建、编译和执行 Java 应用程序，其基本步骤如下所示：

step 01 使用记事本或其他文本编辑工具构建 Java 源代码文件，扩展名为.java。

step 02 使用文件名为 javac.exe 的 Java 编译器，将 Java 源文件编译成 Java 字节码类文件，扩展名为.class。

step 03 使用 JVM 解释器 java.exe 执行类文件，也就是执行 Java 程序。

现在就来一步一步构建我们的第一个 Java 程序。

 **程序范例：Ch2_2_1.java**

构建 Java 程序在命令提示符窗口显示"我的第一个 Java 程序"文字内容。

◀》 步骤一：编辑 Java 程序代码

执行"开始>所有程序>附件>记事本"命令启动记事本，然后输入如下代码：

```
01: /* Java 程序: Ch2_2_1.java */
02: public class Ch2_2_1 {
03:    // 主程序
04:    public static void main(String[] args) {
05:       // 显示信息
```

```
06:        System.out.println("我的第一个 Java 程序");
07:    }
08: }
```

上述程序代码前的行号是为了方便程序说明，在记事本中不用输入这些行号，如图 2-5 所示。当输入程序代码后，执行"文件>保存"命令，可以看到"另存为"对话框，如图 2-6 所示。

▲图 2-5

▲图 2-6

在"保存类型"栏选择"所有文件"，"编码"为 ANSI，在"文件名"栏输入"Ch2_2_1.java"，记得加上扩展名.java，最后单击"保存"按钮存储该 Java 程序文件。

◀) 步骤二：编译 Java 程序

构建和保存 Java 程序文件 Ch2_2_1.java 后，执行"开始>所有程序>附件>命令提示符"来启动"命令提示符"窗口，如图 2-7 所示。

▲图 2-7

上述窗口显示的"C:\Documents and Settings\zheng>"字符串是提示符号，其目的是等待用户输入命令，命令行的相关命令和参数说明如表 2-1 所示。

表 2-1

命　令	说　　　明	范　　　例
C:, D:	输入磁盘名称，加":"号可以切换到指定磁盘	C:\>D: Enter
dir	显示当前路径的文件和文件夹列表	C:\>dir Enter
cd	切换到同一磁盘的其他路径	C:\>cd \JavaEx\Ch02 Enter

续表

命 令	说 明	范 例
cd \	参数 "\" 符号切换到根目录	N/A
cd .	参数 "." 符号切换到上一层目录	N/A
type	显示参数的文件内容	C:\>type Ch2_2_1.java Enter
cls	清除命令提示符窗口的内容	C:\>cls Enter

在提示符号后输入 cd 命令切换到 Java 源文件的目录 "\JavaEx\Ch02",命令如下:

- C:\Documents and Settings\zheng >>cd \JavaEx\Ch02 Enter

然后输入下列命令来编译 Java 程序:

- C:\JavaEx\Ch02>javac Ch2_2_1.java Enter

稍等一下,如果再次看到提示符号且没有任何错误信息,就表示编译成功。执行 dir 命令显示文件列表,可以看到构建的 Ch2_2_1.class 类文件。如图 2-8 所示。

◀) 步骤三:执行 Java 程序

当 Java 源文件编译成 Ch2_2_1.class 字节码文件后,我们就可以来执行 Java 程序(请注意!执行时不需要加上.class 扩展名),如图 2-9 所示。

- C:\JavaEx\Ch02>java Ch2_2_1 Enter

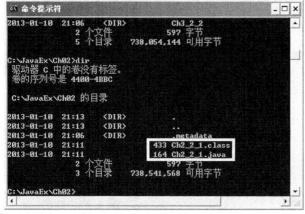

▲图 2-8

▲图 2-9

图 2-9 显示的字符串,就是 Java 程序的输出结果。请再次注意!执行时不用加上.class 扩展名,而且,Java 英文大小写字母是不同的,如果源代码的类名称是大写的 Ch2_2_1,在执行类文件时也需要大写 Ch2_2_1,不可是小写的 ch2_2_1,否则会产生错误。

2.2.2 使用 Eclipse IDE 构建第 2 个 Java 程序

在上一节我们是使用命令行环境,在"命令提示符"窗口直接下达命令来编译和执行 Java 应用程序。关于此部分,笔者只准备简单说明,本书内容主要是使用 Eclipse IDE 集成开发环境来构建 Java 应用程序，包括 Android 应用程序的开发。

　　Eclipse IDE 使用工作空间（Workspace）来管理众多项目（类似 Visual Studio 的方案），简单地说，一个工作空间是一个 Windows 文件夹，其内容是各种项目和配置文件，以 Java 开发来说，就是 Java 项目。

🔊　步骤一：打开或构建工作空间

　　在第 1.4.2 小节我们选择"C:\JavaEx\Ch02"目录作为 Eclipse IDE 的默认工作空间，我们也可以在"Workspace Launcher"对话框选取其他文件夹，如果此目录不是工作空间，Eclipse IDE 就会将它构建成工作空间。打开或构建 Eclipse 工作空间的步骤如下所示。

step 01　双击桌面快捷方式启动 Eclipse IDE，稍等一下，可以看到"Workspace Launcher"选取工作空间对话框，如图 2-10 所示。

step 02　单击 Browse 按钮选择工作空间的目录"C:\JavaEx\Ch02"，也可以选择其他的，单击"OK"按钮启动 Eclipse IDE 打开此工作空间，然后就可以进入 Eclipse 的开发界面。第一次启动工作空间，可以看到欢迎标签页。

🔊　步骤二：新建 Java 项目

　　在 Eclipse IDE 构建工作空间后，就可以在此工作空间构建 Java 项目来构建 Java 应用程序。请继续上面步骤。

step 03　执行"File>New>Java Project"命令，可以看到"New Java Project"（新建 Java 项目）的向导画面，如图 2-11 所示。

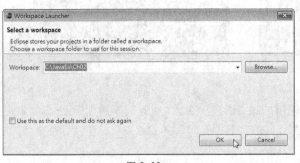

▲图 2-10

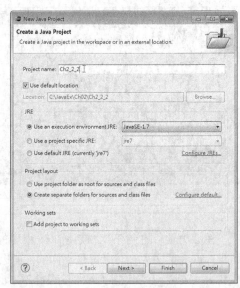

▲图 2-11

　在"Project name"栏输入项目名称"Ch2_2_2"，在"JRE"框选中第 1 个选项并选择"JavaSE-1.7"，或选第 3 个选项"Use default JRE"，单击 Finish 按钮，稍等一下，即可以在"Package Explorer"窗口看到新建立的"Ch2_2_2"项目的目录架构，如图 2-12 所示。

◀) 步骤三：创建 Java 类文件

在构建 Java 项目后，我们就可以来创建 Java 类文件（事实上，上一节构建的 Ch2_2_1.java 就是一个 Java 类文件）。请继续上面步骤。

step 05 选中"Ch2_2_2"项目，执行 File>New>Class 命令，可以看到"New Java Class"对话框，如图 2-13 所示。

▲图 2-12　　　　　　　　　　　　　　　　▲图 2-13

Memo 　　在上述"New Java Class"对话框上方显示一个警告信息，指出不建议使用默认组件（因为没有选择 Package 组件），组件在第 9 章才会说明，读者可以不用理会此信息。

---

step 06 在"Name"栏输入类名称"Ch2_2_2"，勾选"public static void main(String[] args)"选项，在类定义中加上 main()主程序，并取消勾选"Inherited abstract methods"选项，单击 Finish 按钮，可以看到新构建的 Ch2_2_2.java 类文件，在右边是打开此文件后的类定义，内含一个 main()方法，如图 2-14 所示。

◀) 步骤四：编写 Java 程序代码

现在，我们就可以在 main()方法编写 Java 程序代码。请继续上面步骤。

step 07 在"Package Explorer"窗口展开"Ch2_2_2"项目下的 src 目录（Java 程序文件在此目录下），双击"Ch2_2_2.java"，可以在中间打开程序代码编辑窗口。

step 08 直接在编辑窗口输入 Java 程序代码，代码如下：

```
public class Ch2_2_2 {
  public static void main(String[] args) {
    // 显示信息
```

```
        System.out.println("我的第一个 Java 程序");
    }
}
```

步骤五：编译和执行 Java 程序

在完成 Java 程序的编辑后，就可以来编译和执行 Java 项目。请继续上面步骤。

step 09 执行 "Run>Run" 命令或按 Ctrl-F11 键，如果没有错误，就可以在下方 "Console" 栏看到和上一节 "命令提示符" 窗口相同的执行结果，如图 2-15 所示。

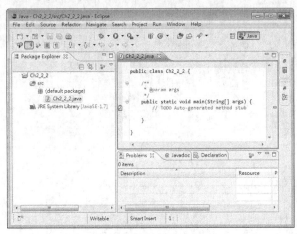

▲图 2-14

▲图 2-15

图 2-15 的窗口显示的字体尺寸比较小，所以中文内容看得不是十分清楚，在第 2.4.3 小节笔者会说明如何更改中文字体，这样就可以清楚显示执行结果。

2.2.3　使用书的范例项目

在规划上，本书前 10 章每一章 Java 范例项目的文件夹就是一个工作空间，第 12 章～第 18 章的 Android 项目并没有构建工作空间。

不过，使用 Eclipse 直接打开书的源程序可能有问题，请使用导入方式使用书的范例项目，即参考第 2.2.2 小节的步骤一构建工作空间，我们有两种方式来使用范例项目，如下所示：

● 参考第 2.4.2 小节，将书的项目导入工作空间。

● 在工作空间构建新项目后，参考第 2.4.2 小节在项目导入 Java 程序文件，若是 Android 项目还需要导入其他资源文件。

2.3　Java 程序结构与基本输出

Java 程序的结构与传统程序语言如 C/C++或 Basic 不同，因为 Java 语言是一门真正的面向对象程序语言，其程序架构是一个 "类"（Class）定义。

1．Java 类文件

Java 程序文件是扩展名为.java 的纯文本档，内含同名 Java 类定义，即类文件，例如，Ch2_2_1.java 的类定义是 Ch2_2_1，如下所示：

```
01: /* Java 程序: Ch2_2_1.java */
02: public class Ch2_2_1 {
03:    // 主程序
04:    public static void main(String[] args) {
05:       // 显示信息
06:       System.out.println("我的第一个 Java 程序");
07:    }
08: }
```

上述 Java 程序即是使用 public class 关键词和大括号括起的一个类定义，类名称是 Ch2_2_1。关于类定义在第 7 章会详细说明，在此之前读者可以通过它来了解 Java 程序的基本结构，说明如下。

- 程序注释：第 1 列是程序注释。详细的注释说明请参阅第 2.5.3 小节，如下所示：

```
01: /* Java 程序: Ch2_2_1.java */
```

- 类定义：第 2～8 列是与文件名 Ch2_2_1 相同的类定义。如下所示：

```
02: public class Ch2_2_1 {
03:    // 主程序
04:    public static void main(String[] args) {
05:       // 显示信息
06:       System.out.println("我的第一个 Java 程序");
07:    }
08: }
```

上述程序块是使用 public 关键字定义的类，请注意！文件名需要和定义成 public 的类名称相同，包括英文字母大小写也需相同。

- 主程序：第 4～7 行的 main()方法（即其他程序语言的程序或函数）是 Java 程序的主程序，这里是 Java 应用程序执行时的进入点，也就是说执行 Java 程序就是从此方法的第 1 行程序代码开始。如下所示：

```
04:    public static void main(String[] args) {
05:       // 显示信息
06:       System.out.println("我的第一个 Java 程序");
07:    }
```

上述 main()方法前加上了 public、static 和 void 几个修饰符，表示是公开、静态类和没有返回值的方法，详细修饰符的说明请参阅第 5 章和第 7 章。在第 6 列调用 System 子类 out 的 println()方法显示参数的字符串，在下一小节有进一步的说明。

2．控制台的基本输出：println()和 print()方法

控制台应用程序是在命令提示符输入和输出文字内容，我们可以使用 System.out 对象的 print()或 println()方法将文字内容输出至控制台（Console）来显示，对应 Eclipse 工作界面中的 "Console" 窗口。

在未介绍对象和方法之前，请读者先将它视为是一种标准 Java 输出的程序代码，之后几个章节中，我们也将使用 println() 和 print() 两个方法来输出执行结果，如下所示：

```
System.out.println("我的第一个 Java 应用程序");
```

println() 方法可以将括号内的字符串输出到屏幕显示且换行，字符串是使用 """" 号括起一组字符集合。如果不换行就使用 print() 方法，如下所示：

```
System.out.print("我的第一个 Java 应用程序");
```

除了输出字符串内容外，System.out 对象的 print() 或 println() 方法也可以用于输出变量（在第 3 章介绍）值，如下所示：

```
System.out.print("姓名代码: ");
System.out.println(name);
System.out.print("总额: " + total);
```

上述程序代码的 name 和 total 是变量，输出的是变量值，为了同时输出说明性字符串，使用加号 "+" 来连接字符串和变量值。

2.4 Eclipse IDE 的项目管理与使用

一个 Eclipse 的工作空间可以同时拥有多个项目，在 Eclipse IDE 可以切换不同的工作空间，对于已有的 Java 项目或 Java 程序文件，我们可以直接导入到目前打开的工作空间或项目。

2.4.1 切换工作空间

Eclipse 的工作空间中可以新增项目，但不能打开非此工作空间的其他项目，不过，我们可以将当前工作空间切换成其他工作空间。例如，本书每一章的范例都对应有一个工作空间，我们可以在打开第 2 章工作空间的项目后，切换到第 3 章的工作空间，其步骤如下所示：

 启动 Eclipse IDE 打开第 2.2.2 小节的 Java 项目。

 执行 "File>Switch Workspace>Others…" 命令，可以看到 "Workspace Lanucher" 对话框，如图 2-16 所示。

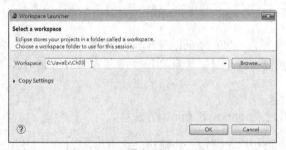

▲图 2-16

 在【Workspace】栏选择 "C:\JavaEx\Ch03" 文件夹，单击 "OK" 按钮，就会重新启动

Eclipse IDE 进入此工作空间。

2.4.2　Eclipse IDE 的项目管理

Eclipse IDE 提供项目管理功能，可以让我们导入已存在的项目，或向项目导入 Java 程序文件，或者执行删除项目等操作。

1. 导入现存的项目

Eclipse IDE 可以在工作空间导入其他工作空间的 Java 项目。例如：打开第 2 章的工作空间后，导入第 3 章工作空间名为 Ch3_2_2 的 Java 项目，其步骤如下所示：

 启动 Eclipse IDE 打开第 2.2.2 小节工作空间的 Java 项目。

执行"File>Import"命令，可以看到"Import"导入向导画面，如图 2-17 所示。

选择"General"下的"Existing Projects into Workspace"，单击"Next"按钮选择 Java 项目所在的路径，如图 2-18 所示。

▲图 2-17

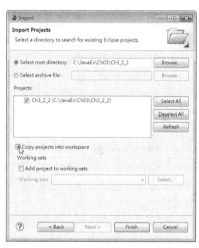

▲图 2-18

 在"Select root directory"栏单击"Browse"按钮选择要导入项目的路径，在这个例子中是"C:\JavaEx\Ch03\Ch3_2_2"（如果目录中不只一个项目，就会加载全部项目，默认全部勾选），勾选"Copy projects into workspace"，可以将项目复制至当前的工作空间，如果没有勾选，编辑的仍然是原项目的程序文件。

 单击【Finish】按钮完成将 Ch3_2_2 项目导入工作空间，如图 2-19 所示。

2. 向项目导入 Java 程序文件

对于已有的 Java 程序文件，我们也可以将其导入某打开的项目中，例如，在新建的 Ch2_4 项目，可以导入第 2.2.1 小节所创建的 Ch2_2_1.java 文件，其步骤如下所示：

启动 Eclipse IDE 创建一个名为 Ch2_4 的 Java 项目，如图 2-20 所示。

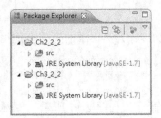

▲图 2-19

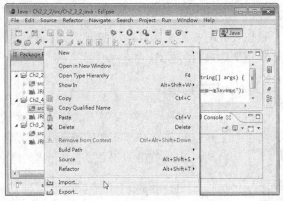

▲图 2-20

 选择 "Ch2_4" 项目下的 "src"（这是保存 Java 程序文件的目录），执行右键快捷菜单的 "Import" 命令，可以看到 "Import" 导入向导画面，如图 2-21 所示。

 选择 "General" 下的 "File System"，单击 "Next" 按钮，然后选择 Java 程序文件所在的路径，如图 2-22 所示。

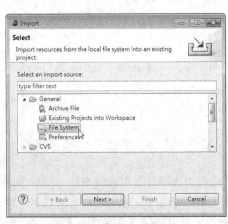

▲图 2-21

▲图 2-22

 单击 "Browse" 按钮选择 "C:\JavaEx\Ch02" 文件夹，在按钮下方就可以看到可导入的文件清单，勾选 "Ch2_2_1.java"，单击 "Finish" 按钮，就完成在项目导入此 Java 程序文件，如图 2-23 所示。

3. 删除 Java 项目

要删除项目，可在 "Package Explorer" 窗口的项目名称上，执行右键快捷菜单的 "Delete" 命令，此时可以看到一个"Delete Resources"（删除资源）对话框，如图 2-24 所示。

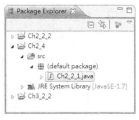

▲图 2-23

▲图 2-24

勾选"Delete project contents on disk"，单击"OK"按钮即可删除项目；如果不勾选，此操作只是将它从"Package Explorer"窗口中删除，并不会删除实际的文件夹和文件。

4. 打开与关闭项目

在"Package Explorer"窗口的项目，可以执行右键快捷菜单的"Close Project"命令将它关闭；关闭后，就不能再展开项目的文件夹。要重新打开项目可执行"Open Project"命令，即可以展开和编辑项目的程序文件。

2.4.3 Eclipse IDE 的基本使用

Eclipse IDE 是一套功能强大的集成开发环境，本节将介绍 Eclipse 的一些常用功能。

1. 透视图（Perspectives）

透视图在 Eclipse 是一个虚拟容器，它是一组编辑器和窗口的集合，如图 2-25 所示。

图 2-25 右上角列出了几种透视图，其中 Java 透视图用于提供构建 Java 应用程序所需的编辑器和窗口；Debug 透视图中内容是调试相关的编辑器和窗口。我们可以执行"Window>Show View"命令显示指定的视图窗口。

2. 程序代码编辑器

在 Eclipse 中有多种编辑器，它会自动按照文件类型打开最适当的编辑器，例如：对于 Java 程序文件打开代码编辑器，这是一个比 Windows 记事本功能更强大的程序代码编辑窗口，如图 2-26 所示。

▲图 2-25

```
public class Ch2_2_2 {
    public static void main(String[] args) {
        // 显示信息
        System.out.println("我的第一个Java程序");
    }
}
```

▲图 2-26

选择上方的文件名标签，就可以切换不同的 Java 程序文件进行编辑，选标签后的"×"号，可以关闭此程序文件。程序代码中的关键字标记为红色；注释为绿色；字符串是蓝色；普通程序代码则黑色显示。

在程序代码前方的小圆框（ ⊞ 和 ⊟ ）表示这是一个程序块，基于编辑需要，我们可以展开或隐藏程序块，例如：单击 main() 方法前的 ⊟ 号，可以隐藏此程序块，只留下方法名称，此时的前方符号成为 ⊞ 号，表示可以展开。

在代码编辑窗口输入代码时，需使用到键盘，一些主要编辑键及其说明如表 2-2 所示。

表 2-2

键盘按键	说　　明
Ins	切换插入字符或是取代字符
Caps Lock	切换英文字母的大小写
Del	删除后面的一个字符
Backspace	删除前面的一个字符
Enter	新增一列程序代码

3. 更改显示成中文字体

执行"Window>Preferences"命令，可以看到"Preferences"对话框，在左边窗格展开"General"及之下的"Appearance"，选择"Colors and Fonts"，如图 2-27 所示。

在右边展开"Debug"，选择"Console font"可更改命令提示符中的显示字体，单击"Edit"按钮，打开"字体"对话框，如图 2-28 所示。

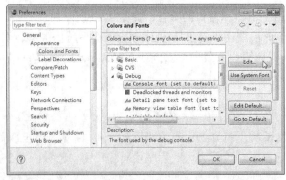
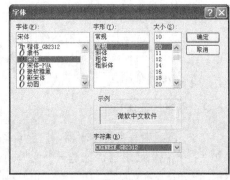

▲图 2-27　　　　　　　　　　　　　　　　▲图 2-28

选择"宋体"，在右下方的字符集选"CHINESE_GB2312"，单击"确定"按钮即可更改字体。然后展开"Java"，选择"Java Editor Text Font"可来更改编辑器显示的中文字体，如图 2-29 所示。

单击"Edit"按钮，一样更改为"宋体"和字集是"CHINESE_GB2312"。我们也可以选择"Basic"下的"Text Font"，如此可更改所有文本编辑器的字体。

4. 显示程序代码前的行号

在代码编辑器最前面一栏，执行右键快捷菜单选择 Show Line Numbers 命令，就可以在程序代码前显示行号，如图 2-30 所示。

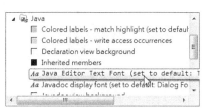

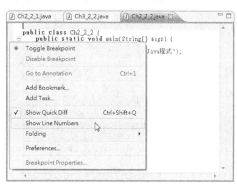

▲图 2-29　　　　　　　　　　　　　　　　▲图 2-30

5.　代码自动完成（Code Completion）

Eclipse 的代码编辑器支持程序代码自动完成功能，在输入类或方法等名称后，输入 "." 符号，就可以显示相关类、对象、方法和属性列表。例如：输入 System，再输入 "."，就会显示一个建议列表，选择并双击，即可输入所需的方法代码，如图 2-31 所示。

▲图 2-31

6.　代码错误提示与建议

在 Eclipse 书写程序代码时，如果有错误，就会在输入代码或关键字之下显示一条红色锯齿线来表示代码错误，而且在此行之前会有一个红色小圆形的×符号；若只是警告则显示为黄色。

我们可以将光标移至错误的锯齿线，此时将看到一个浮动窗口，其中显示建议的解决方法。图 2-32 中即显示错误原因为不认得 System 变量。

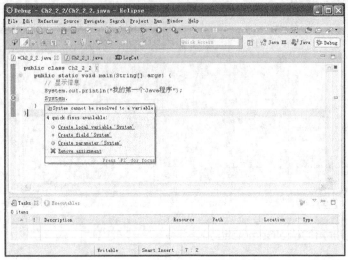

▲图 2-32

2.5 良好的 Java 程序代码编写风格

Java 代码是由程序语句组成的，数个程序语句组合成一个程序块，每一个块拥有数行程序语句或注释，一行程序语句是一个表达式、变量和命令的程序代码。

2.5.1 程序语句

Java 程序由程序语句（Statement）组成，一行程序语句如同英文的一个句子，内含多个表达式、运算符或 Java 关键字（详见第 3 章的说明）。

1. 程序语句的范例

一些 Java 程序语句的范例，如下所示：

```
int total = 1234;
rate = 0.05;
interest = total * rate;
System.out.println("我的第一个 Java 程序");
```

2. 程序语句结束符号 ";"

";" 符号代表程序语句的结束，它告诉编译器已经到达程序语句的最后。换句话说，我们可以使用 ";" 符号在同一行编写多个程序语句，如下所示：

```
total = 1234; rate = 0.05; interest = total * rate;
```

上述一行代码即拥有 3 个程序语句。

2.5.2　程序块

程序块（Block）是多条程序语句的一个集合，使用"{"和"}"符号包围起来，如下所示：

```
public static void main(String[] args) {
    System.out.println("我的第一个 Java 程序");
}
```

上述 main()方法中的代码部分是一个程序块，在第 4 章和第 5 章将介绍的流程控制语句和方法都拥有程序块。

Java 语言属于一种"自由格式"（Free-format）的程序语言，我们可以将多个程序语句写在同一行，甚至也可以将整个程序块置于同一行，程序设计者可以自由编排程序代码，如下所示：

```
public static void main(String[] args)  {  }
```

2.5.3　程序注释

程序注释是程序的重要部分，因为良好的注释文字不但有助于了解程序的目的，并且在程序维护上，也可以提供更多的信息。

Java 语言的程序注释是以"//"符号开始的行，也可以将它们放在程序行后，如下所示：

```
// 显示信息
System.out.println("第一个 Java 程序"); // 显示信息
```

如果注释文字较长，需要跨多行，我们可以使用"/*"和"*/"符号标示注释文字，如下所示：

```
/* Java 程序: Ch2_2_1.java */
```

2.5.4　避免太长的程序代码

如果一条语句的程序代码太长，基于易于阅读的需求，我们可以将它分成两列来编排。因为Java 语言属于自由格式的程序语言，并不需要使用任何符号，直接分成两行即可，如下所示：

```
System.out.println
            ("我的第一个 Java 应用程序");
```

不过在程序代码分割时需要保持程序元素的完整性，例如：关键字、完整字符串或运算符，请注意！不可以将一个字符串断开分成两行。

2.5.5　程序代码缩排

记得使用缩排程序代码。适当地缩排代码，可以让程序更加容易阅读，并且容易反映出程序代码的逻辑结构。例如：将循环块中的程序代码缩几格编排，如下所示：

```
for ( i = 0; i <= 10; i++ ) {
    System.out.println(i);
    total = total + i;
}
```

向内缩排可以清楚分辨哪些程序代码属于同一个程序块。事实上，程序编写风格并非一成不变，程序设计者可以自己定义所需的程序编写风格。

学习评估

1. 请说明如何编写程序代码。程序设计的主要过程可以分成哪 5 个阶段？

2. 请分别说明下列 MS-DOS 指令的用途：

```
dir、cd、type、cls
```

3. 在命令提示符窗口编译 Java 程序 first.java 的指令为_____，执行 Java 程序的指令是_____。

4. 请举例说明 Java 的程序架构。控制台基本输入的方法有哪些？

5. 请举例说明 Java 语言的程序语句和程序块。

6. 请完成下列 Java 程序，输出"大家好！生日快乐！"字符串。

```
class Test {
  public static void main(String[] args) {
    _____
  }
}
```

7. 请问学习评估 6 的 Java 程序文件的全名为：_____。如果输出字符串改为两行："大家好！"和"生日快乐"，请再次完成上述 Java 程序。

8. 请继续学习评估 7，在命令提示符窗口执行编译 Java 程序的指令：_____，编译成的 Bytecode 文件名：_____，执行 Java 程序的指令：_____。

9. 创建一个 Java 程序，使用 System.out.print()方法在"命令提示字符"窗口显示"Java 程序设计教程"文字内容。

10. 请使用 Eclipse 创建 Java 程序，使用 System.out.print()方法在"命令提示符"窗口以星号字符显示大"十"字图形，如下所示：

```
   **
   **
**********
   **
   **
```

第3章 变量、数据类型与运算符

3.1 变量与数据类型基础

程序语言中的"变量"（Variables）可以视为是一个拥有名称的盒子，它能够在程序执行时暂时保存所需的数据，如图 3-1 所示。

▲图 3-1

图 3-1 是方形和圆柱形的两个盒子，盒子名称分别是变量名称 grade 和 height，在盒子中保存的数据 85 和 175.5 称为"字面值"（Literals）或"常量值"（Constants），也就是数值、字符或字符串等常量值，具体如下所示：

```
100
15.3
"Java 程序"
```

上述字面值的前两个是数值，最后一个是使用""""括起的字符串字面值。盒子形状和尺寸决定保存哪些数据，回归程序语言来说，形状和尺寸就是变量的"数据类型"（Data Type）。

程序语言的数据类型可以决定变量能够保存什么值？它可以是数值、字符或字符串等数据，当变量指定数据类型后，就表示只能保存指定类型的数据，如同圆形盒子放不进相同直径的方形物品，只能将它们放进方形盒子中。

回到上例，方形盒子就是 Java 语言的 int（整数）类型，圆柱形盒子是 double（浮点数）类型。详细 Java 数据类型说明请参阅 3-3 节。

3.2 变量的命名与声明

所有计算机程序都是由"数据"（Data）和"指令"（Instruction）两部分组成的。数据部分是指本章的"变量"（Variable）和"数据类型"（Data Type）；指令部分包括本章将介绍的运算符、第

4 章的"流程控制"（Control Structure）和第 5 章的"过程"（Subroutines，即 Java 的类方法）等。

3.2.1　Java 的命名语法

在 Java 程序中有一些"关键字"（Keyword），或称"保留字"（Reserved Word），是一些对于编译程序而言，拥有特殊意义的名称。有这些关键字之外，程序设计者可以自行定义一些元素名称，称为"标识符"（Identifier），例如，变量、过程、函数和对象名称等。

1. 命名规则

在为元素命名时，需要遵循程序语言的语法。元素命名十分重要，一个好名称如同天生带有程序注释，可以让程序更容易理解。Java 语言的一些基本命名规则如下：

● 名称应是一个合法的"标识符"（Identifier），标识符是使用英文字母、下画线 "_" 或表示金钱符号的 "$" 开头的、由不限长度的 Unicode（统一码）字符构成的字符串，包括字母、数字、美元符号 "$" 和下划线 "_"。一些合法的名称范例如下所示：

```
T, n, size, z100, long_name, helloWord, Test, apple, $total, _order
Input_string, x, TITLE, APPLE, subtotal, _getTotal, $_32_cpu
```

● 名称最长为 255 个字符，而且名称区分英文字母的大小写，例如，java、Java 和 JAVA 是不同的名称。

● 名称不能使用 Java 语法中的"关键字"（Keyword），这些关键字如表 3-1 所示。

表 3-1

abstract	boolean	break	byte	case
catch	char	class	const	continue
default	do	double	else	extends
false	final	finally	float	for
goto	if	implements	import	instanceof
int	interface	long	native	new
null	package	private	protected	public
return	short	static	super	switch
synchronized	this	throw	throws	transient
true	try	void	volatile	while

● 名称在"作用域"（Scope）中必须是唯一的。在程序中可以使用相同的变量名称，不过这些变量名称需要位于不同的作用域，详细的作用域说明请参阅第 5 章。

2. 惯用的命名法

为了保持程序代码的可读性和一致性，对 Java 标识符的命名可以使用一些惯用的命名原则。例如 CamelCasing 命名法，第 1 个英文字小写之后为大写；变量、函数的命名分别使用不同的英文字母大小写组合，如表 3-2 所示。

表 3-2

标识符种类	习惯的命名原则	范　例
常量	使用英文大写字母和下画线 "_" 符号	MAX_SIZE、PI
变量	使用英文小写字母开头，如果是两个英文字组成，第 2 个之后的英文字首字母以大写开头	size、userName
函数	使用英文小写字母开头，如果是两个英文字组成，其他英文字使用大写开头	pressButton、scrollScreen

3.2.2　变量的声明

变量通常用来保存程序执行过程中的一些临时数据。程序设计者只需记住，变量作为一个名称，代表的是一个内存地址。

至于内存地址到底在哪里？我们并不用伤脑筋，因为这是编译程序的工作。简单地说，程序语言的变量是使用有意义的名称代表一串数字的内存地址。

1. 变量的属性

程序变量拥有一些属性，可以用来描述变量的含义，其说明如表 3-3 所示。

表 3-3

属性名称	说　明
名称（Name）	变量名称是一个标签，用来在程序中识别出它
地址（Address）	保存此变量的内存地址
尺寸（Size）	变量所占用的内存大小，以字节为单位
类型（Type）	变量保存数据的数据类型
值（Value）	变量值，也就是在内存地址中保存的数据
生命周期（Lifetime）	程序执行时，变量存活的期限。有些变量在整个执行过程中都存在；有些变量则在执行期间自动或由程序代码建立
作用域（Scope）	定义程序代码的哪些程序语句可以访问此变量

变量生命周期实际上就是指程序运行期间，变量实际配置内存空间的时间。变量作用域则定义了代码中哪些程序语句能够访问此变量，这些程序语句的位置就称为变量的作用域。

2. 变量声明

Java 的变量声明是使用数据类型开头，后面接变量名称，如下所示：

```
int grade;
```

上述程序代码声明了一个整数变量 grade，它使用 int 数据类型开头，后面跟着变量名称 grade。Java 语言提供 8 种基本数据类型：byte、int、short、long、float、double、char 和 boolean，详细的数据类型说明请参阅第 3.3 小节。

如果需要多个相同数据类型的变量，我们可以在同一行程序代码同时声明，各变量使用逗号 ","

分隔，如下所示：

```
int i, j, total;
```

上述程序代码同时声明了 3 个整数变量 i、j 和 total。

3. 变量的初始值

变量声明单纯只是配置内存空间，并没有指定变量值。如果需要，可以在声明同时指定变量的初始值，或声明后使用赋值语句（见第 3.2.3 小节）来设置变量值，如下面代码所示：

```
int grade = 95;
int i = 20;
```

上述程序代码声明两个变量且使用等号 "=" 指定了变量的初值。

 Java 项目：Ch3_2_2

在 Java 程序 Ch3_2_2.java 声明 int 和 char 数据类型的变量 gpa 和 grade，并指定变量值，之后将变量值显示出来，其执行结果如下所示：

```
GPA: B
成绩: 95
```

上述执行结果显示变量 gpa 和 grade 的值分别为字符 B 和整数值 95。

🔊 程序内容

```
01: public class Ch3_2_2 {
02:   // 主程序
03:   public static void main(String[] args) {
04:     int grade = 95; // 变量声明
05:     char gpa;
06:     gpa = 'B';       // 指定变量值
07:     // 显示信息
08:     System.out.print("GPA: ");
09:     System.out.println(gpa);
10:     System.out.print("成绩: ");
11:     System.out.println(grade);
12:   }
13: }
```

🔊 程序说明

第 4 行：声明整数变量 grade 且设置变量初值。

第 5 行：声明字符变量 gpa。

第 6 行：使用赋值语句指定字符变量 gpa 的值，详细的赋值语句说明请参阅第 3.2.3 小节。

第 8～11 行：显示变量值。

3.2.3 赋值语句

"赋值语句"（Assignment Statement）可以在程序代码中指定变量值，如果在声明变量时没有给定值，我们就可以使用赋值语句，即 "=" 等号来指定或更改变量值，如下所示：

```
mathGrade = 85;
englishGrade = 67;
```

赋值语句的等号左边是变量名称，右边是"表达式"（Expression），详细的表达式说明请参阅 3-4 节，上面两条语句是将右边的值指定给左边的变量。

在赋值语句"="等号左边的变量称为"左值"（Lvalue），表示变量的地址（Address）属性；等号的右边称为"右值"（Rvalue），即为变量的值（Value）属性。以上述赋值语句为例，变量的内存图例（地址是假设值），如图 3-2 所示。

上述变量 mathGrade 和 englishGrade 分别使用赋值语句指定值为 85 和 67，85 和 67 就称为变量的"整型字面值"（Integer Literals），即数值。如果赋值语句的右边是变量，如下所示：

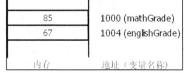

```
englishGrade = mathGrade
```

▲图 3-2

变量 englishGrade 是左值，取得地址；右边变量 mathGrade 是右值，取出变量值。换句话说，该赋值语句是将变量 mathGrade 的"值"85 存入变量 englishGrade 的内存"地址"，即 1004，也就是更改变量 englishGrade 的值成为变量 mathGrade 的值 85。

 Java 项目：Ch3_2_3

在 Java 程序 Ch3_2_3.java 声明数学成绩 mathGroade 和英文成绩 englishGrade 两个变量，使用赋值语句访问变量值，其执行结果如下所示：

```
数学成绩: 85
英文成绩: 67
赋值语句后英文成绩: 85
```

从上述执行结果可知程序先使用赋值语句指定原始成绩，然后再使用赋值语句，将两个变量指定成相同值 85。

◀) 程序内容

```
01: public class Ch3_2_3 {
02:    // 主程序
03:    public static void main(String[] args) {
04:       int mathGrade, englishGrade;   // 变量声明
05:       mathGrade = 85;
06:       englishGrade = 67;
07:       // 显示变量值
08:       System.out.print("数学成绩: ");
09:       System.out.println(mathGrade);
10:       System.out.print("英文成绩: ");
11:       System.out.println(englishGrade);
12:       englishGrade = mathGrade;   // 赋值语句
13:       System.out.print("赋值语句后英文成绩: ");
14:       System.out.println(englishGrade);
15:    }
16: }
```

◀) 程序说明

第 4～6 行：声明 mathGrade 和 englishGrade 变量，然后使用赋值语句指定变量值。

第 12 行：使用赋值语句更改 englishGrade 变量值成为 mathGrade 变量值。

3.2.4　常量的声明与使用

"常量"（Constant）指的是一个设置初始值后，就不会再变更其值的变量。简单地说，常量就是在程序中使用一个名称代表一个固定值。

Java 语言的常量声明和指定初值的变量声明相同，只是在前面另外使用 final 关键字表示变量值不能更改，如下所示：

```
final double PI = 3.1415926;
```

上述程序代码声明了圆周率常量 PI。请注意，在声明常量时一定要指定常量值。

 Java 项目：Ch3_2_4

在 Java 程序 Ch3_2_4.java 声明圆周率常量 PI，然后计算指定半径的圆面积，其执行结果如下所示：

```
面积：706.858335
```

◀») 程序内容

```
01: public class Ch3_2_4 {
02:    // 主程序
03:    public static void main(String[] args) {
04:       // 常量声明
05:       final double PI = 3.1415926;
06:       double area;        // 变量声明
07:       double r = 15.0;
08:       area = PI * r * r;  // 计算面积
09:       // 显示面积
10:       System.out.print("面积: ");
11:       System.out.println(area);
12:    }
13: }
```

◀») 程序说明

第 5 行：声明常量 PI。

第 6~8 行：声明圆面积变量 area 和半径变量 r 且指定r初值，计算圆面积。

常量在程序中扮演这样一个变量角色，即在程序执行中，无法使用程序代码来更改其值，我们只能在编译前，编辑程序代码来更改常量值。

3.3　Java 的数据类型

Java 语言是一种"强类型"（Strongly Typed）程序语言，对变量需要指定数据类型。数据类型的目的是告诉编译程序声明的变量准备保存什么样的数据，而且不论如何访问变量值，都不能更改变量的数据类型。

> **Memo** 与强类型程序语言相对应的是"弱类型"（Loosely Typed）程序语言，这种程序语言的变量不需要事先声明就可以直接使用，变量视为程序代码中保存数据的一个容器，能够随时更改变量值和数据类型，例如，JavaScript 和 VBScript 等脚本语言都是弱类型语言。

Java 语言的数据类型分为"基本"（Primitive）和"引用"（Reference）两种数据类型，如下所示。

● 基本数据类型：Java 提供 byte、short、int、long、float、double、char 和 boolean 共 8 种基本数据类型，本节介绍的都是基本数据类型。

● 引用数据类型：此类型的变量值是内存地址，即对象保存的地址，关于引用数据类型的详细说明请参阅第 6 章～第 7 章。

3.3.1 整数类型

"整数类型"（Integral Types）是指此类型变量保存的数据为整数。

1. 整数类型的种类

整数类型按照所能表示整数数据长度（即变量占用的内存位数）的不同，又可以分为 4 种，如下表 3-4 所示。

表 3-4

整数类型	位　　数	作　用　域
byte	8	$-2^7 \sim 2^7-1$，即$-128 \sim 127$
short	16	$-2^{15} \sim 2^{15}-1$，即$-32768 \sim 32767$
int	32	$-2^{31} \sim 2^{31}-1$，即$-2147483648 \sim 2147483647$
long	64	$-2^{63} \sim 2^{63}-1$，即$-9223372036854775808 \sim 9223372036854775807$

程序员可以按照整数值的作用域决定声明何种整数类型。

2. 整数字面值

在 Java 程序代码可以直接使用包含 0、正整数和负整数的"整数字面值"（Integral Literal），并且可以使用十进制、八进制和十六进制来指定整型字面值。

● 八进制："0"开头的整数值，每个位数值为 0～7 的整数。

● 十六进制："0x"开头的数值，位数值范围为 0～9 和 A～F（或 a～f）。

一些整数字面值的范例如表 3-5 所示。

表 3-5

整数字面值	十进制值	说　　明
44	44	十进制整数
0256	174	八进制整数
0xef	239	十六进制整数
0x3e6	998	十六进制整数

3. 整型字面值的类型

整数字面值的数据类型视数值的作用域而定，可以整型字面值的末尾加上一个 1（或 L）将字面值指定成 long 型（长整型），如表 3-6 所示。

表 3-6

数据类型	字　符	范　例
long	L/l	245l 或 245L

3.3.2　浮点型

"浮点型"（Floating Point Types）是指具有小数位的数值，例如 3.1415926、123.567 等。

1. 浮点型的种类

按照所能表示数值的长度的不同（即变量占用的内存位数），可以分为两种浮点数数据类型，如表 3-7 所示。

表 3-7

浮 点 型	位　数	作 用 域
float	32	1.40239846e-45 ~ 3.40282347e38
double	64	4.94065645841246544e-324 ~ 1.79769313486231570e308

2. 浮点型字面值

在 Java 程序代码如果直接使用浮点型字面值（Floating Point Literal），默认是 double，而不是 float 数据类型。除了标准记数法外，我们也可以使用科学记数法来表示浮点数，使用科学符号的"e"或"E"符号来代表 10 为底的指数。一些浮点型字面值的范例如表 3-8 所示。

表 3-8

浮点数字面值	十进制值	说　明
0.0123	0.0123	浮点数
.00567	.00567	浮点数
1.25e4	12500.0	使用 e 指数科学符号的浮点数

3. 浮点型字面值的类型

浮点型字面值默认的类型是 double，如果要声明变量为 float 型，需要在浮点型字面值的字尾加上字符"F"或"f"，将数值转换成单精度，如下所示（参见表 3-9）：

```
float i = 25.0F;
```

表 3-9

数据类型	字　　符	范　　例
float	F/f	6.7F 或 6.7f
double	D/d	3.1415D 或 3.1415d

4. 在数值型字面值使用下划线符号

Java SE 7 允许数值型字面值使用下划线 "_"，换句话说，在数值各位数之间可以加上 "_" 符号来增加数值的可读性，如下所示：

```
long credit_card_number = 1234_5678_9012_3456L;
float pi = 3.14_15F;
long hexBytes = 0x00_EC_FF_5E;
long bytes = 0b11010010_01101001;
```

3.3.3 布尔型

"布尔型"（Boolean Type）只能有两个值 true 和 false，这并不是变量名称，而是 Java 关键字，布尔变量主要是使用在逻辑表达式，如下所示：

```
boolean isRateHigh;
isRateHight = (rate >= .02);
```

上述表达式的值是布尔型，比较利率是否大于等于 0.02。布尔值通常使用在第 4 章条件和循环控制的条件判断，以便决定执行哪一个程序区块的程序代码，或判断循环是否结束，在 3.4.4 小节可以看到一些布尔变量的程序范例。

3.3.4 字符型

在 Java 中，"字符型"（Char Type）变量是无符号（Unsigned）的 16 位整数表示的 Unicode 字符。在 Unicode 编码方式中，每个字符占用两个字节，用来取代 ASCII 字符使用一个字节的表示方式。

1. 字符型字面值

在 Java 程序使用字符型字面值（Char Literal）时，需要使用 "'" 单引号括起，如下所示：

```
char a = 'A';
```

上述变量声明设置 a 的初值为字符 A，请注意，字符型字面值是使用 "'" 单引号，而不是 """ 双引号括起。Unicode 字符则可使用以 "\u" 字符串开头的十六进制数值来表示，如下所示：

```
char c = '\u0020';
```

上述字符型字面值表示的是一个空格符（Space）。

2. 字符串字面值

字符串字面值（String Literals）就是一个字符串，字符串是使用双引号 """ 括起的包含 0 或多个字符型字面值的一串文字，如下所示：

```
"Java 程序设计"
"Hello World!"
```

Java 语言的字符串实际上是一个字符串对象，属于引用数据类型，详细说明请参阅第 6 章。Java 程序代码中字符串的一个主要用途便是作为 System.out.println()或 println()方法的参数，如下所示：

```
System.out.print("换行符号\n");
```

3. 转义字符

转义（Escape）字符是使用"\"符号开头的一类字符串，可以显示一些无法使用键盘输入的特殊字符，如表 3-10 所示。

表 3-10

Java 转义字符	Unicode 码	说　　明
\b	\u0008	Backspace, Backspace 键
\f	\u000C	FF（Form feed），换页符号
\n	\u000A	LF（Line feed），换行符号
\r	\u000D	CR，Enter 键
\t	\u0009	Tab 键，定位符号
\'	\u0027	"'"，单引号
\"	\u0022	"""，双引号

 Java 项目：Ch3_3

在 Java 程序 Ch3_3.java 声明整型、浮点型和字符型变量，并设置初值，并且使用转义字符换行和显示双引号，其执行结果如下所示：

```
44 = 44
0256 = 174
0xef = 239
0x3e6 = 998
25.0
0.0123
0.00567
12500.0
A
A

换行符号
"Escape"溢出字符
信用卡卡号：1234567890123456
PI：3.1415
十六进制：15531870
位值：53865
```

上述执行结果中空了一行，实际上是有一个空格符。

◀)) 程序内容

```
01: public class Ch3_3 {
02:    // 主程序
03:    public static void main(String[] args) {
04:        // 整数变量声明
05:        int i = 44;    int j = 0256;
06:        int k = 0xef;  int l = 0x3e6;
07:        System.out.print("44 = ");  // 显示结果
08:        System.out.println(i);
09:        System.out.print("0256 = ");
10:        System.out.println(j);
11:        System.out.print("0xef = ");
12:        System.out.println(k);
13:        System.out.print("0x3e6 = ");
14:        System.out.println(l);
15:        // 浮点数变量声明
16:        float m = 25.0F;    double n = 0.0123;
17:        double o = .00567;  double p = 1.25e4;
18:        System.out.println(m);    // 显示结果
19:        System.out.println(n);
20:        System.out.println(o);
21:        System.out.println(p);
22:        char a = 'A';    // 字符变量声明
23:        char b = 65;    char c = '\u0020';
24:        System.out.println(a);    // 显示结果
25:        System.out.println(b);
26:        System.out.println(c);
27:        System.out.print("换行符号\n");
28:        System.out.println("\"Escape\"溢出字符");
29:        // Java SE 7 版的下画线字符
30:        long credit_card_number = 1234_5678_9012_3456L;
31:        float pi = 3.14_15F;
32:        long hexBytes = 0x00_EC_FF_5E;
33:        long bytes = 0b11010010_01101001;
34:        System.out.println("信用卡卡号: "+credit_card_number);
35:        System.out.println("PI: " + pi);
36:        System.out.println("十六进制: " + hexBytes);
37:        System.out.println("位值: " + bytes);
38:    }
39: }
```

◀)) 程序说明

第 5～6 行：声明整数变量并指定初始值。

第 16～17 行：声明浮点数变量并指定初始值，第 1 个是 float 型，之后是 double 型。

第 22～23 行：声明 3 个字符变量，分别使用字面值、ASCII 值和 Unicode 表示法指定初始值。

第 27 行：测试转义字符 "\n"，因为使用 System.out.print()并不会换行，但是加上 "\n"，所以输出结果仍然可以显示换行。

第 28 行：测试转义字符 "\""。

第 30～33 行：使用 Java SE 7 版支持的下画线符号来表示数值字面值。

3.4 Java 的表达式

正如我们前面介绍的，在 Java 赋值语句的等号右边是一个 "表达式"（Expressions），它是由

"运算符"（Operator）和"操作数"（Operand）所组成，Java 提供完整的算术、指定、位、关系和条件（即逻辑）运算符。以下便是一些表达式的范例

```
a + b - 1
a >= b
a > b && a > 1
```

上述表达式中的变量 a、b 和数值 1 都属于操作数，"+"、"-"、">="、">" 和 "&&" 为运算符，Java 运算符是使用 1～3 个字符所组成的符号。

3.4.1　运算符的优先级

因为 Java 语言支持多种运算符，当同一个表达式同进使用几种运算符时，为了让表达式能够得到固定的运算结果，表达式会以运算符预设的优先级来进行运算，也就是我们熟知的"先乘除后加减"，如下所示：

```
c + d * 2
```

上述表达式在先计算 d*2 后才和 c 相加，这是因为运算符 "*" 的优先级大于 "+"。Java 运算符的优先级（越上面的越优先）如表 3-11 所示。

表 3-11

运　算　符	说　　　明
()	括号
!、-、++、--	条件运算符 NOT、算术运算符负号、递增和递减
*、/、%	算术运算符的乘、除法和余数
+、-	算术运算符加和减法
<<、>>、>>>	位运算符左移、右移和无符号右移
>、>=、<、<=	关系运算符大于、大于等于、小于和小于等于
==、!=	关系运算符等于和不等于
&	位运算符 AND
^	位运算符 XOR
|	位运算符 OR
&&	条件运算符 AND
||	条件运算符 OR
?:	条件控制运算符
=、op=	指定运算符

上表的条件控制运算符 "?:" 可以用在赋值语句的右边表达式创建简单的条件控制，如同 if 条件语句，详细说明请参阅 4.3.4 小节。

3.4.2　算术运算符

"算术运算符"（Arithmetic Operators）就是常用的数学运算符，其操作数通常是数值变量或字

面值，此外加号还可以用于连接两个字符串。算术运算符的说明与范例如表 3-12 所示。

表 3-12

运 算 符	说　　明	表达式范例
−	负号	−7
*	乘法	5 * 6 = 30
/	除法	7.0 / 2.0 = 3.5、7 / 2 = 3
%	余数	7 % 2 = 1
+	加法	4 + 3 = 7
−	减法	4 − 3 = 1

上面表达式范例使用的都是字面值，其中除法的操作数如为整数，就是整数除法，默认会将所有小数删除，所以 7 / 2 = 3。

1. 创建数学公式

在 Java 程序代码只需使用算术运算符、变量和字面值，就可以创建复杂的数学表达式，如下所示：

```
f = x*x-2*x+3;
f = (x+y)*(x+y)+5;
```

上述数学表达式的 x 和 y 是变量，只需指定 x 和 y 的值，就可以计算表达式的值。

不只如此，如果拥有也可以在程序中套用许多现成的数学公式，例如华氏（Fahrenheit）和摄氏（Celsius）温度转换的公式。摄氏转华氏的公式如下所示：

```
f = (9.0 * c) / 5.0 + 32.0;
```

华氏转摄氏的公式如下所示：

```
c = (5.0 / 9.0 ) * (f - 32);
```

现在我们就可以设计 Java 程序替我们解数学问题，配合第 5 章 Math 类的数学方法，不论统计或工程上的数学问题，都可以自行编写 Java 程序来解决。

2. 字符串连接运算符

在 Java 中，"+" 运算符除了可用于数值加法运算，计算两个操作数的总和，如果操作数的其中之一或两者都是字符串，"+" 运算符就是字符串连接运算符，可以连接多个字符串变量，如下所示：

```
"ab" + "cd"="abcd"
"Java 程序"+"设计"="Java 程序设计"
```

 Java 项目：Ch3_4_2

测试表 3-12 中的运算符，运行结果如下所示：

```
负号运算:-7    = -7
```

```
乘法运算:5 * 6 = 30
除法运算:7.0/2.0 = 3.5
余数运算:7 % 2 = 1
加法运算:4 + 3 = 7
减法运算:4 - 3 = 1
字符串连接: Java 是一种面向对象程序语言
x*x-2*x+3 = 27
(x+y)*(x+y)+5 = 86
摄氏：80 度= 华氏: 176.0
```

◀)) 程序内容

```
01: public class Ch3_4_2 {
02:     // 主程序
03:     public static void main(String[] args) {
04:         System.out.println("负号运算:-7    = " + -7 );
05:         System.out.println("乘法运算:5 * 6 = " + 5*6);
06:         System.out.println("除法运算:7.0/2.0 = " +7.0/2.0);
07:         System.out.println("余数运算:7 % 2 = " + 7%2);
08:         System.out.println("加法运算:4 + 3 = " + (4+3));
09:         System.out.println("减法运算:4 - 3 = " + (4-3));
10:         // 字符串连接运算符
11:         String str1 = "Java 是";
12:         String str2 = "一种面向对象程序语言";
13:         System.out.println("字符串连接: " + (str1 + str2));
14:         int x, y, f, c;  // 变量声明
15:         x = 6;  y = 3;
16:         f = x*x-2*x+3;    // 数学公式
17:         System.out.println("x*x-2*x+3 = " + f);
18:         f = (x+y)*(x+y)+5;
19:         System.out.println("(x+y)*(x+y)+5 = " + f);
20:         c = 80;
21:         System.out.print("摄氏: " + c + "度= 华氏: ");
22:         System.out.println((9.0 * c) / 5.0 + 32.0);
23:     }
24: }
```

◀)) 程序说明

第 4～9 行：测试算术运算符计算数学表达式的结果，并使用字符串连接运算符"+"创建输出字符串，除法中操作数是浮点数，所以加上小数点。

第 11～13 行：声明两个字符串变量，第 13 行测试字符串连接运算符"+"。

第 16 行和第 18 行：定义两个数学公式。

第 20～22 行：测试温度转换公式的运算结果。

3.4.3　递增和递减运算

"递增和递减运算符"（Shortcut Increment and Decrement Operator）是一种对变量加一或减一的表达式简化写法，运算符可置于变量前或后，如表 3-13 所示。

表 3-13

运 算 符	说　　明	表达式范例
++	递增运算	x++、++x
--	递减运算	y--、--y

表 3-13 中的递增和递减运算符可以置于变量的前或后，例如，x = x + 1 表达式可简化为：

```
x++; 或 ++x;
```

而 y--或--y 相当于是：

```
y = y - 1
```

上述递增和递减运算符在变量之后或之前并不会影响运算结果。如果递增和递减运算符使用在算术或赋值表达式中，运算符在前面，变量值立刻改变，如果在后面，表示在执行表达式后才会改变，如下所示：

```
x = 10;
y = 10;
System.out.println("x++ = " + x++ +":x = " + x );
System.out.println("--y = " + --y +":y = " + y);
```

上述程序代码变量 x 和 y 的初始值为 10，后面 2 行程序代码的第 1 行是 x++，运算符在后，所以之后才会改变，第 1 个 x++值仍然为 10，第 2 个 x 为 11。最后 1 行--y 的运算符是在前，所以第 1 个为 9，第 2 个也是 9。

 Java 项目：Ch3_4_3

在 Java 程序 Ch3_4_3.java 声明变量后测试递增/递减运算符，其执行结果如下所示：

```
递增运算：A++ = 11
递减运算：A-- = 9
x++ = 10:x = 11
--y = 9:y = 9
```

◀)) 程序内容

```
01: public class Ch3_4_3 {
02:   // 主程序
03:   public static void main(String[] args) {
04:     int inc = 10;  // 变量声明
05:     int dec = 10;
06:     inc++;   // 递增
07:     System.out.println("递增运算：A++ = " + inc);
08:     dec--;   // 递减
09:     System.out.println("递减运算：A-- = " + dec);
10:     // 递增和递减运算符
11:     int x = 10, y = 10;
12:     System.out.println("x++ = " + x++ +":x = " + x );
13:     System.out.println("--y = " + --y +":y = " + y);
14:   }
15: }
```

◀)) 程序说明

第 6 行和第 8 行：测试递增和递减运算。

第 11～13 行：测试递增和递减运算符在表达式前后的运算结果。

3.4.4 关系与条件运算符

"关系运算符"（Relational Operator）主要使用在循环和条件语句（参见第 4 章）的判断条件，

可以比较两个操作数之间的关系，例如，"=="为 true 表示相等。Java 关系运算符的说明与范例，如表 3-14 所示。

表 3-14

运 算 符	说 明	表达式范例	结 果
==	等于	7 == 5	false
!=	不等于	7 != 5	true
<	小于	7 < 5	false
>	大于	7 > 5	true
<=	小于等于	7 <= 5	false
>=	大于等于	7 >= 5	true

如果表达式比较复杂，不只一个关系表达式。Java 语言提供 6 种"条件运算符"（Conditional Operator，也称为逻辑运算符）来连接多个关系表达式，可以创建更复杂的关系表达式，如表 3-15 所示。

表 3-15

运算符	范 例	说 明
!	! op	NOT 运算，返回操作数相反的值，true 成 false，false 成 true
&&	op1 && op2	AND 运算，连接的两个操作数都为 true，表达式为 true
||	op1 || op2	OR 运算，连接的两个操作数，任一个为 ture，表达式为 true
&	op1 & op2	如果 op1 和 op2 为布尔型的变量，此时的运算符如同&&，如果操作数为数字就执行位运算（下一节介绍）
|	op1 | op2	如果 op1 和 op2 为布尔型的变量，此时的运算符如同||，如果操作数为数字就是下一节的运算符
^	op1 ^ op2	XOR 运算，连接的两个操作数，只需任一个为 true，结果为 true，如果同为 false 或 true 时结果为 false

 Java 项目：Ch3_4_4

在 Java 程序 Ch3_4_4.java 声明整数和布尔变量且设置初值后，测试表 3-14 和表 3-15 的关系和条件运算符，其执行结果如下所示：

```
小于:7<5 为 false
大于:7>5 为 true
小于等于:7<=5 为 false
大于等于:7>=5 为 true
等于:7==5 为 false
不等于:7!=5 为 true
A 条件表达式: true
B 条件表达式: false
NOT 条件运算: !A 为 false
AND 条件运算: A && B 为 false
OR 条件运算: A || B 为 true
XOR 条件运算: A ^ B 为 true
```

◀)) 程序内容

```
01: public class Ch3_4_4 {
02:   // 主程序
03:   public static void main(String[] args) {
04:     int a = 7;  int b = 5;  // 变量声明
05:     boolean blnA = a > b;
06:     boolean blnB = a == b;
07:     // 测试关系运算符
08:     System.out.println("小于:7<5 为 " + (a < b));
09:     System.out.println("大于:7>5 为 " + (a > b));
10:     System.out.println("小于等于:7<=5 为 " + (a <= b));
11:     System.out.println("大于等于:7>=5 为 " + (a >= b));
12:     System.out.println("等于:7==5 为 " + (a == b));
13:     System.out.println("不等于:7!=5 为 " + (a != b));
14:     // 测试条件运算符
15:     System.out.println("A 条件表达式: " + blnA);
16:     System.out.println("B 条件表达式: " + blnB);
17:     System.out.println("NOT 条件运算: !A 为 " +(!blnA));
18:     System.out.println("AND 条件运算: A && B 为 " +
19:                          (blnA && blnB));
20:     System.out.println("OR 条件运算: A || B 为 " +
21:                          (blnA || blnB));
22:     System.out.println("XOR 条件运算: A ^ B 为 " +
23:                          (blnA ^ blnB));
24:   }
25: }
```

◀)) 程序说明

第 4～6 行：声明整数和布尔变量且指定初值。

第 8～13 行：测试关系运算符。

第 15～23 行：测试条件运算符。

3.4.5　位运算符

"位运算符"（Shift and Bitwise Operator）用来执行整数二进制值的位运算，包括向左移或右移几个位的位移运算或 NOT、AND、XOR 和 OR 位运算，如表 3-16 所示。

表 3-16

运 算 符	范　　例	说　　明
~	~op1	位的 NOT 运算，操作数的位值 1 时为 0，0 为 1
&	op1 & op2	位的 AND 运算，两个操作数的位值同是 1 时为 1，如果有一个为 0，就是 0
|	op1|op2	位的 OR 运算，两个操作数的位值只需有一个是 1，就是 1，否则为 0
^	op1 ^ op2	位的 XOR 运算，两个操作数的位值只需任一个为 1，结果为 1，如果同为 0 或 1 时结果为 0

位运算符结果（a 和 b 代表二进制中的一个位）的真假值表，参见表 3-17。

表 3-17

a	b	NOT a	NOT b	a AND b	a OR b	a XOR b
1	1	0	0	1	1	0

续表

a	b	NOT a	NOT b	a AND b	a OR b	a XOR b
1	0	0	1	0	1	1
0	1	1	0	0	1	1
0	0	1	1	0	0	0

1. AND 运算

AND 运算（"&"）通常用来将整数值的一些位遮掉，最常见的是使用"掩码"（Mask）和数值进行 AND 运算，可以将不需要的位清成 0，只取出所需的位。例如：可以使用掩码 0x0f 将 char 类型数据高 4 位隐藏，只显示低 4 位的值，如图 3-3 所示。

上述 60 & 15 位表达式，按照前述真假值表，可以得到运算结果 00001100，也就是十进制值 12。

2. OR 运算

OR 运算（"|"）可以将指定的位设为 1。例如：OR 表达式 60 | 3，如图 3-4 所示。

将最低阶的两个位设为 1，可以得到运算结果 00111111，即十进制值 63。

3. XOR 运算

XOR 运算（"^"）类似 OR 运算，当比较的位值不同时，即 0 和 1，或 1 和 0 时，将位设为 1。例如：XOR 表达式 60 ^ 120，如图 3-5 所示。

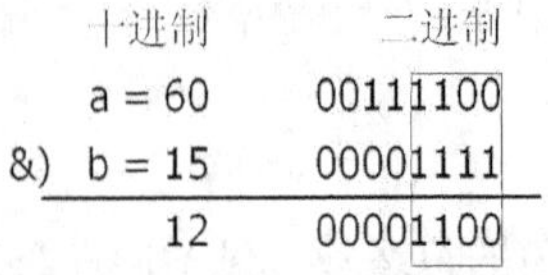

```
        十进制      二进制              十进制    二进制              十进制       二进制
        a = 60    00111100            a = 60   00111100           a = 60     00111100
    &)  b = 15    00001111        |)  c = 3    00000011       ^)  d =120     01111000
        ──────────────────           ──────────────────          ──────────────────
        12        00001100            63       00111111           68         01000100
```

▲图 3-3 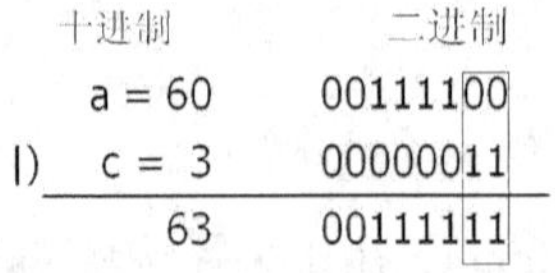   ▲图 3-4 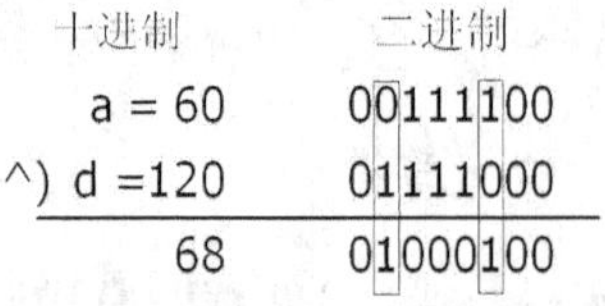   ▲图 3-5

上述位表达式可以得到运算结果 01000100，即十进制值 68。

4. 位移运算

Java 语言提供向左移（Left-shift）、右移（Right-shift）和无浮号右移（Unsigned Right-shift）几种位移运算，如表 3-18 所示。

表 3-18

运算符	范例	说明
<<	op1 << op2	左移运算，op1 往左位移 op2 位，然后在最右边补上 0
>>	op1 >> op2	右移运算，op1 往右位移 op2 位，最左边补入 op1 最高位值，正整数补 0，负整数补 1
>>>	op1 >>> op2	无符号右移运算，op1 往右位移 op2 位，然后在最左边补 0

对于正整数来说，左移运算每移 1 个位，相当于乘以 2；右移运算每移 1 个位，则相当于除以

2。例如，原始十进制值 3 的左移运算，在最右边补 0，如下所示：

```
00000011 << 1 = 00000110 ( 6)
00000011 << 2 = 00001100 (12)
```

上述运算结果后括号内是十进制值。原始十进制值 120 的右移运算，因为 120 是正整数，所以在最左边补 0，如下所示：

```
01111000 >> 1 = 00111100 (60)
01111000 >> 2 = 00011110 (30)
```

 ## Java 项目：Ch3_4_5

在 Java 程序 Ch3_4_5.java 声明整数变量且设置初值后，测试各种 Java 位运算符的运算结果，其执行结果如下所示：

```
a/b 的值 = 60/15
c/d 的值 = 3/120
NOT 运算： ~a = -61
AND 运算： a & b = 12
OR 运算： a | c = 63
XOR 运算：a ^ d = 68
f/g 的值=3/120
左移运算：f<<1 = 6
左移运算：f<<2 = 12
右移运算：g>>1 = 60
右移运算：g>>2 = 30
```

◄)) 程序内容

```
01: public class Ch3_4_5 {
02:    // 主程序
03:    public static void main(String[] args) {
04:        // 变量声明
05:        int a = 0x3c;   // 00111100
06:        int b = 0x0f;   // 00001111
07:        int c = 0x03;   // 00000011
08:        int d = 0x78;   // 01111000
09:        int f = 0x03;   // 00000011
10:        int g = 120;    // 01111000
11:        int r;
12:        System.out.println("a/b 的值 = " + a + "/" + b);
13:        System.out.println("c/d 的值 = " + c + "/" + d);
14:        r = ~a;          // NOT 运算
15:        System.out.println("NOT 运算： ~a = " + r);
16:        r = a & b;      // AND 运算
17:        System.out.println("AND 运算： a & b = " + r);
18:        r = a | c;      // OR 运算
19:        System.out.println("OR 运算： a | c = " + r);
20:        r = a ^ d;      // XOR 运算
21:        System.out.println("XOR 运算： a ^ d = " + r);
22:        // 左移与右移位元运算符
23:        System.out.println("f/g 的值=" + f + "/" + g);
24:        System.out.println("左移运算：f<<1 = " +(f<<1));
25:        System.out.println("左移运算：f<<2 = " +(f<<2));
26:        System.out.println("右移运算：g>>1 = " +(g>>1));
27:        System.out.println("右移运算：g>>2 = " +(g>>2));
28:    }
```

```
29: }
```

🔊 程序说明

第 5～10 行：声明整数变量并指定初始值，注释内容是其二进制表示。

第 14～27 行：测试各种位运算符。

3.4.6 指定运算符

指定运算符除了使用于前述赋值语句"="外，还可以配合其他运算符来简化表达式，创建简洁的算术、关系、条件或位表达式，如表 3-19 所示。

表 3-19

运 算 符	范　例	相当的表达式	说　明
=	x = y	N/A	赋值语句
+=	x+ = y	x = x + y	数字相加或字符串连接
-=	x -= y	x = x - y	减法
*=	x *= y	x = x * y	乘法
/=	x /= y	x = x / y	除法
%=	x %= y	x = x % y	余数
<<=	x <<= y	x = x << y	位左移 y 位
>>=	x >>= y	x = x >> y	位右移 y 位
>>>=	x >>>= y	x = x >>> y	无符号右移 y 位
&=	x &= y	x = x & y	位 AND 运算
|=	x |= y	x = x | y	位 OR 运算
^=	x ^= y	x = x ^ y	位 XOR 运算

3.5 数据类型的转换

Java 的"赋值语句类型转换"（Assignment Conversion）可以分为两种："宽化类型转换"（Widening Primitive Conversion）和"窄化类型转换"（Narrowing Primitive Conversion）。

3.5.1 宽化数据类型转换

在宽化数据类型转换不需要特别语法，如果表达式拥有不同类型的操作数，就会将保存的数据自动转换成相同的数据类型。因为这将是转换成范围比较大的数据类型，不会损失精度。数据类型支持的精度和范围大小如下所示：

```
double > float > long > int > char > short > byte
```

如果表达式中两个操作数属于不同类型，就会自动转换成精度和范围比较大的类型。一些范例如表 3-20 所示。

表 3-20

操作数 1	操作数 2	转 换 成
double	float	double
float	int	float
long	int	long

在右边的表达式结果的类型会转换成与左边变量相同的类型，所以在左边变量需要使用范围比较大的数据类型，否则在编译时，就会显示损失精度的编译错误。

 Java 项目：Ch3_5_1

在 Java 程序 Ch3_5_1.java 声明整数和浮点数变量且设置初值，然后测试赋值语句的宽类型转换，其执行结果如下所示：

```
a(i)=123 b(f)=15.5 c(l)=345678
r(i)=a(i)+134(i)=257
r1(l)=a(i)+c(l)=345801
r2(f)=a(i)*b(f)=1906.5
r3(d)=c(l)*b(f)=5358009.0
```

在括号内显示的是类型，f 是 float，i 是 int，l 是 long，我们可以看到类型转换的结果，即转换成赋值语句左边的类型。

◀)) 程序内容

```
01: public class Ch3_5_1 {
02:     // 主程序
03:     public static void main(String[] args) {
04:         // 变量声明
05:         int a = 123;
06:         float b = 15.5F;
07:         long c = 345678L;
08:         int r;      long r1;
09:         float r2;   double r3;
10:         // 宽类型转换
11:         System.out.print("a(i)=" + a + " b(f)=" + b);
12:         System.out.println(" c(l)=" + c);
13:         r = a + 134;
14:         System.out.println("r(i)=a(i)+134(i)=" + r);
15:         r1 = a + c;
16:         System.out.println("r1(l)=a(i)+c(l)=" + r1);
17:         r2 = a * b;
18:         System.out.println("r2(f)=a(i)*b(f)=" + r2);
19:         r3 = c * b;
20:         System.out.println("r3(d)=c(l)*b(f)=" + r3);
21:     }
22: }
```

◀)) 程序说明

第 5～9 行：声明整数、长整数和浮点数变量。

第 11～20 行：测试宽化类型转换。

3.5.2　窄化数据类型转换与类型转换运算符

窄化数据类型转换就是从精确度比较高的数据类型转换成较低的数据类型，例如：double 转换成 float；long 转换成 int，所以变量保存的数据将会损失一些精度。

窄化类型转换通常并不会自动处理，而需要使用 Java 的"类型转换运算符"（Cast Operator）在表达式中强制转换数据类型，如下所示：

```
r1 = (float) a;
r2 = (float) (a + b);
```

上述程序代码可以将表达式或变量强制转换成前面括号的类型，即转换成 float 浮点型。一般来说，我们使用类型转换运算符，通常都是因为转换结果并非预期结果。

例如，整数和整数的除法运算 27/5，其结果是整数 5。如果需要精确到小数点，就不能使用赋值语句类型转换，而需要先将它强制转换成浮点数，如下所示：

```
r = (float)a / (float)b;
```

上述程序代码将整数变量 a 和 b 都强制转换成浮点数 float，此时 27/5 的结果是 5.4。

 Java 项目：Ch3_5_2

在 Java 程序 Ch3_5_2.java 声明两个整数变量后，分别计算不强制转换和强制类型转换成浮点数后的相除结果，其执行结果如下所示：

```
a = 27 b = 5
r = a / b = 5.0
r = (float)a/(float)b = 5.4
```

从上述执行结果可以看到当没有强制类型转换时，虽然有宽类型转换成浮点数，结果为 5.0；如果有强制类型转换，此时的结果是 5.4，可以精确到小数点。

◄)) 程序内容

```
01: public class Ch3_5_2 {
02:    // 主程序
03:    public static void main(String[] args) {
04:       // 变量声明
05:       int a = 27;     int b = 5;
06:       float r;
07:       // 宽类型转换
08:       System.out.println("a = " + a + " b = " + b);
09:       r = a / b;
10:       System.out.println("r = a / b = " + r);
11:       // 强制类型转换
12:       r = (float)a / (float)b;
13:       System.out.println("r = (float)a/(float)b = "+r);
14:    }
15: }
```

◄)) 程序说明

第 5～6 行：声明 3 个变量和指定初值。

第 9 行：整数除法。

第 12 行：浮点数除法。

习题

1. 请简单说明 Java 语言的命名原则。

2. 请说明什么是程序中的变量。变量有哪些属性？在 Java 程序如何定义变量？

3. 请指出下列哪些属于 Java 语言的合法变量名称：

```
Total_Score、teamWork、#100、_test、2Int、float、char、abc、j、123variables
```

4. 请写出 Java 语言提供哪 8 种基本数据类型。

5. 请根据下列说明文字决定它们的最佳变量数据类型。

- 圆半径。
- 父亲的年收入。
- 个人计算机的价格。
- 地球和月球之间的距离。
- 年龄、体重。

6. 请替习题 5 的变量说明决定最佳的变量名称。

7. 在赋值语句"="等号左边的变量称为＿＿＿＿＿＿＿＿（Lvalue），指的是变量的＿＿＿＿＿＿＿
属性，如果变量在等号的右边称为＿＿＿＿＿＿＿（Rvalue），这是变量的＿＿＿＿＿＿＿属性。

8. 请根据下列 Java 程序代码的常量值，判断变量 a 到 e 定义使用的数据类型。

```
a= 'r';
b= 100;
c= 23.14;
d= 453.13f;
e= 453.13d;
```

9. 如果变量 a=27、b=5，请问下列 3 个 Java 语言表达式 r1、r2 和 r3 的值是什么？

```
r1 = a / b;
r2 = a / (float)b;
r3 = (float)a / (float)b;
```

10. 现在有 200 个蛋，一打是 12 个，请设计 Java 程序计算 200 个蛋是几打，还剩下几个蛋。

11. 某人在银行存入 150 万，利率是 2%，如果每年的利息都继续存入银行，即复利，请创建 Java 程序计算 10 年后，本金加利息共有多少钱。

12. 假定求圆周长的公式是 2*PI*r，其中 PI 是圆周率，其取值为常数 3.1415，r 是半径，请编写 Java 程序计算各半径（10，20，50）的圆周长。

第 4 章 流程控制结构

4.1 流程控制与 UML 活动图

程序语言编写的代码，大部分是一行指令接一行指令循序的执行，但是对于复杂的工作，为了达成预期的执行结果，我们需要在程序中使用"流程控制结构"（Control Structures）。

4.1.1 UML 活动图

"UML"（Unified Modelling Language）是一门符号语言，用于面向对象的分析和设计，正如工程人员阅读蓝图就可以盖房子，程序员看到 UML 绘出的模型图，就可以写出所需的程序代码。

"活动图"（Activity Diagram）是 UML 众多模型图形之一，其主要目的是描述用例（Use Case）的事件流程和对象操作，即工作流和所需的作业与活动。

在本章中，我们使用活动图取代传统流程图（Flowchart），来描述 Java 流程控制的执行流程。活动图的主要符号及其说明如表 4-1 所示。

表 4-1

符　　号	说　　明
程序语句	圆角矩形表示活动，也就是执行的操作
●	实心圆形代表活动流程的开始
◉	同心圆形代表活动流程的结束
◇	菱形代表分歧的选择结构，例如：if/else 或 switch 等条件语句
程序语句1 → 程序语句2	活动间用箭头线连接来标示执行的顺序

4.1.2 流程控制的种类

流程控制依据程序代码执行的顺序可以分为 3 种：顺序结构、选择结构和循环结构。

1. 顺序结构

顺序结构（Sequential）是程序默认的执行方式，也就是一个程序语句接着一个程序语句顺序地执行，如图 4-1 所示。

2. 选择结构

选择结构（Selection）就是条件控制语句，它是一个选择题，分为单一选择、二选一或多选一 3 种。程序按照条件表达式的结果，来决定执行哪一个程序块的程序代码，如图 4-2 所示。

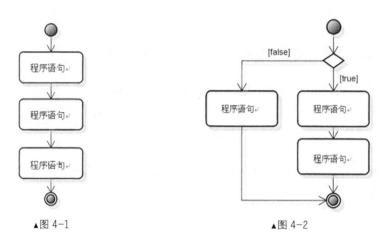

▲图 4-1   ▲图 4-2

上述活动之间的连接线上方有方括号，其中的内容是条件，UML 称为警戒条件（Guard Condition）。条件控制语句的过程如同从公司走路回家，因为回家的路不只一条，当走到十字路口时，可以决定向左、向右或直走，最终都可以到家。因而条件语句也称为"决策语句"（Decision Making Statements）。

3. 循环结构

循环结构（Iteration）是可以重复执行一个程序块的代码，通过一个结束条件来结束循环的执行。循环结构依据结束条件测试的位置可以分为两种，如下所示：

- 前测试型循环：循环条件在程序块的开头，需要符合条件，才能执行循环体中的程序代码，如图 4-3 所示。
- 后测试型循环：循环条件在程序块的结尾，所以循环体至少会执行一次，如图 4-4 所示。

循环控制语句如同马路上的圆环路，车子可以一直绕着圆环开，驾驶员可以随兴绕几圈或决定是否离开圆环，进入圆环即进入循环，离开圆环就是离开循环。

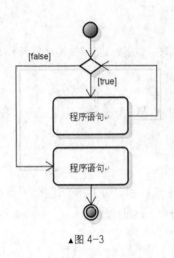

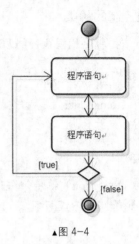

▲图 4-3　　　　　　　　　　　　　　　　　　　　　▲图 4-4

4.2 程序块与控制台基本输入

Java 程序块是一种最简单的结构语句，一般来说，流程控制语句都是使用程序块来控制流程的执行。如果 Java 程序需要输入值，我们可以使用 System.in 对象从控制面板取得用户输入的数据。

4.2.1 程序块

程序块（Blocks）的目的是将零到多行的程序语句组合成一个群组，从而可视为一行程序语句来处理，如下所示：

```
{
    ......
    程序语句;
    ......
}
```

上述程序块是使用"{"和"}"大括号包围的一至多条程序语句，事实上，在大括号内也可以不包含任何程序语句，称为"空程序块"（Empty Block）。

程序块可以将程序编排群组化，因为 Java 语言没有限制声明变量的位置，所以程序块还可以用来隐藏变量声明，如下所示：

```
{
    int temp;
    temp = a; a = b; b = temp;
}
```

上述程序块声明整数变量 temp，变量 temp 只能在程序块内使用，一旦离开程序块，就无法访问变量 temp，变量 temp 称为程序块的局部变量（Local to the Block）。关于方法的局部变量说明请参阅本书第 5.3.2 小节。

Java 项目：Ch4_2_1

　　在 Java 程序 Ch4_2_1.java 使用程序块隐藏变量声明来交换两个变量值，执行结果如下：

```
交换变量:6 : 12
交换后:12 : 6
```

◀)) 程序内容

```
01: public class Ch4_2_1 {
02:   // 主程序
03:   public static void main(String[] args) {
04:     int a = 6, b = 12;  // 变量声明
05:     System.out.println("交换变量:" + a + " : " + b);
06:     {  // 交换变量a和b
07:       int temp;  // 声明块变量
08:       temp = a; a = b; b = temp;
09:     }
10:     System.out.println("交换后:" + a + " : " + b);
11:     // System.out.println(temp);
12:   }
13: }
```

◀)) 程序说明

　　第 4 行：声明两个整数变量且设置初始值。

　　第 6～9 行：在程序块内声明变量 temp，然后交换前面声明的两个变量值。

　　如果取消第 11 行程序代码的注释符号，即新增下列程序代码：

```
System.out.println(temp);
```

　　因为变量 temp 是在程序块内声明，所以块之外并无法访问此变量，在 Eclipse 编辑窗口中可以看到 temp 变量之下会显示红色锯齿线，表示有错误，当光标移至其上，浮动窗口的信息将指出找不到变量 temp（temp cannot be resolved to a variable），如图 4-5 所示。

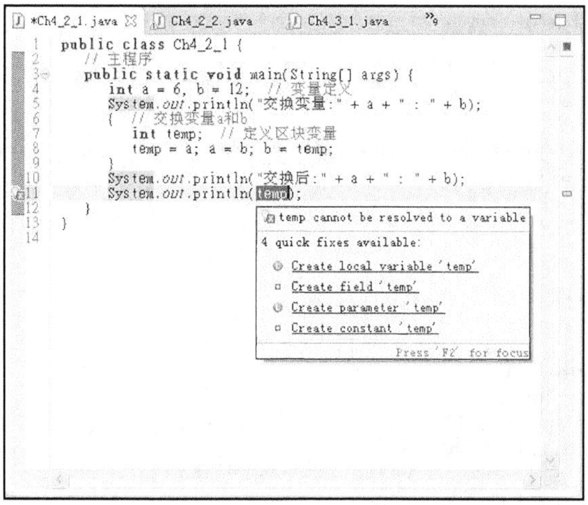

▲图 4-5

4.2.2　控制台的基本输入

Java 控制台使用 System.in 对象读取数据来实现基本输入，为了方便说明，笔者直接使用 java.util.Scanner 类（此为类全名，这样就不需预先导入）的 Scanner 对象来取得输入数据，如下所示：

```
java.util.Scanner sc = new java.util.Scanner(System.in);
```

首先使用 new 运算符创建 Scanner 对象，其构造函数参数是基本输入的 System.in 对象，关于 new 运算符、构造函数和包的说明，请参阅本书第 7 章和第 9 章。

在建立 Scanner 对象后，就可以使用相关方法取得用户输入的数据，如下所示：

```
String name = sc.nextLine();
int grade = sc.nextInt();
double height = sc.nextDouble();
```

nextLine()方法可以取得用户输入字符串的 String 对象（可以包含空格符），详细字符串对象的说明请参阅第 6 章；nextInt()方法可以取得输入的整数值；nextDouble()方法是取得浮点数。

 Java 项目：Ch4_2_2

在 Java 程序 Ch4_2_2.java 使用 java.util.Scanner 类和 System.in 对象从控制台获取用户输入的字符串、整数和浮点数，之后显示用户输入的数据，其执行结果如下所示：

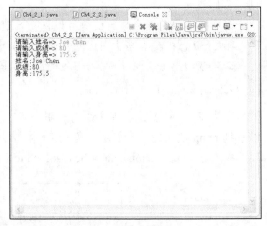

▲图 4-6

```
请输入姓名=> Joe Chen
请输入成绩=> 80
请输入身高=> 175.5
姓名:Joe Chen
成绩:80
身高:175.5
```

可使用 System.out.print()方法来显示提示文字，在依序输入字符串、整数和浮点数数据后，显示用户输入的数据。在 Eclipse 执行则会在下方的 "Console" 窗口提示输入，如图 4-6 所示。

在 "Console" 窗口输入中文字，有时可能会有些问题，建议输入英文内容，其中淡绿色文字就是我们输入的内容。

🔊 程序内容

```
01: public class Ch4_2_2 {
02:     // 主程序
03:     public static void main(String[] args) {
04:         // 建立 Scanner 对象
05:         java.util.Scanner sc =
06:                 new java.util.Scanner(System.in);
07:         System.out.print("请输入姓名=> ");
08:         String name = sc.nextLine(); // 取得字符串
09:         System.out.print("请输入成绩=> ");
10:         int grade = sc.nextInt(); // 取得整数
```

```
11:        System.out.print("请输入身高=> ");
12:        double height = sc.nextDouble(); // 取得浮点数
13:        System.out.println("姓名:" + name);
14:        System.out.println("成绩:" + grade);
15:        System.out.println("身高:" + height);
16:    }
17: }
```

🔊 程序说明

- 第 5~6 行：使用 new 运算符创建 Scanner 对象，参数是 System.in 对象。
- 第 7、9 行和第 11 行：使用 System.out.print()方法显示提示消息正文。
- 第 8、10 行和第 12 行：依序取得用户输入的字符串、整数和浮点数，在第 8 行声明一个字符串对象，即用来储存用户输入的字符串内容。

4.3 条件控制语句

条件控制语句是使用第 3 章关系和条件表达式，配合程序块建立的决策语句，可以分为选择（if）、二选一（if/else）或多选一（switch）几种方式，此外还提供条件运算符（?:），可用于建立单行程序代码的条件控制。

4.3.1 if 条件语句

Java 语言的 if 条件语句是一种是否执行的单选题，可以决定是否执行程序块的程序代码。如果关系/条件运算结果为 true，就执行括号之间的程序块。例如，以身高判断是否需要购买全票，可编写条件语句如下：

```
if ( height >= 150 ) {
   System.out.print("身高: " + height);
   System.out.println("购买全票!");
}
```

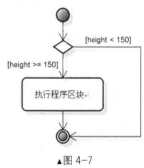

▲图 4-7

if 条件的关系表达式如为 true，就执行程序块；若为 false 就不执行，其活动图如图 4-7 所示。

在上述活动图的菱形分歧的连接上有警戒条件，如果 height < 150 就结束；height >= 150 才执行之后的程序块。如果程序块的程序语句只有一行，我们可以省略块的大括号，如下所示：

```
if ( height < 150 )
   System.out.println("身高: "+height+"购买半票!");
```

 Java 项目：Ch4_3_1

在 Java 程序 Ch4_3_1.java 依输入的身高来决定购买全票或半票，其执行结果如下所示：

```
请输入身高(1)=> 180
身高: 180 购买全票!
请输入身高(2)=> 120
身高: 120 购买半票!
```

第一次输入为 180，所以显示需要购买全票；之后输入 120，所以显示购买半票。

🔊　程序内容

```
01: public class Ch4_3_1 {
02:    // 主程序
03:    public static void main(String[] args) {
04:       java.util.Scanner sc = // 建立 Scanner 对象
05:               new java.util.Scanner(System.in);
06:       System.out.print("请输入身高(1)=> ");
07:       int height = sc.nextInt(); // 取得身高
08:       // if 条件语句
09:       if ( height >= 150 ) {
10:          System.out.print("身高: " + height);
11:          System.out.println("购买全票!");
12:       }
13:       System.out.print("请输入身高(2)=> ");
14:       height = sc.nextInt(); // 取得身高
15:       if ( height < 150 )
16:          System.out.println("身高: "+height+"购买半票!");
17:    }
18: }
```

🔊　程序说明

第 4～7 行：创建 Scanner 对象取得用户输入的 height 变量身高值。

第 9～12 行：使用 if 条件语句判断变量值，如果条件成立，就执行第 10～11 行显示身高和购买全票。

第 13～14 行：输入第 2 次的身高值。

第 15～16 行：另一个 if 条件语句，如果条件成立，就执行第 16 行的程序代码。

4.3.2　if/else 条件语句

在第 4.3.1 小节的 if 条件语句只是做执行或不执行程序块的单选题，更进一步，如果有两个排它的执行块，但只能二选一，我们可以加上 else 指令。例如成绩是否及格是二选一的情况，我们可以根据成绩值判断学生的成绩是及格或不及格，如下所示：

```
if ( grade >= 60 ) {
   System.out.println("成绩及格: " + grade);
}
else {
   System.out.println("成绩不及格: " + grade);
}
```

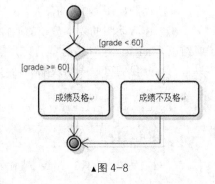

若上述 if 的关系/条件表达式为 true，就执行 else 之前的程序块；false 就执行 else 之后的程序块。

因为成绩有排它性，只有当成绩超过 60 分这一及格分数时，条件才成立，所以显示及格信息，反之就显示不及格的消息正文，其活动图如图 4-8 所示。

▲图 4-8

 Java 项目：Ch4_3_2

在 Java 程序 Ch4_3_2.java 以输入的成绩值作为判断条件，说明学生成绩是否及格，其执行结果如下所示：

```
请输入成绩=> 45
成绩不及格：45
```

因为输入的成绩是 45 分，所以显示成绩不及格并附上分数。

🔊 程序内容

```
01: public class Ch4_3_2 {
02:    // 主程序
03:    public static void main(String[] args) {
04:       java.util.Scanner sc = // 建立 Scanner 对象
05:                new java.util.Scanner(System.in);
06:       System.out.print("请输入成绩=> ");
07:       int grade = sc.nextInt(); // 取得成绩
08:       // if/else 条件语句
09:       if ( grade >= 60 ) {
10:          System.out.println("成绩及格: " + grade);
11:       }
12:       else {
13:          System.out.println("成绩不及格: " + grade);
14:       }
15:    }
16: }
```

🔊 程序说明

第 4～7 行：建立 Scanner 对象取得用户输入 grade 变量的成绩。

第 9～14 行：if/else 条件语句判断变量值，如果条件成立，就执行第 10 行显示字符串内容，否则执行第 13 行的程序代码。

4.3.3 switch 条件语句

switch（多选一）条件语句是依照条件判断来执行多个程序块之一的程序代码。Java 语言提供 if/else/if 和 switch 两种写法，这两种写法可以达成相同的功能。

1. 第 1 种方法：if/else/if

在 Java 程序只需重复使用 if/else 条件，就可以建立多选一条件语句。例如，判断学生的 GPA 成绩等级，如下所示：

```
if ( grade >= 80 )
   System.out.println("学生成绩:A");
else
   if ( grade >= 70 )
      System.out.println("学生成绩:B");
   else
      System.out.println("学生成绩:C");
```

上述程序代码每判断一个条件，如果为 false 就重复使用 if/else 条件再进行下一次判断。这种多选一的条件语句结构比较复杂，其活动图如图 4-9 所示。

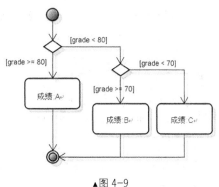

▲图 4-9

2. 第 2 种方法：switch

switch 多条件语句则比较简洁，可以依照是否符合条件来执行不同程序块的代码，其语法如下所示：

```
switch ( 变量 ) {
    case 常量 1:
        程序语句 1;
        break;
    case 常量 2:
        程序语句 2;
        break;
    case 常量 3:
        程序语句 3;
        break;
    ......
    default:
        程序语句;
}
```

上述 switch 条件只拥有一个关系/条件表达式，其值可以是 byte、short、char 和 int 基本数据类型，每一个 case 条件的比较相当于是 "=="运算符。如果条件符合，就执行 break 关键词前的程序代码，每一个条件都需要使用 break 关键词跳出条件语句。

最后的 default 关键词并非必要，这是一个例外条件。如果 case 条件都不符合，就执行 default 程序块。例如，下面是一个显示 GPA 成绩范围的 switch 条件语句，使用了 char 数据类型：

```
switch ( gpa ) {
    case 'A':
        System.out.println("学生成绩超过:80");
        break;
    case 'B':
        System.out.println("学生成绩:70~79");
        break;
    case 'C':
        System.out.println("学生成绩:60~69");
        break;
    default:
        System.out.println("学生成绩不及格!");
}
```

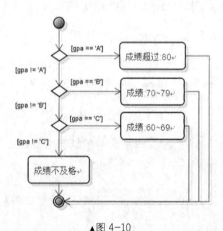

上述程序代码根据是 A、B 或 C 来显示不同的成绩范围，其活动图如图 4-10 所示。

 Java 项目：Ch4_3_3

▲图 4-10

在 Java 程序 Ch4_3_3.java 分别使用 if/else/if 和 switch 条件语句，根据输入成绩来显示 GPA 等级并说明，其执行结果如下所示：

```
请输入成绩=> 75
分数: 75
学生成绩:B
GPA: B
学生成绩:70~79
```

输入 grade 值为 75，所以显示学生成绩为 B 和范围为 70～79 分。

◀) 程序内容

```
01: public class Ch4_3_3 {
02:    // 主程序
03:    public static void main(String[] args) {
04:       java.util.Scanner sc = // 建立 Scanner 对象
05:             new java.util.Scanner(System.in);
06:       System.out.print("请输入成绩=> ");
07:       int grade = sc.nextInt(); // 取得成绩
08:       char gpa;                  // 变量声明
09:       System.out.println("分数: " + grade);
10:       // if else if 条件语句
11:       if ( grade >= 80 ) {
12:          System.out.println("学生成绩:A");
13:          gpa = 'A';
14:       }
15:       else if ( grade >= 70 ) {
16:             System.out.println("学生成绩:B");
17:             gpa = 'B';
18:          }
19:          else {
20:             System.out.println("学生成绩:C");
21:             gpa = 'C';
22:          }
23:       System.out.println("GPA: " + gpa);
24:       // switch 条件语句
25:       switch ( gpa ) {
26:          case 'A':
27:             System.out.println("学生成绩超过:80");
28:             break;
29:          case 'B':
30:             System.out.println("学生成绩:70~79");
31:             break;
32:          case 'C':
33:             System.out.println("学生成绩:60~69");
34:             break;
35:          default:
36:             System.out.println("学生成绩不及格!");
37:       }
38:    }
39: }
```

◀) 程序说明

第 4～8 行：创建 Scanner 对象取得用户输入的 grade 变量成绩值，第 8 行声明字符变量 gpa。

第 11～22 行：使用 if/else/if 条件语句变量值 grade 决定和显示学生的 GPA 成绩。

第 25～37 行：使用 switch 条件语句判断变量 gpa 值，说明成绩范围。

3. Java SE 7 支持 switch 条件为字符串

Java SE 7 支持 switch 条件为字符串 String 对象，此时的 case 条件是一个字符串值，如下所示：

```
switch ( gpa ) {
  case "GPA: A":
    System.out.println("学生成绩超过:80");
    break;
  case "GPA: B":
```

```
        System.out.println("学生成绩:70~79");
        break;
    case "GPA: C":
        System.out.println("学生成绩:60~69");
        break;
    default:
        System.out.println("学生成绩不及格!");
}
```

上述变量 gpa 是字符串对象，完整程序范例是 Ch4_3_3a.java，其执行结果和上述范例相同。

4.3.4　?:条件运算符

条件运算符?:通常用于赋值语句，可以用条件来指定变量值，其语法如下所示：

变量 = (关系/条件表达式) ? 变量值 1 : 变量值 2;

上述赋值语句的"="号右边是条件运算符，如同一个 if/else 条件，使用"?"符号代替 if，":"符号代替 else。如果条件成立，就将变量指定成"变量值 1"，否则就是"变量值 2"。例如，将时间转换成 12 小时制可使用条件运算符如下：

hour = (hour >= 12) ? hour-12 : hour;

上述程序代码使用条件语句运算符指定变量 hour 的值，如果条件为 true，hour 变量值为 hour-12，false 就是 hour，其活动图与 if/else 相似。

 Java 项目：Ch4_3_4

在 Java 程序 Ch4_3_4.java 输入 24 小时制的时数后，使用条件运算符将 24 小时制改为 12 小时制，其执行结果如下所示：

```
请输入小时=> 22
24 小时制的时间：22
12 小时制的时间：10P
```

上述执行结果因为输入 24 小时制的 22，所以转换的 12 小时制是下午 10 点，P 表示是 PM（下午）。

🔊 程序内容

```
01: public class Ch4_3_4 {
02:     // 主程序
03:     public static void main(String[] args) {
04:         java.util.Scanner sc = // 建立 Scanner 对象
05:                 new java.util.Scanner(System.in);
06:         System.out.print("请输入小时=> ");
07:         int hour = sc.nextInt(); // 取得小时
08:         char type;
09:         // 条件运算符
10:         System.out.println("24 小时制的时间：" + hour);
11:         type = (hour >= 12) ? 'P' : 'A';
12:         hour = (hour >= 12) ? hour-12 : hour;
13:         System.out.println("12 小时制的时间："+hour+type);
14:     }
15: }
```

🔊 程序说明

第 4～8 行：创建 Scanner 对象来取得用户输入的 hour 变量（小时）值，第 8 行声明字符变量 type。

第 11 行：条件表达式判断时间是 12 小时制的上午或下午。

第 12 行：在判断变量值后，将 24 小时制改为 12 小时制。

4.4 循环控制语句

循环控制语句能够重复执行程序块的程序代码。Java 语言支持多种循环控制语句，允许在循环语句的开始或结尾来测试循环的结束条件。

4.4.1 for 循环语句

Java 的 for 循环是一种简化的 while 循环（详见第 4.4.2 小节），可以执行固定次数的程序块，循环会自行处理计数器，让计数器每一次增加或减少一个固定值，直到循环结束条件成立为止。

1. 递增的 for 循环

Java 的 for 循环也称为"计数循环"（Counting Loop），使用变量值的变化来控制循环的执行。例如，从一个最小值执行到最大值，称之为递增的 for 循环。例如，为了计算 1 加到 15 的总和，可将条件变量每次增加 1，如下所示：

```
for ( i = 1; i <= 15; i++ ) {
    System.out.print("|" + i);
    total += i;
}
```

上述 for 循环的括号内使用";"符号分为 3 个部分，共有 3 个表达式，第 1 部分设定计数器初始值 i = 0，第 2 部分是结束条件的关系/条件表达式，第 3 部分是计数器更新的表达式。

for 循环括号中 3 部分表达式的详细说明如下所示。

● i = 1：循环初始值，变量 i 是一个计数器变量，在声明变量的同时，可以设置初值或设置其他变量值，例如，重设变量 total 的值。如果拥有多个表达式，请使用","逗号分隔，如下所示：

```
for ( int i = 1; i <= 15; i++ ) {    }
for ( total = 0, i = 15; i >= 1; i-- ) {    }
```

● i <= 15：循环的结束条件，当 i > 15 时结束 for 循环的执行。

● i++：更改计数器的值，i++表示递增 1，即变量 i 的值依序为 1、2、3、4、…、15，总共执行 15 次循环。

上述递增 for 循环的活动图，如图 4-11 所示。

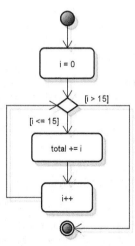

▲图 4-11

2. 递减的 for 循环

相反的情况，如果是从 15 到 1，for 循环的计数器就使用 i—，表示每次递减 1，如下所示：

```
for ( total = 0, i = 15; i >= 1; i-- ) {   }
```

3. 无穷的 for 循环

如果 for 循环是空的 for(; ;)，即没有指定结束条件，其默认是 true。换句话说，for 循环是一个无穷循环，永远不会结束循环的执行。

 Java 项目：Ch4_4_1

在 Java 程序 Ch4_4_1.java 输入最大值后，使用 for 循环计算从 1 加到最大值和反过来从最大值加到 1 的总和，其执行结果如下所示：

```
请输入 for 循环的最大值=> 15
|1|2|3|4|5|6|7|8|9|10|11|12|13|14|15
从小到 15 总和:120
-----------------
|15|14|13|12|11|10|9|8|7|6|5|4|3|2|1
从 15 到小总和:120
```

上述执行结果输入最大值 15，可以看到数字由 1 加到 15（递增）和由 15 加到 1（递减）的两个循环的计算结果。

◀) 程序内容

```
01: public class Ch4_4_1 {
02:    // 主程序
03:    public static void main(String[] args) {
04:       java.util.Scanner sc = // 创建 Scanner 对象
05:               new java.util.Scanner(System.in);
06:       System.out.print("请输入 for 循环的最大值=> ");
07:       int max = sc.nextInt(); // 取得最大值
08:       int i, total = 0;    // 变量声明
09:       // for 循环语句
10:       for ( i = 1; i <= max; i++ ) {
11:          System.out.print("|" + i);
12:          total += i;
13:       }
14:       System.out.println("\n 从小到"+max+"总和:"+total);
15:       System.out.println(" ----------------- ");
16:       // for 循环语句
17:       for ( total = 0, i = max; i >= 1; i-- ) {
18:          System.out.print("|" + i);
19:          total += i;
20:       }
21:       System.out.println("\n 从"+max+"到小总和:"+total);
22:    }
23: }
```

◀) 程序说明

第 4～8 行：创建 Scanner 对象取得用户输入 max 变量的最大值，第 8 行声明两个整数变量 i 和 total，变量 i 是 for 循环的计数器。

第 10～13 行：for 循环，计算 1 加到 max。

第 17～20 行：for 循环，计算 max 加到 1 且重设变量 total 为 0，更新计数器是使用 i—。

4.4.2　前测式的 while 循环语句

Java 的 while 循环语句不同于 for 循环，我们需要在程序块自己处理计数器的增减。while 循环语句也称"前测试"循环语句，它是在程序块的开头检查结束条件的，条件 true 才允许进入循环体执行。例如，使用 while 循环计算阶乘 5!的值，如下所示：

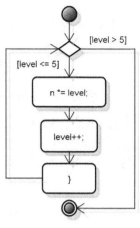

```
while ( level <= 5 ) {
    n *= level;
    System.out.println(level + "!=" + n);
    level++;
}
```

上述 while 循环的执行次数是直到结束条件为 false 为止，可以计算从 1!到 5!的值，level 是计数器变量。如果符合 level <= 5 条件，就进入循环执行程序块，循环的结束条件为 level > 5。while 循环的活动图，如图 4-12 所示。

▲图 4-12

Memo　　while 循环和下一节的 do/while 循环没有默认计数器，如果程序代码也没有处理计数器更新的语句，就会成为无穷循环，在使用时请务必小心！

Java 项目：Ch4_4_2

在 Java 程序 Ch4_4_2.java 输入阶乘参数后，使用 while 循环计算阶乘值，其执行结果如下所示：

```
请输入一个阶乘参数=> 6
1!=1
2!=2
3!=6
4!=24
5!=120
6!=720
```

上述执行结果输入阶乘参数为 6，可以依序看到阶乘 1!到 6!的值，例如，6!是 6*5*4*3*2*1=720。

◀)) 程序内容

```
01: public class Ch4_4_2 {
02:    // 主程序
03:    public static void main(String[] args) {
04:        java.util.Scanner sc = // 创建 Scanner 对象
05:                new java.util.Scanner(System.in);
06:        System.out.print("请输入一个阶乘参数=> ");
07:        int max = sc.nextInt(); // 取得所输入的值
08:        int n = 1, level = 1;   // 变量声明
09:        // while 循环语句
10:        while ( level <= max ) {
11:           n *= level;  // 计算阶乘
12:           System.out.println(level + "!=" + n);
13:           level++;
14:        }
15:    }
```

```
16: }
```

　程序说明

第 6～8 行：取得输入的阶乘参数值后，声明两个整数变量 level 和 n，变量 level 将作为循环的计数器。

第 10～14 行：while 循环在，第 11 行计算阶乘 1!到 max!的值，第 13 行更新计数器变量 level。

4.4.3　后测试的 do/while 循环语句

do/while 和 while 循环语句的差异在于它是在循环结尾检查结束条件，因此，do/while 循环的程序块至少会执行"一"次。例如，使用 do/while 循环实现显示摄氏温度转华氏温度的温度转换表，如下所示：

```
do {
    f = (9.0 * c) / 5.0 + 32.0;
    System.out.println(c + "\t" + f);
    c += step;
} while ( c <= upper );
```

此 do/while 循环可以计算从 c = lower 到 upper 之间的温度转换，变量 c 是计数器。循环每次增量为 step 变量的值，其结束条件是 c > upper。do/while 循环的活动图，如图 4-13 所示。

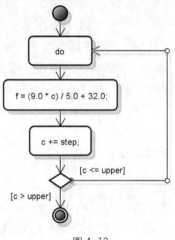

▲图 4-13

Java 项目：Ch4_4_3

在 Java 程序 Ch4_4_3.java 输入温度上下限范围后，使用 do/while 循环计算此范围摄氏温度转成华氏温度的对应值并显示转换表，其执行结果如下所示：

```
请输入温度下限=> 30
请输入温度上限=> 70
摄氏      华氏
30       86.0
40       104.0
50       122.0
60       140.0
70       158.0
```

　程序内容

```
01: public class Ch4_4_3 {
02:    // 主程序
03:    public static void main(String[] args) {
04:       java.util.Scanner sc = // 建立 Scanner 对象
05:              new java.util.Scanner(System.in);
06:       System.out.print("请输入温度下限=> ");
07:       int lower = sc.nextInt(); // 取得温度下限
08:       System.out.print("请输入温度上限=> ");
09:       int upper = sc.nextInt(); // 取得温度上限
10:       int step = 10;   // 增量
11:       int c = lower;
12:       double f;
13:       // do/while 循环语句
```

```
14:        System.out.println("摄氏\t 华氏");
15:        do {
16:          f = (9.0 * c) / 5.0 + 32.0;
17:          System.out.println(c + "\t" + f);
18:          c += step;
19:        } while ( c <= upper );
20:    }
21: }
```

◀️) 程序说明

第 4~11 行：取得用户输入的变量 lower、upper 的值，即上下限温度后，声明变量 step 和 c，变量 c 是循环计数器，变量 step 的值是每次循环的增量。

第 15~19 行：do/while 循环语句，计算和显示温度转换表，第 18 行更新计数器变量 c，每次增加 10。

4.4.4　break 和 continue 关键字

正常的情况，Java 循环不是在开头，就是在结尾测试结束条件，但是有些时候，我们需要在循环中决定中断或继续循环的执行。

1. 使用 break 关键字中断循环

使用 break 关键字可以强迫终止循环的执行，如下所示：

```
do {
  System.out.print("|" + i);
  total += i;
  i++;
  if ( i > 15 ) break;
} while ( true );
```

上述 do/while 循环是一个无穷循环，但在程序代码中，我们添加当计数器变量 i > 15 时，使用 break 关键字来结束循环，所以可以计算 1 加到 15 的总和。

2. 使用 continue 关键字继续循环

Java 的 continue 关键字对应 break 关键字，使用它可以马上继续下一次循环的执行，而跳过程序块中 continue 关键字后的程序代码。如果使用在 for 循环，一样可以更新计数器变量，如下所示：

```
for ( total = 0, i = 1; i <= 10; i++ ) {
  if ( (i % 2) == 1 ) continue;
  System.out.print("|" + i);
  total += i;
}
```

上述程序代码的含义是当计数器变量为奇数时，就马上继续循环执行。换句话说，其后的 System.out.println() 和 total += i 两行程序代码并不会执行。

 Java 项目：Ch4_4_4

在 Java 程序 Ch4_4_4.java 使用 do/while 循环配合 break 关键字计算 1 加到 15 的总和，for 循环

则配合 continue 关键字计算 1 到 10 的偶数总和，其执行结果如下所示：

```
|1|2|3|4|5|6|7|8|9|10|11|12|13|14|15
总和：120
|2|4|6|8|10
偶数的总和：30
```

从上述执行结果可以看到数字由 1 到 15，最后的总和是 120；偶数是 2、4、6、8 和 10，总和是 30。

🔊　程序内容

```
01: public class Ch4_4_4 {
02:     // 主程序
03:     public static void main(String[] args) {
04:         int i = 1, total = 0; // 变量声明
05:         // do/while 循环语句
06:         do {
07:             System.out.print("|" + i);
08:             total += i;
09:             i++;
10:             if ( i > 15 ) break;    // 跳出循环
11:         } while ( true );
12:         System.out.println("\n总和：" + total);
13:         // for 循环语句
14:         for ( total = 0, i = 1; i <= 10; i++ ) {
15:             if ( (i % 2) == 1 ) continue; // 继续循环
16:             System.out.print("|" + i);
17:             total += i;
18:         }
19:         System.out.println("\n偶数的总和：" + total);
20:     }
21: }
```

🔊　程序说明

第 4 行：声明两个整数变量 i 和 total，变量 I 将作为循环的计数器。

第 6～11 行：do/while 循环是无穷循环，在第 10 行添加跳出循环的 if 条件，使用 break 关键字跳出循环。

第 14～18 行：for 循环，计算 1 加到 10 的总和。

第 15 行：使用 if 条件检查是否为奇数，如果是，不加入总和，马上执行下一次循环。

4.5　嵌套循环

嵌套循环是指在循环内可拥有其他循环。例如，在 for 循环或在 while 循环内拥有其他 for、while 和 do/while 循环。

Java 的嵌套循环可以有很多层，2 层、3 层、4 层都可以。例如，建立 2 层嵌套循环，在 for 循环内拥有 while 循环，如下所示：

```
for ( i = 1; i <= 9; i++ ) {
   ......
   j = 1;
   while ( j <= 9 ) {
```

```
    ......
        j++;
    }
}
```

上述循环共有两层，第一层的 for 循环执行 9 次，第二层的 while 循环也是执行 9 次，两层循环总共可执行 81 次，如表 4-2 所示。

表 4-2

第一层循环的 i 值	第二层循环的 j 值									离开循环的 i 值
	1	2	3	4	5	6	7	8	9	
1	1	2	3	4	5	6	7	8	9	1
2	1	2	3	4	5	6	7	8	9	2
3	1	2	3	4	5	6	7	8	9	3
					......					
9	1	2	3	4	5	6	7	8	9	9

上述表格的每一行代表第一层循环执行 1 次，共是 9 次；第一次循环时变量 i 的值为 1。第二层循环的每个单元格代表执行 1 次循环，共 9 次；j 的值依次为 1~9。离开第二层循环后的变量 i 仍然为 1，依序执行第一层循环，i 的值为 2~9，而每次 j 都会执行 9 次，共执行 81 次。

 Java 项目：Ch4_5

在 Java 程序 Ch4_5.java 使用 for 和 while 两层嵌套循环来显示九九乘法表，其执行结果如下所示：

```
       1       2       3       4         5         6         7         8         9
1   1*1=1   1*2=2   1*3=3   1*4=4     1*5=5     1*6=6     1*7=7     1*8=8     1*9=9
2   2*1=2   2*2=4   2*3=6   2*4=8     2*5=10    2*6=12    2*7=14    2*8=16    2*9=18
3   3*1=3   3*2=6   3*3=9   3*4=12    3*5=15    3*6=18    3*7=21    3*8=24    3*9=27
4   4*1=4   4*2=8   4*3=12  4*4=16    4*5=20    4*6=24    4*7=28    4*8=32    4*9=36
5   5*1=5   5*2=10  5*3=15  5*4=20    5*5=25    5*6=30    5*7=35    5*8=40    5*9=45
6   6*1=6   6*2=12  6*3=18  6*4=24    6*5=30    6*6=36    6*7=42    6*8=48    6*9=54
7   7*1=7   7*2=14  7*3=21  7*4=28    7*5=35    7*6=42    7*7=49    7*8=56    7*9=63
8   8*1=8   8*2=16  8*3=24  8*4=32    8*5=40    8*6=48    8*7=56    8*8=64    8*9=72
9   9*1=9   9*2=18  9*3=27  9*4=36    9*5=45    9*6=54    9*7=63    9*8=72    9*9=81
```

◀» 程序内容

```
01: public class Ch4_5 {
02:    // 主程序
03:    public static void main(String[] args) {
04:        int i, j;   // 变量声明
05:        // 显示标题栏
06:        System.out.print("   ");
07:        for ( i = 1; i <= 9; i++ )
08:           System.out.print(i + "      ");
09:        System.out.println();
10:        // 嵌套循环
11:        for ( i = 1; i <= 9; i++ ) {
12:           // 显示标题栏
13:           System.out.print(i + " ");
14:           j = 1;
15:           while ( j <= 9 ) {  // 第二层循环
16:               System.out.print(i+"*"+j+"="+(i*j)+" ");
```

```
17:            if ( (i*j) < 10 && j != 1 )
18:                System.out.print(" "); // 调整位置
19:            j++;
20:        }
21:        System.out.println();
22:    }
23: }
24: }
```

🔊 程序说明

第 7~8 行：for 循环，显示九九表的标题栏（表头）。

第 11~22 行：两层嵌套循环的第一层 for 循环。

第 13 行：显示栏的标题，也就是 i 的值。

第 15~20 行：第二层的 while 循环。

第 16 行：计算第一层的 i 和第二层的 j 相乘的值并显示。

第 17~18 行：调整位置，如果 i*j 不是两位数值，就增加一个空格。

在上述 Java 程序代码第一层循环的计数器变量 i 值为 1 时，第二层循环的变量 j 为 1 到 9，因此可以显示下列的执行结果：

```
1*1=1
1*2=2
….
1*9=9
```

当第一层循环执行第二次时，i 值为 2，第二层循环仍然为 1 到 9，此时的执行结果，如下所示：

```
2*1=2
2*2=4
….
2*9=18
```

继续第一层循环，i 值依次为 3 到 9，所以可以建立完整的九九表。

习题

1. 请说明什么是 UML 活动图。其基本的符号图形有哪些？

2. 程序语言的流程控制种类有_____（Sequential）、_____（Selection）和_____（Iteration）3 种。

3. Java 语言多选一条件语句共有_____和_____两种。

4. Java 语言在开头判断的循环有_____和_____循环，在结尾判断的是_____循环，我们可以使用_____关键字，在循环中间判断循环是否结束。

5. 若变量 $x = 5$、$y = 6$ 和 $z = 2$，请问下列哪些 if 条件为 true？哪些为 false？

```
if ( x == 5 ) {  }
if ( y >= 6 ) {  }
if ( x != y - z ) {  }
if ( z = 1 ) {  }
if ( y != 7 ) {  }
```

6. 请写出 if 条件语句：当 x 值的范围是在 1~40 之间时，将变量 x 的值赋值给变量 y，否则 y 的值为 150。

7. 请写出下列 Java 主程序 main()方法的输出结果。

```java
public static void main(String[] args) {
   int n = 1;
   while (n <= 64) {
      n = 2*n;
      System.out.println(n);
   }
}
```

8. 请写出下列 Java 主程序 main()方法的输出结果。

```java
public static void main(String[] args) {
   int total = 0;
   for (i = 1; i <= 10; i++) {
      if ((i % 2) != 0) {
         total += i;
         System.out.println(i);
      }
      else {
         total--;
      }
   }
   System.out.println(total);
}
```

9. 请编写 Java 程序执行从 1 到 150 的循环，然后让用户输入两个值作为上下限的值，例如 50~90，程序将显示此范围间的奇数，并且计算其总和。

10. 有网络商店正在周年庆折扣，消费者若消费达 2000 元，就有八五折的折扣，请建立一个 Java 程序，然后使用该程序输入消费额 900 元、2500 元和 5300 元，要求显示付款金额。

11. 请设计 Java 程序计算网络购物的运费，基本物流处理费 199 元，1~5 千克，每千克 50 元，超过 5 千克，每千克为 30 元，在输入购物重量后，计算所需的运费+物流处理费？

12. 请建立 Java 程序使用 for、while 或 do/while 循环计算下列数学表达式的值，如下所示：

```
1+1/2+1/3+1/4~+1/n    n=67
1*1+2*2+3*3~+n*n    n=34
```

13. 请建立 Java 程序分别使用 for、while 和 do/while 循环从 4 到 100 显示 4 的倍数，例如，4、8、12、16、20、32、…。

14. 请撰写 Java 程序分别使用 for、while 或 do/while 循环的各种不同组合建立两层嵌套循环来显示九九表。

5.1 　 过程与函数基础

"过程"（Subroutine 或 Procedure）是一个拥有特定功能的独立程序单元，它使我们可以重复使用之前已经建立的过程，而不用每次都重复编写代码去实现相同功能。一般来说，程序语言会将独立程序单元分为过程和函数两种，区别在于：过程没有返回值；如果有返回值称为"函数"（Function）。

在程序中执行过程称为"过程调用"（Subroutines Call）。事实上，运行时我们并不需要了解过程实现的具体程序代码，也不想知道其细节，过程如同是一个"黑盒子"（Black Box），只要告诉我们如何使用黑盒子的"使用接口"（Interface）即可，如图 5-1 所示。

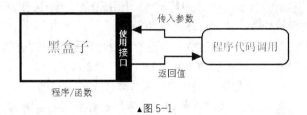

▲图 5-1

使用接口是调用过程的对口单位，可以传入参数和取得返回值。简单地说，使用接口是过程和外部沟通的管道，一个对外的边界。过程真正的内容隐藏在使用接口之后，"实现"（Implementation）就是编写过程的程序代码。

过程的"语法"（Syntactic）说明了过程需要传入何种数据类型的"参数"（Parameters）及其返回值，"语意"（Semantic）则描述过程可以做什么事。换句话说，在编写过程时，我们需要了解过程的语法规则；而了解过程的语意规则，才能够正确地调用过程。

5.2 　 类方法

Java 语言的过程是一种类的成员，称为"方法"（Methods），简单地说，在 Java 语言编写的过程或函数称为方法。

5.2.1 创建 Java 类方法

Java 方法（Methods）分为属于类的"类方法"（Class Methods）和对象的"实例方法"（Instance Methods）两种。本章主要介绍类方法，相当于其他程序语言的过程和函数，实例方法的说明请参阅第 7 章。

1. 创建类方法

Java 语言的类方法是由方法名称和程序块所组成，其语法如下所示：

```
访问限定符 static 返回值类型 方法名称 ( 参数行 ) {
    ......
    程序语句;
    ......
}
```

上述方法是一个"静态方法"（Static Method），因为使用了 static "修饰符"（Modifier）。在最前面是"访问限定符"（Access Specifier），这也是一种修饰符，常用的有：public 和 private，其说明如下。

- public：方法可以在程序任何地方进行调用，甚至是在其他类。
- private：方法只能在同一个类内进行调用。

例如，创建一个没有返回值和参数行的 printTriangle()方法，该方法可以显示一个字符三角形，代码如下：

```
private static void printTriangle() {
    int i, j;
    for ( i = 5; i >= 1; i-- ) {
        for ( j = 1; j <= i; j++ )
            System.out.print("*");
        System.out.print("\n");
    }
}
```

上述方法的返回值类型为 void，表示没有返回值，方法名称为 printTriangle，括号内是传入的参数行，因为方法没有参数所以是空括号，在"{"和"}"括号之中的就是方法的程序块，其中使用两层嵌套循环以显示星号字符的三角形。

2. 调用类方法

在 Java 要调用类方法使用类和方法名称即可，其语法如下所示：

```
方法名称 ( 参数行 );
类名称.方法名称 ( 参数行 );
```

因为 printTriangle()方法没有返回值和参数行，所以调用方法只需使用方法名称加上空括号即可，如下所示：

```
printTriangle();
```

因为方法调用是在同一个类，所以可以省略类名称。如果在其他类调用类方法，例如，public 修饰的 sumOne2Five() 方法，其调用代码如下：

```
Ch5_2_1.sumOne2Five();
```

上述 Ch5_2_1 是类名称，使用 "." 运算符调用类方法 sumOne2Five()。

 Java 项目：Ch5_2_1

在 Java 程序 Ch5_2_1.java 创建两个类方法，执行结果可以显示星号三角形求和 1 加到 5 的总和 15（其中 1 加到 5 是由第 4 章循环程序块所改写），其如下所示：

```
*****
****
***
**
*
|1|2|3|4|5
总和: 15
```

◀)) 程序内容

```
01: public class Ch5_2_1 {
02:    // 类方法: 显示星号三角形
03:    private static void printTriangle() {
04:       int i, j;  // 变量声明
05:       // for 嵌套循环
06:       for ( i = 5; i >= 1; i-- ) {
07:          for ( j = 1; j <= i; j++ )
08:             System.out.print("*");
09:          System.out.print("\n");
10:       }
11:    }
12:    // 类方法: 计算 1 加到 5 的总和
13:    public static void sumOne2Five() {
14:       int i, sum = 0;;  // 变量声明
15:       // for 循环语句
16:       for ( i = 1; i <= 5; i++ ) {
17:          System.out.print("|" + i);
18:          sum += i;
19:       }
20:       System.out.println("\n 总和: " + sum);
21:    }
22:    // 主程序
23:    public static void main(String[] args) {
24:       // 类方法的调用
25:       printTriangle();
26:       // 另一种类方法的调用
27:       Ch5_2_1.sumOne2Five();
28:    }
29: }
```

◀)) 程序说明

第 3～11 行：private 类方法，使用嵌套循环显示星号的三角形。

第 13～21 行：public 类方法，程序块就是第 4 章循环的 1 加到 5，用此方法来说明如何将程序块改头换面成为方法。

第 25 行：调用 printTriangle()方法。

第 27 行：调用 sumOne2Five()方法，指明类名称。

3. 类方法的执行过程

仍以本节范例为例来进行说明。main()主程序是程序的入口点，首先程序将第 25 行调用 printTriangle()方法，此时程序代码执行顺序就跳到定义 printTriangle()方法的第 3 行，在执行完第 11 行后返回调用点，如图 5-2 所示。

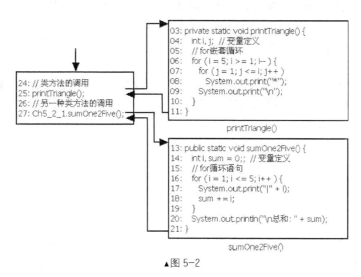

▲图 5-2

然后继续执行程序，在第 27 行调用 sumOne2Five()方法，此时程序代码跳到此方法的第 13 行，在执行完第 21 行返回调用点即完成程序执行。很明显，执行方法只是暂时更改程序代码的执行顺序，在调用点跳到方法来执行（保留状态），在执行完后，回到程序的调用点（返回状态后）继续执行其他程序代码。

5.2.2 类方法的参数传递

Java 方法的参数行是信息传递的机制，可以让我们从外面将信息送入方法的黑盒子，换句话说，参数行就是方法的使用接口。

如果方法拥有参数行，在调用方法时，即可传入不同参数来产生不同的执行结果。例如，下面定义了拥有两个参数的 sumN2N()方法。

```
static void sumN2N(int start, int end) {
   int i, sum = 0;
   for ( i = start; i <= end; i++ ) {
      System.out.print("|" + i);
      sum += i;
   }
   System.out.print("\n"+ start + "到" + end);
   System.out.println("的总和: " + sum);
}
```

上述 sumN2N()方法可以计算参数范围内数值的总和，其定义的参数称为"形式参数"（Formal Parameter）或"虚参数"（Dummy Parameter）。形式参数是标识符，其角色如同变量，需要指定数据类型，并且可以在方法的程序块中使用，如果参数不只一个，使用"，"符号分隔。

对于拥有参数行的 Java 方法，在调用时就需要加上传入的参数，如下所示：

```
sumN2N(1, max);
```

上述方法调用的参数称为"实际参数"（Actual Parameter），可以是常量，例如 1，也可以是表达式、变量，例如 max，其值需要和形式参数定义的数据类型相同，而且在方法的每一个形式参数对应一个同类型的实际参数。

 Java 项目：Ch5_2_2

在 Java 程序 Ch5_2_2.java 的创建两个带参数的类方法，第 1 个方法可以转换温度，第 2 个方法计算从 m 加到 n 的总和，其执行结果如下所示：

```
请输入摄氏温度=> 100.0
请输入最大值=> 15
摄氏      华氏
100.0   212.0
|1|2|3|4|5|6|7|8|9|10|11|12|13|14|15
1 到 15 的总和: 120
|6|7|8|9|10
6 到 10 的总和: 40
```

结果显示了摄氏转换成华氏的对应温度，然后分别求出 1 加到 15 和 6 加到 10 的总和（120 和 40）。

程序内容

```
01: public class Ch5_2_2 {
02:   // 类方法：转换温度
03:   static void convertTemp(double c) {
04:     double f; // 变量声明
05:     System.out.println("摄氏\t 华氏");
06:     f = (9.0 * c) / 5.0 + 32.0;
07:     System.out.println(c + "\t" + f);
08:   }
09:   // 类方法：计算 m 到 n 的数字总和
10:   static void sumN2N(int start, int end) {
11:     int i, sum = 0;  // 变量声明
12:     // for 循环语句
13:     for ( i = start; i <= end; i++ ) {
14:       System.out.print("|" + i);
15:       sum += i;
16:     }
17:     System.out.print("\n"+ start + "到" + end);
18:     System.out.println("的总和: " + sum);
19:   }
20:   // 主程序
21:   public static void main(String[] args) {
22:     java.util.Scanner sc = // 建立 Scanner 对象
23:             new java.util.Scanner(System.in);
24:     System.out.print("请输入摄氏温度=> ");
25:     double c = sc.nextDouble(); // 取得温度
```

```
26:        System.out.print("请输入最大值=> ");
27:        int max = sc.nextInt(); // 取得最大值
28:        convertTemp(c);    // 类方法的调用
29:        sumN2N(1, max);
30:        Ch5_2_2.sumN2N(6, 10);
31:    }
32: }
```

🔊 程序说明

第3~8行：定义 convertTemp()类方法，带有1个参数，因为没有使用 public 或 private，表示是默认访问方式，可以在同一个"包"（Package）访问，而不能在其他包访问，详细的包说明请参阅第9章。

第10~19行：定义 sumN2N()类方法，拥有两个参数，程序块的循环可以从第1个参数加到第2个参数。

第22~27行：创建 Scanner 对象取得用户输入的温度变量 c 和最大值变量 max。

第28行：调用 convertTemp()方法，需要1个参数，可以显示转换成的华氏温度。

第29~30行：使用不同参数调用2次 sumN2N()方法，可以得到不同的执行结果。

5.2.3 类方法的返回值

一般如果 Java 方法的返回值类型不是 void，而是其他数据类型如 int 或 char 等，就称这种拥有返回值的类方法称为函数（Functions）。

在 Java 方法的程序块使用 return 关键字来返回一个值。返回值的类型需要与方法声明的返回值类型相同，例如，转换温度的 convertTemp()方法就是一个拥有返回值的方法，如下所示：

```
static double convertTemp(double c) {
   return (9.0 * c) / 5.0 + 32.0;
}
```

上述 convertTemp()方法的返回值类型为 double，可以计算传入参数 c 对应的华氏温度，使用 return 关键字返回方法的执行结果。

当 Java 方法拥有返回值时，调用其就需要使用指定语句来取得返回值，如下所示：

```
f = convertTemp(100.0);
```

变量 f 可以取得方法的返回值，而且 f 的数据类型需要与方法返回值的数据类型相符。

 Java 项目：Ch5_2_3

在 Java 程序 Ch5_2_3.java 创建计算区间整数总和与温度转换的两个函数方法，其执行结果如下所示：

```
请输入摄氏温度=> 100.0
请输入开始值=> 5
请输入结束值=> 15
5 加到 15 的总和:110
100.0 度 C=212.0 度 F
```

结果计算出5~15的总和为110，下方是100.0℃转换成华氏温度的值。

◀)) 程序内容

```
01: public class Ch5_2_3 {
02:     static double convertTemp(double c) {
03:         return (9.0 * c) / 5.0 + 32.0;
04:     }
05:     // 类方法:计算 m 到 n 的数字总和
06:     static int sumN2N(int start, int end) {
07:         int i, sum = 0;  // 变量声明
08:         // for 循环语句
09:         for ( i = start; i <= end; i++ )
10:             sum += i;
11:         return sum;
12:     }
13:     // 主程序
14:     public static void main(String[] args) {
15:         java.util.Scanner sc = // 建立 Scanner 对象
16:                 new java.util.Scanner(System.in);
17:         System.out.print("请输入摄氏温度=> ");
18:         double c = sc.nextDouble(); // 取得温度
19:         System.out.print("请输入开始值=> ");
20:         int s = sc.nextInt(); // 取得开始值
21:         System.out.print("请输入结束值=> ");
22:         int e = sc.nextInt(); // 取得结束值
23:         // 类方法的调用
24:         int total = sumN2N(s, e);
25:         System.out.println(s+"加到"+e+"的总和:"+total);
26:         double f = convertTemp(c);
27:         System.out.println(c + "度C=" + f + "度F");
28:     }
29: }
```

◀)) 程序说明

第 2~4 行:定义 convertTemp()类方法,返回值的数据类型为 double,在第 3 行使用 return 关键字返回温度转换的结果。

第 6~12 行:定义 sumN2N()类方法,返回值的数据类型为 int,第 11 行使用 return 关键字返回方法的执行结果。

第 15~22 行:创建 Scanner 对象取得用户输入的温度变量 c 和范围变量 s 与 e。

第 24 行:调用 sumN2N()方法,并且将返回值指定给变量 total。

第 26 行:调用 convertTemp()方法。

5.2.4　值传递与引用传递

在方法传入参数有两种传递方式,其说明如表 5-1 所示。

表 5-1

传递方式	说　　明
值调用（Call by Value,也叫值传递）	将变量的值传入方法,方法另外分配内存存储参数值,所以不会变更调用变量的值
地址调用（Call by Reference,也叫引用传递）	将变量实际存储的内存地址传入,如果在方法变更参数值,也会同时变动原调用的变量值

Java 传址调用参数主要是指"对象实例"（Object Instance）。事实上，方法参数依不同数据类型有不同的传递方式，如表 5-2 所示。

表 5-2

数据类型	方　式	说　明
int、char 和 double 等基本数据类型	传值	基本数据类型的参数传递是使用传值方式
String 对象	传值	不论是否使用 new 运算字来创建字符串对象都是传值，因为字符串对象并不能更改字符串内容
Array 数组	传址	Java 数组是一种对象，其参数传递方式是传址方式

表 5-2 中的数组和 String 对象的详细介绍请参阅第 6 章，在本节只是用来说明方法的参数传递方式。

 Java 项目：Ch5_2_4

在 Java 程序 Ch5_2_4.java 创建两个类方法 funcA()和 funcB()，以测试各种数据类型参数的传递方式，其执行结果如下所示：

```
调用 funcA 前: 1-true
在 funcA 为 :2-false
调用 funcA 后: 1-true
调用 funcB 前: 2-张无忌
在 funcB 为 : 150-江小鱼
调用 funcB 后: 150-张无忌
```

从上述执行结果可以看到 funcA()方法的整数和布尔型参数，在其调用前后并没有改变。funcB()方法的参数是数组和 String 字符串对象，其调用前后的数组元素已经改变，String 对象没有改变。

◀) 程序内容

```
01: public class Ch5_2_4 {
02:     // 类方法: integer 和 boolean 类型参数为传值
03:     static void funcA(int c, boolean b) {
04:         c++;
05:         b = false;
06:         System.out.println("在 funcA 为 :"+c+"-"+b);
07:     }
08:     // 类方法: 数组与字符串对象参数为传址
09:     static void funcB(int temp[], String a) {
10:         temp[1] = 150;
11:         a = "江小鱼";
12:         System.out.println("在 funcB 为 : "+temp[1]+"-"+a);
13:     }
14:     // 主程序
15:     public static void main(String[] args) {
16:         // 变量声明
17:         int c = 1;              // 数字
18:         boolean b = true;       // 布尔
19:         String str = "张无忌";   // 字符串
20:         int arr[] = { 1, 2, 3 }; // 数组
21:         System.out.println("调用 funcA 前: "+c+"-"+b);
22:         // 调用类方法
```

```
23:      funcA(c, b);
24:      System.out.println("调用 funcA 后: "+c+"-"+b);
25:      System.out.println("调用 funcB 前: "+arr[1]+"-"+str);
26:      // 调用类方法
27:      funcB(arr, str);
28:      System.out.println("调用 funcB 后: "+arr[1]+"-"+str);
29:   }
30: }
```

◀》 程序说明

第 3～7 行：定义 funcA()类方法，测试整数和布尔型的参数传递，在第 4～5 行更改参数值。

第 9～13 行：定义 funcB()类方法，测试数组和 String 对象的参数传递，在第 10 行更改数组索引 1 的值，第 11 行更改 String 对象的值。

第 17 行～第 20 行：声明各种数据类型的变量，并且指定初值。

第 23 行和第 27 行：分别调用 funcA()和 funcB()方法。

5.3 类变量和变量作用域

除了类方法外，在 Java 中还可以通过 static 关键字来修饰变量，使之成为类属变量，称为类变量。我们可以将它视为其他程序语言所谓的"全局变量"（Global Variable），在 Java 中没有全局变量的概念。

与全局变量对应的是，在方法内程序块声明的变量，称为"局部变量"（Local Variable）。

5.3.1 Java 的类变量

在 Java 类中声明的变量是一种类成员，当使用 static 修饰符时，成员变量就属于类本身，称为"类变量"（Class Variables）。

当 Java 类第一次创建时，就会分配类变量的内存，直到类不存在为止。在类中的所有方法都可以访问类变量的值，其声明的位置位于其他方法的外面，如下所示：

```
public class Ch5_3_1 {
   static int no = 1;
   ......
}
```

上述程序代码声明类变量 no，访问限定符 public 和 private 一样可以使用在类变量。如果没有使用 private，表示类变量可以被其他类访问，请注意！如果在其他类访问时，需要指明类名称，如下所示：

```
Ch5_3_1.no
```

在 Java 中，成员变量在声明后，就算没有指定初值，也会拥有默认初值，数值类型为 0，boolean 类型为 false，char 类型为 Unicode 的 0，如果是对象，其默认值为 null。

 Java 项目：Ch5_3_1

在 Java 程序 Ch5_3_1.java 声明类变量 no 后，分别在主程序 main()和类方法 funcA()更改变量值，其执行结果如下所示：

```
类变量初值 : 1
调用 funcA 前 : 2
调用 funcA 后 : 3
```

从上述执行结果可以看到类变量的初值为 1，main()主程序（调用 funcA()前）先将其改为 2，后又在 funcA()方法改为 3。

🔊 程序内容

```
01: public class Ch5_3_1 {
02:    // 类变量声明
03:    static int no = 1;
04:    // 类方法
05:    static void funcA() {
06:       no = 3;    // 指定类变量值
07:    }
08:    // 主程序
09:    public static void main(String[] args) {
10:       System.out.println("类变量初值 : " + no);
11:       no = 2;    // 指定类变量值
12:       System.out.println("调用 funcA 前 : " + no);
13:       funcA();  // 调用类方法
14:       System.out.println("调用 funcA 后 : " + no);
15:    }
16: }
```

🔊 程序说明

第 3 行：声明类变量 no 且指定初值为 1。

第 5~7 行：定义类方法 funcA()，在第 6 行指定类变量值为 3。

第 11 行：在主程序 main()指定类变量值为 2。

第 13 行：调用 funcA()方法。

5.3.2 Java 的变量作用域

Java 变量分为类的成员变量、方法参数（Method Parameter）和局部变量。"变量作用域"（Scope）可以影响变量值的访问，即决定哪些程序代码可以访问此变量。Java 变量作用域的说明，如下所示。

● 局部变量作用域（Local Variable Scope）：在方法内声明的变量即局部变量，只能在声明后的程序代码使用（不包括声明前），在方法外的程序代码并无法访问此变量。

● 方法参数作用域（Method Parameter Scope）：传入方法的参数变量作用域是整个方法的程序块，同样在方法外的程序代码并无法访问。

● 成员变量作用域（Member Variable Scope）：成员变量作用域在整个类，不论是有 static 修饰的类变量或没有声明 static（此为对象的实例变量，详见第 7 章），整个类的程序代码都可以访问此变量。

上述变量作用域可整理成图形，如图 5-3 所示。

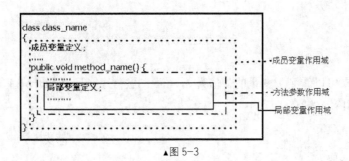

▲图 5-3

 Java 项目：Ch5_3_2

　　在 Java 程序 Ch5_3_2.java 创建 3 个类方法 funcA()、funcB()和 funcC()，以测试各种 Java 变量的作用域，其执行结果如下所示：

```
调用 funcA 前：1 - 2.0
funcA 变量声明前：1 - 2.0
funcA 变量声明后：3 - 4.0
调用 funcA 后：1 - 2.0
调用 funcB 前：1 - 2.0
funcB 参数设置前：5 - 6.0
funcB 参数设置后：3 - 4.0
调用 funcB 后：1 - 2.0
调用 funcC 前：1 - 2.0
调用 funcC 后：3 - 4.0
```

　　从上述执行结果可以看到在 funcA()调用前声明了两类变量，值为 1 和 2.0，funcA()中将其值改为 3 和 4.0，但调用完 funcA()后类变量值依然不变，因为 funcA()中定义的只是两个局部变量。

　　在 funcB()传入的参数值为 5 和 6.0，3 和 4.0 是设置后的参数值。最后 funcC()重新指定类变量的值，所以在调用后类变量才成为 3 和 4.0。

◀)) 程序内容

```
01: public class Ch5_3_2 {
02:     // 类变量声明
03:     static int a = 1;
04:     static double b = 2.0;
05:     // 类方法：局部变量的作用域
06:     static void funcA() {
07:        System.out.println("funcA 变量声明前："+a+" - "+b);
08:        // 局部变量声明
09:        int a = 3;
10:        double b = 4.0;
11:        System.out.println("funcA 变量声明后："+a+" - "+b);
12:     }
13:     // 类方法：方法参数的作用域
14:     static void funcB(int a, double b) {
15:        System.out.println("funcB 参数设置前："+a+" - "+b);
16:        a = 3;   // 设置参数变量
17:        b = 4.0; // 设置参数变量
18:        System.out.println("funcB 参数设置后："+a+" - "+b);
19:     }
20:     // 类方法：类变量的作用域
21:     static void funcC() {
```

```
22:        a = 3;    // 设置类变量
23:        b = 4.0;  // 设置类变量
24:    }
25:    // 主程序
26:    public static void main(String[] args) {
27:        System.out.println("调用 funcA 前: "+a+" - "+b);
28:        funcA();        // 调用类方法
29:        System.out.println("调用 funcA 后: "+a+" - "+b);
30:        System.out.println("调用 funcB 前: "+a+" - "+b);
31:        funcB(5, 6.0);  // 调用类方法
32:        System.out.println("调用 funcB 后: "+a+" - "+b);
33:        System.out.println("调用 funcC 前: "+a+" - "+b);
34:        funcC();        // 调用类方法
35:        System.out.println("调用 funcC 后: "+a+" - "+b);
36:    }
37: }
```

◄)) 程序说明

第 3～4 行：声明 int 和 double 两个类变量且指定初值。

第 6～12 行：定义 funcA()类方法，测试局部变量的作用域，在第 9～10 行声明局部变量。

第 14～19 行：定义 funcB()类方法，测试方法参数的作用域，在第 16～17 行更改参数值。

第 21～24 行：定义 funcC()类方法，测试成员/类变量的作用域，在第 22～23 行更改类变量值。

第 28 行、第 31 行和第 34 行：分别调用 funcA()、funcB()和 funcC()方法。

5.4 递归程序设计

"递归"（Recursive）是程序设计的一个重要概念。"递归函数"（Recursive Functions）在 Java 称为"递归方法"（Recursive Methods），可以让程序代码变得很简洁，但是设计递归方法需要很小心，不然很容易掉入无穷的方法调用的陷阱。

5.4.1 递归方法概述

递归是自上而下分析方法的一种特殊的情况，使用递归观念建立的方法称为递归方法，其基本定义如下所示。

一个问题的内涵是由本身所定义的话，称之为递归。

因为递归问题在分析时，其子问题本身和原来问题拥有相同的特性，只是范围改变，逐渐缩小到终止条件，所以可以归纳出递归方法的两个特性，如下所示：

● 递归方法在每次调用时，都可以使问题域逐渐缩小。
● 递归方法需要拥有终止条件，以便结束递归方法的执行。

5.4.2 递归的阶乘函数

递归方法最常见的应用是数学上定义的阶乘函数 n!，如下所示：

$$n! \begin{cases} 1 & n = 0 \\ n*(n-1)*(n-2)*\cdots*1 & n > 0 \end{cases}$$

例如，我们准备计算 4!的值，可以使用 n!定义的第 2 条来计算，如下所示：

```
4!=4*3*2*1=24
```

因为阶乘函数本身拥有递归特性。可以将 4!的计算分解成子问题，如下所示：

```
4!=4*(4-1)!=4*3!
```

现在对 3!的计算成为一个新的子问题，必须先计算出 3!值后，才能处理上述的乘法。同理将子问题 3!继续分解，如下所示：

```
3! = 3*(3-1)! = 3*2!
2! = 2*(2-1)! = 2*1!
1! = 1*(1-1)! = 1*0! = 1*1 = 1
```

最后我们知道 1!的值，接着就可以计算 2!~4!，如下所示：

```
2! = 2*(2-1)! = 2*1! = 2
3! = 3*(3-1)! = 3*2! = 3*2 = 6
4! = 4*(5-1)! = 4*3! = 24
```

如上所述，阶乘函数的子问题也是一个阶乘函数，只是问域域改变逐渐缩小到一个终止条件。在阶乘函数计算中终止条件是 n=0。等到到达终止条件，阶乘函数值也就计算出来。

 Java 项目：Ch5_4_2

在 Java 程序 Ch5_4_2.java 使用递归调用的方式设计阶乘函数，并求阶乘函数的值，其执行结果如下所示：

```
请输入一个数=> 6
6!函数的值:720
```

上述执行结果输入的阶乘参数为 6，可以看到 6!的值为 720。

🔊 程序内容

```
01: public class Ch5_4_2 {
02:     // 递归方法：计算阶乘函数的值
03:     static int factorial(int n) {
04:        if ( n == 1 )  // 终止条件
05:           return 1;
06:        else
07:           return n * factorial(n-1);
08:     }
09:     // 主程序
10:     public static void main(String[] args) {
11:        java.util.Scanner sc = // 创建 Scanner 对象
12:               new java.util.Scanner(System.in);
13:        System.out.print("请输入一个数=> ");
14:        int no = sc.nextInt(); // 取得阶乘参数
15:        System.out.println(no+"!函数的值:"+factorial(no));
16:     }
17: }
```

🔊 程序说明

第 3～8 行：定义 factorial()阶乘函数，其中使用递归方法，第 4 行的 if 条件表达式是递归的终止条件，第 7 行递归调用自己，只是参数的域缩小 1。

第 11~14 行：参建 Scanner 对象取得用户输入的阶乘数即变量 no 的值。

第 15 行：调用 factorial()递归方法。

5.5 Math 类及其类方法

Java API 的 Math 类提供许多数学常量和各种处理数学函数的类方法，可以让我们在 Java 程序代码使用随机数、计算最大值/最小值、写入三角和指数等数学函数。这些函数都是 Math 类的类方法，所以在调用方法时需要指明类 Math。

5.5.1 求随机数、最大和最小值

Math 类的方法可以求随机数、最大值和最小值。相关方法及说明如表 5-3 所示。

表 5-3

方　　法	说　　明
int max(int, int) long max(long, long) double max(double, double) float max(float, float)	返回两个 int、long、double 或 float 参数中的最大值
int min(int, int) long min(long, long) double min(double, double) float min(float, float)	返回两个 int、long、double 或 float 参数中的最小值
double random() float random()	返回随机数值，其范围为 0.0~1.0
int round(double) long round(double)	将 double 参数值四舍五入后返回整数值

 Java 项目：Ch5_5_1

在 Java 程序 Ch5_5_1.java 使用 Math 类方式求两个数值的最大和最小值，并且计算数值的四舍五入和取得指定范围的随机数值，其执行结果如下所示：

```
最大值 max(34, 78): 78
最小值 min(34, 78): 34
四舍五入 round(34.567):35
四舍五入 round(34.467):34
随机数 random(): 0.49363040451513895
0-10 随机数: 3
1-100 随机数: 3
```

上述执行结果可以看到使用 Math 类方法取得的最大值、最小值、四舍五入值和随机数值。

◀)) 程序内容

```
01: public class Ch5_5_1 {
```

```
02:    // 主程序
03:    public static void main(String[] args) {
04:       // 最大值和最小值
05:       System.out.print("最大值max(34, 78): ");
06:       System.out.println(Math.max(34,78));
07:       System.out.print("最小值min(34, 78): ");
08:       System.out.println(Math.min(34,78));
09:       System.out.print("四舍五入round(34.567):");
10:       System.out.println(Math.round(34.567));
11:       System.out.print("四舍五入round(34.467):");
12:       System.out.println(Math.round(34.467));
13:       System.out.print("随机数random(): ");
14:       System.out.println(Math.random());
15:       // 0-10 的随机数
16:       int no = (int)(Math.random()*10);
17:       System.out.println("0-10 随机数: " + no);
18:       // 1-100 的随机数
19:       no = (int)(Math.random()*100 + 1);
20:       System.out.println("1-100 随机数: " + no);
21:    }
22: }
```

◄» 程序说明

第 5~8 行：取得最大和最小值。

第 9~12 行：使用 Math.round()方法计算四舍五入的值。

第 14 行：显示随机数值。

第 16 行和第 19 行：取得 0~10 和 1~100 内的随机整数，使用(int)强制将随机数值的类型转换成 int。

5.5.2 Math 类的数学常量和方法

Math 类提供两个常用的数学常量，其说明如表 5-4 所示。

表 5-4

常　　量	说　　明
E	自然数 e=2.718281828459045
PI	圆周率 π=3.141592653589793

在 Math 类提供各种三角函数（Trigonometic）、指数（Exponential）和对数（Logarithmic）方法。相关方法说明如表 5-5 所示。

表 5-5

方　　法	说　　明
int abs(int) long abs(long) double abs(double) float abs(float)	返回绝对值
double acos(double)	返回参数值的反余弦
double asin(double)	返回参数值的反正弦
double atan(double)	返回参数值的反正切

续表

方　　法	说　　明
double atan2(double1, double2)	返回参数 double1/double2 的反正切
double ceil(double)	返回大于或等于参数的最小 double 整数
double cos(double)	返回解的余弦
double exp(double)	返回 e 的指定次幂
double floor(double)	返回小于或等于参数的最大 double 整数
double log(double)	返回自然对数
double pow(double, double)	返回第 1 个参数为底，第 2 个参数为指数的次方值
double rint(double)	返回最接近参数的 double 整数值
double sin(double)	返回解的正弦
double sqrt(double)	返回参数的平方根
double tan(double)	返回解的正切
double toDegrees(double)	返回参数转换成的角度（Degree）
double toRadians(double)	返回参数转换成的弧度（Radian）

注意　　表 5-5 中三角函数方法的参数是弧度，并不是角度。如果是角度，请使用 toRadians()方法先转换弧径度。

 Java 项目：Ch5_5_2

在 Java 程序 Ch5_5_2.java 显示 Math 类常量并测试各种数学方法的计算结果，其执行结果如下所示：

```
E: 2.718281828459045
PI: 3.141592653589793
测试值 no: -19.536
abs(no): 19.536
ceil(no): -19.0
floor(no): -20.0
rint(no): -20.0
测试值 x/y: 13.536/3.57
exp(x): 756153.7443288052
log(x): 2.6053528028638673
pow(x,y): 10950.161743418537
sqrt(x): 3.679130332021414
测试值 deg/rad: 60.0/1.0471975511965976
sin(rad): 0.8660254037844386
cos(rad): 0.5000000000000001
tan(rad): 1.7320508075688767
```

从上述执行结果可以看到 Math 类提供的常量，并求取绝对值、最大和最近的整数值，指数、对数和三角函数值。

◀) 程序内容

```
01: public class Ch5_5_2 {
```

```
02:     // 主程序
03:     public static void main(String[] args) {
04:         // 显示数学常量
05:         System.out.println("E: " + Math.E);
06:         System.out.println("PI: " + Math.PI);
07:         // 数学函数
08:         double no = -19.536;
09:         System.out.println("测试值 no: "+no);
10:         System.out.println("abs(no): "+Math.abs(no));
11:         System.out.println("ceil(no): "+Math.ceil(no));
12:         System.out.println("floor(no): "+Math.floor(no));
13:         System.out.println("rint(no): "+Math.rint(no));
14:         // 指数和对数函数
15:         double x = 13.536;
16:         double y = 3.57;
17:         System.out.println("测试值 x/y: " + x + "/" +y);
18:         System.out.println("exp(x): " + Math.exp(x));
19:         System.out.println("log(x): " + Math.log(x));
20:         System.out.println("pow(x,y): " + Math.pow(x,y));
21:         System.out.println("sqrt(x): " + Math.sqrt(x));
22:         // 三角函数
23:         double deg = 60.0;
24:         double rad = Math.toRadians(deg);
25:         System.out.println("测试值 deg/rad: "+deg+"/"+rad);
26:         System.out.println("sin(rad): " + Math.sin(rad));
27:         System.out.println("cos(rad): " + Math.cos(rad));
28:         System.out.println("tan(rad): " + Math.tan(rad));
29:     }
30: }
```

◀)) 程序说明

第 5～6 行：显示数学常量 E 和 PI。

第 10～13 行：测试 Math 类的基本数学方法。

第 18～21 行：测试 Math 类的指数和对数方法。

第 26～28 行：测试 Math 类的三角函数方法。

习题

1. 请使用图例说明什么是程序与函数的黑盒子。

2. Java 方法如果有返回值，在程序块是使用＿＿＿＿＿＿＿＿关键字来返回方法的值。

3. Java 方法 sum()如果没有返回值，其返回数据类型是＿＿＿＿＿＿＿＿。如果有整数的返回值，请完成下列的方法声明。

```
static ＿＿＿＿＿＿＿ sum(double c) {  }
```

4. 请分别说明方法的"形式参数"（Formal Parameters）和"实际参数"（Actual Parameters）。它们的差异是什么？

5. 请说明 Java 方法的传值或引用参数传递。

6. 举例或绘图说明 Java 的局部变量、方法参数和成员变量及它们的作用范围。什么是类变量？

7. 请写出下列递归方法 printMoney(6)的执行结果，方法定义如下：

```
static void printMoney(int level) {
    if (level == 0) {
        System.out.print("$");
    }
    else {
        System.out.print("<");
        printMoney(level-1);
        System.out.print(">");
    }
}
```

8．请编写 Java 程序代码产生 1～50 范围内的随机数值。Math 类的三角函数方法中参数是弧度，并不是角度。如果是角度，需要使用＿＿＿＿＿＿＿＿＿＿方法先转换成弧度。

9．请用 Java 编写方法 max(a, b)和 min(a, b)，分别实现取得两个参数的最大和最小值。

10．在斐波那契（Fibonacci）数列中，第 1 项和第 2 项为 1，即 $F_0 = F_1 = 1$，此后的项是前两项的和，即 $F_n = F_{n-1} + F_{n-2}, n \geq 2$。请设计 static void fibonacci()方法来显示斐波那契数列，参数为项数。

11．编写递归方法 sum(int x)，实现计算 1 到参数值的和，例如，sum(5)，就计算 5+4+3+2+1。

12．现在有一个递归版本的最大公因子（Greater Common Divisor）方法，如下所示：

```
static int gcd(int a, int b) {
    int c;
    if ((c = a % b) == 0) return b;
    else return gcd(b, c);
}
```

请创建 Java 程序测试上述递归方法，并且试着改写成循环版本的 gcd()方法。

13．在整数 A 与 B 中，假设 A>=0 且 B>0，mod()方法的规则如下：

```
mod(A, B) = A, if A < B
mod(A, B) = mod(A-B, B ), if A >= B
```

请使用 Java 编写 mod()递归方法并计算 mod(2, 5)和 mod(17, 5)的值。

14．编写程序，创建递归方法 num()，并且计算 num(5)、num(10)的值，其定义如下所示：

```
num(1) = 1, if X == 1
num(X) = num(X-1) + 2X - 1, if X > 1
```

第6章 数组与字符串

6.1 数组基础

"数组"（Arrays）是程序语言的一种基本数据结构，它是一种有序组织的数据结构，Java 数组就是 Array 对象，属于引用类型。因此，Java 数组变量值并不是数组本身，而是指向数组真正地址的引用。日常生活中最常见的数组范例就是一排信箱，如图 6-1 所示。

图 6-1 是公寓或小区常见的一排信箱，邮差按照信箱号码投递邮件，住户按照信箱号码取出邮件，Java 数组存取值也是相同的道理。如果程序需要使用多个相同类型的变量时，例如，班上 5 位学生的成绩，我们可以声明一堆变量。如下所示：

```
int grade1, grade2, grade3, grade4, grade5;
```

▲图 6-1

上述程序代码声明 5 个 int 变量 grade1~5，使用不同名称来区分不同的学生。如果使用数组，我们只需要声明一个数组变量，如下所示：

```
int[] grades = new int[5];
```

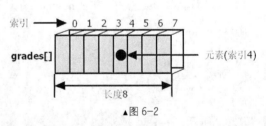

▲图 6-2

grades 是一个一维数组变量，只需使用数组名称加上索引值，就可以访问或指定数组元素的值。Java 数组就是将数据类型相同的变量集合起来，以一个名称来代表，可使用索引值访问元素，每一个元素相当于是一个变量，如图 6-2 所示。

上述 grades[]数组是一种固定长度的结构，数组大小在编译阶段就已经决定，每一个"数组元素"（Array Elements）可以使用"索引"（Index）访问，其索引值范围是从 0 开始到数组长度减 1，即 0~7。

6.2 一维数组与多维数组

Java 支持一维与多维数组，如果我们将一维数组想象成平面中的线；二维数组就是的平面；三维数组即空间。

6.2.1 一维数组

"一维数组"（One-dimensional Arrays）是最基本的数组结构，只拥有一个索引。如同现实生活中的单排信箱，可以通过信箱号码取出对应住户的信件。

1. 声明一维数组

在 Java 声明一维数组只需在声明数组元素的数据类型后加上"[]"，如下所示：

```
int[] tips = {150, 200, 300};
```

上面代码即声明一个 int 基本数据类型的数组 tips。可以使用大括号来指定数组元素值，这里的一维数组共有 3 个数组元素，如图 6-3 所示。

也可以只声明数组变量，而不指定数组元素值，如下所示：

| tips[0]=150 | tips[1]=200 | tips[2]=300 |

▲图 6-3

```
int[] temp;
```

> **注意** 在声明数组时不能在方括号指定数组的长度。这里只定义一个变量 temp，没有赋值，另外，temp 变量值是数组的引用，而不是数组的内容。

2. 创建 Array 对象

在声明数组后，可以使用 ncw 运算符来创建数组（Array）对象。例如，创建 double 型的数组用以保存一年 4 季的业绩，如下所示：

```
double[] sales = new double[4];
```

上述代码使用 new 运算符创建 Array 对象 sales，参数 4 表示数组有 4 个元素。Java 数组在声明后，数组元素拥有默认初值，数值数组是 0；boolean 数组是 false；对象数组是 null；char 数组是 Unicode 值 0。

3. 访问数组元素

Java 数组是使用索引值来访问数组元素，其索引值从 0 开始。例如，通过索引我们可以为数组元素赋值，如下所示：

```
sales[0] = 145.6;
sales[1] = 178.9;
sales[2] = 197.3;
sales[3] = 156.7;
```

同样方式，我们可以取得数组元素值，如下所示：

```
total += sales[i];
```

上述程序代码可以取得第 i+1 项数组元素的值。

4. 使用 for 循环访问一维数组

在 Java 程序只需使用循环就可以访问整个数组，我们可以使用 for 或 foreach 循环来访问数组。例如，使用 for 循环显示 tips[]数组的每一个元素值并计算元素和，如下所示：

```
for ( i=0; i < tips.length; i++ ) {
  sum += tips[i];
  System.out.print("[" + tips[i] + "]");
}
```

上述程序代码使用数组索引值取得每一个数组元素的值，循环的结束条件是 i 取得数组的上界。

5. 使用 foreach 循环访问一维数组

foreach 循环是一种加强型 for 循环，可以用来访问数组或集合对象，例如，访问 sales[]数组计算业绩总和，如下所示：

```
for (double ele : sales) {
  total += ele;
  System.out.print("[" + ele + "]");
}
```

上述 foreach 循环的 ele 取得每一个元素，在 ":" 符号后是集合对象或数组，可以依序取得每一个元素赋值给 ele，直到没有元素为止。

 Java 项目：Ch6_2_1

在 Java 程序 Ch6_2_1.java 创建两个 int 和 1 个 1double 数组，分别用来保存小费和业绩数据，然后分别使用 for 和 foreach 循环计算小费总和和每季的平均业绩，其执行结果如下所示：

```
[150][200][300]
小费总计：650
[145.6][178.9][197.3][156.7]
业绩总和：678.5
平均业绩：169.625
```

🔊 程序内容

```
01: public class Ch6_2_1 {
02:    // 主程序
03:    public static void main(String[] args) {
04:       int i, sum = 0;  // 变量声明
05:       double average, total = 0.0;
06:       // 创建 int 数组
07:       int[] temp;  // 声明数组变量
08:       int[] tips = {150, 200, 300};
09:       // 创建 double 数组
10:       double[] sales = new double[4];
11:       sales[0] = 145.6;  // 第 1 季
12:       sales[1] = 178.9;  // 第 2 季
13:       sales[2] = 197.3;  // 第 3 季
14:       sales[3] = 156.7;  // 第 4 季
15:       temp = tips;  // 指向同一个数组
16:       // 使用 for 循环显示数组值并计算总和
```

```
17:        for ( i=0; i < tips.length; i++ ) {
18:           sum += temp[i];
19:           System.out.print("[" + temp[i] + "]");
20:        }
21:        System.out.println("\n 小费总计: " + sum);
22:        // 使用 foreach 循环显示数组值和计算平均
23:        for (double ele : sales) {
24:           total += ele;
25:           System.out.print("[" + ele + "]");
26:        }
27:        System.out.println("\n 业绩总和: " + total);
28:        average = total/(double)sales.length;
29:        System.out.println("平均业绩: " + average);
30:     }
31: }
```

◀) 程序说明

第 7～8 行：声明 int 数组变量 temp 和数组 tips[]，并且对 tips 执行初始化。

第 10～14 行：声明 double 数组 sales[]，使用 new 运算符创建数组对象，然后在第 12～14 行使用赋值语句指定数组元素值。

第 15 行：将数组变量 temp 引用到数组 tips[]，请注意！这不是复制数组，换句话说，两个数组变量只是指向同一个数组。

第 17～20 行：使用 for 循环计算 tips[]数组元素的总和，程序代码使用 temp 数组变量访问数组，因为它也引用 tips[]数组。

第 23～26 行：使用 foreach 循环计算 sales[]数组元素值的总和。

第 28 行：计算 sales[]数组元素值的平均值，即平均每一季的业绩。

6.2.2 二维与多维数组

"二维数组"（Two-dimensional Arrays）是一维数组的扩展，基于同样的技巧，我们可以将 Array 对象扩展成多维数组。

1. 声明二维数组

Java 支持二维数组或多维数组。例如，保存每位学生两科成绩的二维数组声明，如下所示：

```
int[][] grades = { { 54, 68 },
                   { 67, 78 },
                   { 89, 93 }
                 };
```

上述程序代码声明二维数组 grades，并且赋予元素值，数组的第一维共有 3 个元素，每一个元素是 1 个一维数组{ 54, 68 }、{ 67, 78 }和{ 89, 93 }，其中各拥有两个元素，所以共 3×2 等于 6 个元素，如图 6-4 所示。

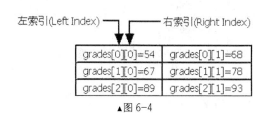

▲图 6-4

上述二维数组拥有两个索引，左索引（Left Index）指出元素位于哪一行，右索引（Right Index）指出在哪一列，使用两个索引值就可以访问相应的二维数组元素。

2. 创建二维数组对象

Java 的 Array 对象可以包含其他 Array 对象,如果没有使用在声明时初始化方式创建二维数组,我们也可以使用 for 循环创建二维数组对象。例如,创建保存两年业绩数据的二维数组,如下所示:

```
double[][] sales = new double[4][];
for ( i = 0; i < sales.length; i++)
  sales[i] = new double[2];
```

上述程序代码先创建有 4 个元素的 Array 对象 sales,接着使用 for 循环将每个数组元素分别建立成拥有两个元素的 Array 对象,这是一个 4×2 的二维数组。

3. 访问二维数组

给二维数组元素赋值需要使用两个索引值,如下所示:

```
sales[0][0] = 123.4;
sales[0][1] = 143.5;
sales[1][0] = 142.3;
......
sales[3][0] = 167.1;
sales[3][1] = 150.4;
```

上述程序代码逐个设定二维数组的元素值。同样的,访问二维数组需要使用二层嵌套循环,如下所示:

```
for ( j = 0; j < sales.length; j++ ) {
  System.out.print("第"+(j+1)+"季\t");
  for ( i = 0; i < sales[i].length; i++ )
    System.out.print(sales[j][i] + "\t");
  System.out.println();
}
```

 Java 项目:Ch6_2_2

在 Java 程序 Ch6_2_2.java 创建两个二维数组,分别用于保存学生双科成绩和两年的业绩数据,执行结果可以显示成绩总和以及两个年度各季的业绩报告,如下所示:

```
54 68 ==>小计: 122
67 78 ==>小计: 145
89 93 ==>小计: 182
成绩总和: 449
业绩报表:
季      去年    今年
第 1 季  123.4   143.5
第 2 季  142.3   198.4
第 3 季  234.6   200.5
第 4 季  167.1   150.4
```

🔊 程序内容

```
01: public class Ch6_2_2 {
02:   // 主程序
03:   public static void main(String[] args) {
```

```
04:        // 变量声明[][]
05:        int i, j, total, sum;
06:        // 创建二维数组 grades 并初始化
07:        int[][] grades = { { 54, 68 },
08:                           { 67, 78 },
09:                           { 89, 93 }
10:                         };
11:        // 使用嵌套循环计算总和
12:        total = 0;
13:        for ( j = 0; j < grades.length; j++ ) {
14:          sum = 0;
15:          for ( i = 0; i < grades[j].length; i++ ) {
16:            System.out.print(grades[j][i] + " ");
17:            sum += grades[j][i];
18:            total += grades[j][i];
19:          }
20:          System.out.println("==>小计: " + sum);
21:        }
22:        System.out.println("成绩总和: " + total);
23:        // 创建二维数组 sales[][]
24:        double[][] sales = new double[4][];
25:        for ( i = 0; i < sales.length; i++)
26:          sales[i] = new double[2];
27:        sales[0][0] = 123.4;
28:        sales[0][1] = 143.5;
29:        sales[1][0] = 142.3;
30:        sales[1][1] = 198.4;
31:        sales[2][0] = 234.6;
32:        sales[2][1] = 200.5;
33:        sales[3][0] = 167.1;
34:        sales[3][1] = 150.4;
35:        System.out.println("业绩报表:");
36:        System.out.println("季\L 去年\L 今年");
37:        // 使用嵌套循环显示数组值
38:        for ( j = 0; j < sales.length; j++ ) {
39:          System.out.print("第"+(j+1)+"季\t");
40:          for ( i = 0; i < sales[i].length; i++ )
41:            System.out.print(sales[j][i] + "\t");
42:          System.out.println();
43:        }
44:    }
45: }
```

🔊 程序说明

第 7～10 行：声明 int 二维数组 grades[][]，并且赋予数组初值。

第 13～21 行：使用二层 for 嵌套循环计算 grades[][]数组的总和。

第 24～34 行：声明 double 二维数组 sales[][]，使用 new 运算符创建第一维数组对象后，第 25～26 行的内层循环创建第二维数组对象，第 27～34 行使用指定语句指定数组元素值。

第 38～43 行：使用二层嵌套 for 循环显示 sales[][]数组的业绩数据。

6.2.3　可变长度的参数列表

在 Java 5.0 后，Java 终于提供了可变长度的参数功能，可在参数类型之后跟着省略号 "…" 表示方法接受此类型的参数，但参数个数不定，在方法体中可以使用一维数组取得传入的参数。

例如，下面定义了一个 sum()类方法，它可以计算参数列表中参数的总和，代码如下所示：

```
public static double sum(double... numbers) {
    double total = 0.0;
    int count = numbers.length;
    for (int i = 0; i < count; i++) {
        total += numbers[i];
    }
    return total;
}
```

上述方法的 for 循环中，使用与参数同名的数组来访问每一个参数 numbers[i]。我们可以使用不同长度的参数行来调用此方法，例如，3 个和 4 个参数，如下所示：

```
total1 = sum(20.0, 10.0, 5.0);
total2 = sum(20.0, 10.0, 5.0, 3.0);
```

 Java 项目：Ch6_2_3

在 Java 程序 Ch6_2_3.java 创建 sum()方法，要求可以计算传入参数的总和，并使用不定长度的参数列表来编写方法，其执行结果如下所示：

```
3 个参数的总和：35.0
4 个参数的总和：38.0
```

◀) 程序内容

```
01: public class Ch6_2_3 {
02:     // 类方法：计算参数的总和
03:     public static double sum(double... numbers) {
04:         double total = 0.0;
05:         int count = numbers.length;
06:         for (int i = 0; i < count; i++) {
07:             total += numbers[i];
08:         }
09:         return total;
10:     }
11:     // 主程序
12:     public static void main(String[] args) {
13:         // 变量声明
14:         double total1, total2;
15:         // 调用类方法
16:         total1 = sum(20.0, 10.0, 5.0);
17:         total2 = sum(20.0, 10.0, 5.0, 3.0);
18:         // 显示参数和
19:         System.out.println("3 个参数的总和: " + total1);
20:         System.out.println("4 个参数的总和: " + total2);
21:     }
22: }
```

◀) 程序说明

第 3～10 行：类方法 sum()的参数行是不定长度的参数行，在第 6～8 行使用 for 循环计算参数的总和。

第 16～17 行：调用 sum()方法，分别传入 3 个和 4 个参数。

6.3　字符串类

Java 字符串是一个 String 对象，不过，在声明上和其他基本数据类型并没有不同，String 类如同数据类型，可以用来创建字符串变量。

6.3.1 Java 字符串是一种引用数据类型

Java 字符串就是 String 对象，属于一种引用数据类型，所以一旦创建字符串后，就无法改变其值，我们只能重新赋以新的字符串字面值或声明另一个字符串变量，如下所示：

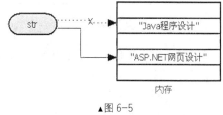
▲图 6-5

```
String str = "Java 程序设计";
str = "ASP.NET 网页设计";
```

上述程序代码创建一个字符串 str 且赋以初值"Java 程序设计"，使用赋值语句再更改成其他字符串值，程序代码好像改变字符串内容，事实上并没有，如图 6-5 所示。

图 6-5 中的变量 str 是 String 对象，因为是引用数据类型，所以它只是重新指向另一个字符串字面值的地址，并不是替换原来的字符串内容，换句话说，Java 中的 String 字符串是一种只读字符串。

6.3.2 字符串处理

Java 可以直接使用字符串字面值（一组字符集合使用""双引号括起）来创建字符串对象，如下所示：

```
String str = "Java 程序设计";
```

上述程序代码将 String 类当作数据类型来创建 str 字符串对象，并且赋值字符串内容。此外，Java 还提供多种 String 对象构造函数（此为初始化对象的方法，其使用方式和 Java 方法相似）来建立 String 对象，如下所示：

```
str2 = new String("程序语言的程序设计");
```

上述程序代码使用 new 运算符调用 String 类的构造函数方法，其参数就是字符串字面值，换句话说，我们是使用字符串字面值来创建 String 对象。String 类的构造函数说明如表 6-1 所示。

表 6-1

构造函数	说　　明
String()	创建空字符串
String(String)	使用由""括起的字符串或其他字符串对象 String 来创建字符串对象
String(char[])	使用字符数组创建字符串对象
String(byte[])	使用字节数组创建字符串对象

1. 字符串长度与大小写转换

String 对象提供方法可以取得字符串长度和进行英文字符串的大小写转换，相关方法及其说明如表 6-2 所示。

表 6-2

方　　法	说　　明
int length()	取得字符串长度，返回字符串拥有多少个字符或中文字
String toLowerCase()	将字符串的英文字母转换成小写
String toUpperCase()	将字符串的英文字母转换成大写

2.　子字符串与字符查找

　　String 对象提供多种查找方法，可以在字符串中找寻所需的字符或子字符串。相关字符查找方法及其说明如表 6-3 所示。

表 6-3

方　　法	说　　明
int indexOf(char)	返回第 1 次查找到字符的索引位置，没有找到返回–1
int lastIndexOf(char)	返回从最后 1 个字符反向开始查找到字符的索引位置，没有找到返回–1
int indexOf(char, int)	返回第 1 次查找到字符的索引位置，没有找到返回–1，传入的参数 char 为查找的字符，int 为开始查找的索引位置
int lastIndexOf(char, int)	如同上一个 indexOf()方法，不过是从尾查找到头的反向查找

　　String 对象相关子字符串查找方法及其说明如表 6-4 所示。

表 6-4

方　　法	说　　明
int indexOf(String)	返回第 1 次查找到字符串的索引位置，没有找到返回–1
int lastIndexOf(String)	返回从最后 1 个字符反向开始查找到字符串的索引位置，没有找到返回–1
int indexOf(String, int)	返回第 1 次查找到字符串的索引位置，没有找到返回–1，传入的参数 String 是查找的字符串，int 为开始查找的索引位置
int lastIndexOf(String, int)	如同上一个 indexOf()方法，不过是从尾查找到头的反向查找

　　返回和参数索引位置是从 0 开始。

3.　子字符串和字符处理

　　String 对象提供方法替换和取出字符串中所需的字符和子字符串。相关方法及其说明，如表 6-5 所示。

表 6-5

方　　法	说　　明
char charAt(int)	取得参数 int 索引位置的字符
String substring(int)	从参数 int 开始取出剩下字符的字符串
String substring(int, int)	取出第 1 个参数 int 到第 2 个参数 int 之间的子字符串

续表

方　　法	说　　明
String replace(char, char)	将字符串中找到的第 1 个参数 char 替换成为第 2 个参数
String concat(String)	将参数字符串添加到 String 对象的字符串之后
String trim()	删除字符串前后的空格符

表 6-5 的 concat()方法如果使用在赋值语句，如下所示：

```
String str0 = str1.concat(str2);
```

上述程序代码相当于 str0 = str1 + str2。

4. 字符串的比较

String 对象的字符串可以一个字符一个字符比较字符的内码值，直到分出大小为止。相关方法及其说明如表 6-6 所示。

表 6-6

方　　法	说　　明
int compareTo(String)	比较两个字符串内容，返回值是整数，0 表示相等，<0 表示参数的字符串比较大，>0 表示参数的字符串比较小
int compareToIgnoreCase(String)	忽略大小写，比较两个字符串的内容
boolean equals(Object)	比较两个字符串是否相等，返回值 true 表示相等，false 表示不相等，参数不一定是字符串对象，也可以使用在其他对象
boolean equalsIgnorCase(String)	忽略大小写，比较两个字符串内容是否相等
boolean endsWith(String)	比较字符串的结尾是否是参数的字符串，返回值 true 表示是；false 表示否
boolean startsWith(String)	比较字符串的开始是否是参数的字符串，返回值 true 表示是；false 表示否

 Java 项目：Ch6_3_2

在 Java 程序 Ch6_3_2.java 使用多种构造方法来创建字符串对象，然后分别演示大小写转换、查找、取出子字符串和字符串比较等字符串处理的操作，其执行结果如下所示：

```
str 字符串:" JAVA "
str1 字符串:" Java "
str2 字符串:"程序语言的程序设计"
str3 字符串:"How to use computer!"
str4 字符串:"use"
str1 长度:6/str2 长度:9
转小写: java /转大写: JAVA
英-字符 indexOf('a', 2): 2
英-字符 lastIndexOf('b',2): -1
中-字符串 indexOf("语言"): 2
中-字符串 lastIndexOf("语言"):2
英文 str1.charAt(4): v
中文 str2.substring(2, 6): 语言的程
替换-英 str1.replace('a','b'): Jbvb
删除空格符 str1.trim(): Java
```

连接 str1.concat(str2)： Java 程序语言的程序设计
比较 str 与 str1 字符串： -32
比较 str 与 str1 字符串-不分大小写： 0
str 与 str1 字符串是否相等： false
str 与 str1 是否相等-不分大小写： true
str4 的结尾是否为"s"： false
str4 的字头是否为"u"： true

◀) 程序内容

```
01: public class Ch6_3_2 {
02:     // 主程序
03:     public static void main(String[] args) {
04:         // 数组声明
05:         char[] charArr = { ' ', 'J', 'a', 'v', 'a', ' ' };
06:         String str = " JAVA "; // 使用 String 类声明字符串
07:         // 使用构造函数创建字符串对象
08:         String str1, str2, str3, str4;
09:         str1 = new String(charArr);  // 使用字符数组
10:         str2 = new String("程序语言的程序设计");
11:         str3 = new String("How to use computer!");
12:         str4 = "use";
13:         System.out.println("str 字符串:\"" + str + "\"");
14:         System.out.println("str1 字符串:\"" + str1 + "\"");
15:         System.out.println("str2 字符串:\"" + str2 + "\"");
16:         System.out.println("str3 字符串:\"" + str3 + "\"");
17:         System.out.println("str4 字符串:\"" + str4 + "\"");
18:         // 显示字符串长度和大小写转换
19:         System.out.print("str1 长度:"+str1.length());
20:         System.out.println("/str2 长度:"+str2.length());
21:         System.out.print("转小写:"+str1.toLowerCase());
22:         System.out.println("/转大写:"+str1.toUpperCase());
23:         // 查找字符和子字符串
24:         System.out.print("英-字符 indexOf(\'a\', 2): ");
25:         System.out.println(str1.indexOf('a', 2));
26:         System.out.print("英-字符 lastIndexOf(\'b\',2): ");
27:         System.out.println(str1.lastIndexOf('b', 2));
28:         System.out.print("中-字符串 indexOf(\"语言\"): ");
29:         System.out.println(str2.indexOf("语言"));
30:         System.out.print("中-字符串 lastIndexOf(\"语言\"):");
31:         System.out.println(str2.lastIndexOf("语言"));
32:         // 子字符串和字符的处理
33:         System.out.print("英文 str1.charAt(4): ");
34:         System.out.println(str1.charAt(3));
35:         System.out.print("中文 str2.substring(2, 6): ");
36:         System.out.println(str2.substring(2, 6));
37:         System.out.print("替换-英 str1.replace('a','b'):");
38:         System.out.println(str1.replace('a','b'));
39:         System.out.print("删除空格符 str1.trim(): ");
40:         System.out.println(str1.trim());
41:         String str0 = str1.concat(str2); // 连接两字符串
42:         System.out.println("连接 str1.concat(str2): "+str0);
43:         // 显示字符串 str 和 str1 的比较结果
44:         System.out.print("比较 str 与 str1 字符串: ");
45:         System.out.println(str.compareTo(str1));
46:         System.out.print("比较 str 与 str1 字符串-不分大小写: ");
47:         System.out.println(str.compareToIgnoreCase(str1));
48:         // 字符串 str 与 str1 是否相等
49:         System.out.print("str 与 str1 字符串是否相等: ");
50:         System.out.println(str.equals(str1));
51:         System.out.print("str 与 str1 是否相等-不分大小写: ");
```

```
52:        System.out.println(str.equalsIgnoreCase(str1));
53:        // 检查字符串的字头和字尾
54:        System.out.print("str4 的结尾是否为\"s\": ");
55:        System.out.println(str4.endsWith("s"));
56:        System.out.print("str4 的字头是否为\"u\": ");
57:        System.out.println(str4.startsWith("u"));
58:    }
59: }
```

◀ᴵ) 程序说明

第9～11 行：使用构造函数创建 String 字符串对象。

第 19～22 行：显示字符串长度和大小写转换。

第 24～31 行：查找字符和子字符串。

第 33～42 行：取出字符与子字符串、替换字符、删除空格符和连接字符串等。

第 45～57 行：字符串比较。

6.3.3　StringBuffer 类

如前所述，String 对象并不能更改其内容，我们只能使用赋值语句重新引用到全新的字符串内容。但是，使用 StringBuffer（字符串缓冲区）类创建的 StringBuffer 对象就可以直接修改原字符串的内容。

1．StringBuffer 的构造函数

StringBuffer 类一定需要使用 new 运算符来建立对象，如下所示：

```
StringBuffer sb = new StringBuffer("程序");
```

上述 StringBuffer 的构造函数参数是字符串字面值，表示直接使用字符串来建立 StringBuffer 对象。StringBuffer 类的构造函数说明如表 6-7 所示。

表 6-7

构造函数	说　　明
StringBuffer()	创建空字符串，初始的空间容量为 16 字符
StringBuffer(int)	创建容量为参数 int 的字符串
StringBuffer(String)	使用 String 字符串对象建立字符串缓冲区对象，容量为字符串对象长度加上 16 字符

StringBuffer 对象也可以使用 length()方法取得字符串长度，除此以外还可以使用 capacity()方法取得字符串容量。相关方法及其说明如表 6-8 所示。

表 6-8

方　　法	说　　明
int length()	取得字符串长度，返回 StringBuffer 对象拥有多少个字符或中文字
int capacity()	取得字符串容量，返回 StringBuffer 对象的内存容量
String toString()	将 StringBuffer 对象转换成 String 对象

当使用 toString()方法将 StringBuffer 对象转换成 String 对象后，就可以使用 String 对象的方法来处理字符串内容。

2. StringBuffer 对象的新增和反转

StringBuffer 类提供数种方法来新增和反转字符串内容。相关方法及其说明如表 6-9 所示。

表 6-9

方　　法	说　　明
StringBuffer append(T)	将参数 T 转换成字符串后，新增到 StringBuffer 字符串的最后，参数 T 的数据类型可以是 boolean、char、char[]、int、long、double、float、String 或 Object
StringBuffer reverse()	反转 StringBuffer 对象内容的字符顺序

3. StringBuffer 对象的插入、删除和替换

StringBuffer 字符串缓冲区类提供数种方法来插入、删除和替换字符串内容。相关方法说明如表 6-10 所示。

表 6-10

方　　法	说　　明
StringBuffer insert(int, T)	将第 2 个参数 T 的数据类型转换成字符串后，插入 StringBuffer 字符串第 1 个参数 int 的位置
StringBuffer delete(int, int)	删除 StringBuffer 对象内容从第 1 个参数 int 到第 2 个参数 int 位置的字符
StringBuffer deleteCharAt(int)	删除 int 位置的字符
StringBuffer replace(int, int, String)	将第 1 个参数 int 到第 2 个参数 int 位置的字符替换成最后 1 个参数的 String 对象
void setCharAt(int, char)	将参数 int 位置的字符替换成第 2 个参数 char 的字符

 Java 项目：Ch6_3_3

在 Java 程序 Ch6_3_3.java 使用构造函数建立 StringBuffer 对象后，使用对象的方法来新增、反转、插入、删除和替换字符串内容，其执行结果如下所示：

```
原始字符串内容: 程序
新增字符'-': 程序-
新增字符数组: 程序-Java
新增字符串: 程序-Java 程序最佳教材
删除第 3 个字: 程序 Java 程序最佳教材
删除前两个字: Java 程序最佳教材
插入中文字符串: Java 程序设计最佳教材
插入英文字符串: Java SE 程序设计最佳教材
替换字符: Java EE 程序设计最佳教材
替换字符串 : JDK SE 程序设计最佳教材
反转后字符串 : 材教佳最计设序程 ES KDJ
```

🔊 程序内容

```
01: public class Ch6_3_3 {
```

```
02:    // 主程序
03:    public static void main(String[] args) {
04:        // 使用构造函数建立字符串对象
05:        StringBuffer sb = new StringBuffer("程序");
06:        char[] charArr = { 'J','a','v','a' };
07:        System.out.println("原始字符串内容: " + sb);
08:        // 新增字符串内容
09:        sb.append('-');     // 字符
10:        System.out.println("新增字符\'-\': " + sb);
11:        sb.append(charArr, 0, 4);   // 字符数组
12:        System.out.println("新增字符数组: " + sb);
13:        sb.append("程序最佳教材");
14:        System.out.println("新增字符串: " + sb);
15:        // 删除字符串内容
16:        sb.deleteCharAt(2);
17:        System.out.println("删除第3个字: " + sb);
18:        sb.delete(0, 2);
19:        System.out.println("删除前两个字: " + sb);
20:        // 插入字符串内容
21:        sb.insert(6, "设计");
22:        System.out.println("插入中文字符串: " + sb);
23:        sb.insert(4, " SE");
24:        System.out.println("插入英文字符串: " + sb);
25:        // 替换字符串内容
26:        sb.setCharAt(5, 'E');
27:        System.out.println("替换字符: " + sb);
28:        sb.replace(0, 7, "JDK SE");
29:        System.out.println("替换字符串 : " + sb);
30:        sb.reverse();        // 反转字符串
31:        System.out.println("反转后字符串 : " + sb);
32:    }
33: }
```

◀)) 程序说明

第 5 行：使用构造函数建立 StringBuffer 对象。

第 9～14 行：使用 StringBuffer 对象的 append()方法来新增字符串内容

第 16～19 行：使用 delete()方法删除字符串内容。

第 21～24 行：使用 insert()方法来插入字符串内容。

第 26～29 行：使用 setcharAt()和 replace()方法来替换字符串内容。

第 30 行：使用 reverse()方法来反转字符串内容。

6.4 字符串与数值的转换

字符串内容如果是数值数据，在 Java 程序代码需要将其转换成数值类型后，才能进一步进行运算。同理，我们也可能需要将数值转换成字符串来进行字符串处理。

6.4.1 将字符串转换成数值

可以使用 Byte、Short、Integer、Long、Double 和 Float 类的类方法来将字符串内容转换成各种基本数据类型数值。关于字符串转换成数值的类方法及其说明如表 6-11 所示。

表 6-11

方　　法	说　　明
byte Byte.parseByte(String)	将参数的字符串转换成 byte 型
short Short.parseShort(String)	将参数的字符串转换成 short 型
int Integer.parseInt(String)	将参数的字符串转换成 int 型
long Long.parseLong(String)	将参数的字符串转换成 long 型
float Float.parseFloat(String)	将参数的字符串转换成 float 型
double Double.parseDouble(String)	将参数的字符串转换成 double 型

 Java 项目：Ch6_4_1

在 Java 程序 Ch6_4_1.java 使用表 6-11 的类方法将字符串转换成基本数据类型的变量值，其执行结果如下所示：

```
byte 整数值: 5
short 整数值: 100
int 整数值: 2000
long 整数值: 135
float 浮点数: 245.675
double 浮点数: 145.67891234
```

◀)) 程序内容

```
01: public class Ch6_4_1 {
02:     // 主程序
03:     public static void main(String[] args) {
04:         // 使用 parse???()方法将字符串转换成数值
05:         byte   num1 = Byte.parseByte("5");
06:         short  num2 = Short.parseShort("100");
07:         int    num3 = Integer.parseInt("2000");
08:         long   num4 = Long.parseLong("135");
09:         float  num5 = Float.parseFloat("245.675");
10:         double num6 = Double.parseDouble("145.67891234");
11:         // 显示数值
12:         System.out.println("byte 整数值: " + num1);
13:         System.out.println("short 整数值: " + num2);
14:         System.out.println("int 整数值: " + num3);
15:         System.out.println("long 整数值: " + num4);
16:         System.out.println("float 浮点数: " + num5);
17:         System.out.println("double 浮点数: " + num6);
18:     }
19: }
```

◀)) 程序说明

第 5～10 行：调用 parseByte()、parseShort()、parseInt()、parseLong()、parseFloat() 和 parseDouble() 方法将字符串转换成数值。

6.4.2　将数值转换成字符串

将数值转换成字符串的相关方法及其说明如表 6-12 所示。

表 6-12

方　　法	说　　明
String Byte.toString(byte)	将 byte 型数值参数转换成字符串
String Short.toString(short)	将 short 型数值参数转换成字符串
String Integer.toString(int)	将 int 型数值参数转换成字符串
String Long.toString(long)	将 long 型数值参数转换成字符串
String Float.toString(float)	将 float 型数值参数转换成字符串
String Double.toString(double)	将 double 型数值参数转换成字符串

 Java 项目：Ch6_4_2

在 Java 程序 Ch6_4_2.java 使用 Number 类的 toString()方法将数值转换成字符串，其执行结果如下所示：

```
Byte.toString(): 5
Short.toString(): 20
Integer.toString(): 200
Long.toString(): 12000
Float.toString(): 234.56
Double.toString(): 124.566789
```

◄)) 程序内容

```
01: public class Ch6_4_2 {
02:     // 主程序
03:     public static void main(String[] args) {
04:         // 变量声明
05:         byte num1 = 5;
06:         short num2 = 20;
07:         int num3 = 200;
08:         long num4 = 12000;
09:         float num5 = 234.56f;
10:         double num6 = 124.566789;
11:         // 使用类方法 toString()将上述数值转换成字符串
12:         String str1 = Byte.toString(num1);
13:         String str2 = Short.toString(num2);
14:         String str3 = Integer.toString(num3);
15:         String str4 = Long.toString(num4);
16:         String str5 = Float.toString(num5);
17:         String str6 = Double.toString(num6);
18:         // 显示转换的结果
19:         System.out.println("Byte.toString(): "+str1);
20:         System.out.println("Short.toString(): "+str2);
21:         System.out.println("Integer.toString(): "+str3);
22:         System.out.println("Long.toString(): "+str4);
23:         System.out.println("Float.toString(): "+str5);
24:         System.out.println("Double.toString(): "+str6);
25:     }
26: }
```

◄)) 程序说明

第 12～17 行：使用 toString()方法将基本数据类型的变量值转换成字符串。

6.5　对象数组

除了基本数据类型的数组外，因为 Java 类也是一种数据类型，我们也一样可以来创建对象数组。例如，使用第 6.3.2 小节的 String 类就可以创建 String 对象数组，如下所示：

```
String[] username = new String[5];
username[0] = "周杰伦";
username[1] = "杨过";
username[2] = "陈允杰";
username[3] = "江小鱼";
username[4] = "小龙女";
```

上述代码创建一个 String 对象数组 username[]，并且对数组元素赋初值。

 Java 项目：Ch6_5

在 Java 程序 Ch6_5.java 创建一个用户名称 String 对象数组，程序执行结果可以显示 String 数组内容，并显示字符串长度，如下所示：

```
周杰伦 / 3
杨过 / 2
陈允杰 / 3
江小鱼 / 3
小龙女 / 3
```

◀) 程序内容

```
01: public class Ch6_5 {
02:   // 主程序
03:   public static void main(String[] args) {
04:     // String 对象数组
05:     String[] username = new String[5];
06:     username[0] = "周杰伦";
07:     username[1] = "杨过";
08:     username[2] = "陈允杰";
09:     username[3] = "江小鱼";
10:     username[4] = "小龙女";
11:     // 使用循环显示数组内容
12:     for (int i=0; i< username.length; i++ ) {
13:       System.out.println(username[i] + " / "
14:                 + username[i].length());
15:     }
16:   }
17: }
```

◀) 程序说明

第 5～10 行：声明 String 对象数组 username[]，然后使用 new 运算符创建数组，在第 6～10 行使用赋值语句指定数组元素值。

第 12～15 行：使用 for 循环显示数组内容，并且使用 length()方法取得字符串长度。

6.6　查找与排序

在计算科学领域中没有任何工作比 "排序"（Sorting）和 "查找"（Searching）更加重要。事实上，大部分计算机的运行时间都是在处理排序和查找，排序和查找大量实际应用于数据库系统、编译程序和操作系统之中。

6.6.1 排序与查找的基础

排序和查找常用于处理大量的数据，排序可以将数据按照值大小顺序排列，查找则是从这些数据中，找出所需要的。

1．排序

排序工作主要是将一些数据按照特定原则排列成递增或递减的顺序。例如，有数组 data[]内容如下：

```
data[0]=89 data[1]=34 data[2]=78 data[3]=45
```

将 data[]中数组元素依递增顺序进行排序，排序结果如下：

```
data[0]=34 data[1]=45 data[2]=78 data[3]=89
```

上述 data[]数组已经排序，其大小顺序如下所示：

```
data[0] < data[1] < data[2] < data[3]
```

2．查找

查找工作是在数据中找出是否存在与特定值相同的数据，查找的值称为"键值"（Key），如果数据存在，就进行后续的数据处理。例如，查询电话簿是为了找朋友的电话号码，然后与他连络；在书局找书也是为了找到后买回家阅读。

查找方法依照所查找的数据分为两种，如下所示。

● 没有排序的数据：针对没有排序的数据执行查找，需要从数据的第 1 个元素开始比较，从头到尾以确认数据是否存在。

● 已经排序的数据：此时查找就不需要从头开始一个个地比较。例如，在电话簿找电话，相信没有人是从电话簿的第一页开始找，而是直接从姓名可能出现的页数开始找，因为电话簿已经依照姓名排好序。

6.6.2 冒泡排序法

冒泡排序法（Bubble Sort）是使用交换方式，将较小元素逐渐搬移到数组开始处，较大元素则慢慢移向数组的最后的一种排序方法，如同水缸中的冒泡，慢慢往上浮，故称为冒泡排序法。

以上一节的 data[]数组为例来说明冒泡排序法的排序过程，首先使用交换方法找出数组中的最大值。原来的数组内容，如下所示：

```
data[0]=89 data[1]=34 data[2]=78 data[3]=45
```

可通过索引值来访问数值，然后在第二层循环依序比较数组索引编号 0 和 1 的元素，索引 1 和 2，索引 2 和 3 的元素，如果各组的第 1 个元素比较大，就交换数组元素，如下所示：

```
data[0]=89 > data[1]=34  =>  data[0]=34 data[1]=89   交换
data[1]=89 > data[2]=78  =>  data[1]=78 data[2]=89   交换
data[2]=89 > data[3]=45  =>  data[2]=45 data[3]=89   交换
```

从上面可以看到，数组中最大的数值 89 一步步地往数组尾部移动。在完成后，数组索引 3 的元素是最大值，接着重复相同步骤，在第一层循环缩小一个元素，再交换数组元素 0～2 和 0～1，就可以完成数组元素的排序。

 Java 项目：Ch6_6_2

在 Java 程序 Ch6_6_2.java 使用冒泡排序法排序数组元素，其执行结果如下所示：

```
原始数组：[89][34][78][45]
排序数组：[34][45][78][89]
```

◀)) 程序内容

```
01: public class Ch6_6_2 {
02:    // 类方法：冒泡排序法
03:    private static void bubble(int[] data) {
04:       int i, j, temp;  // 变量声明
05:       // 第一层循环
06:       for ( j = data.length; j > 1; j-- )
07:          // 第二层循环
08:          for ( i = 0; i < j - 1; i++ )
09:             // 比较相邻的数组元素
10:             if ( data[i+1] < data[i] ) {
11:                temp = data[i+1];  // 交换两元素
12:                data[i+1] = data[i];
13:                data[i] = temp;
14:             }
15:    }
16:    // 主程序
17:    public static void main(String[] args) {
18:       // 声明变量
19:       int[] data = {89, 34, 78, 45};
20:       int i;
21:       System.out.print("原始数组：");
22:       for ( i = 0; i < data.length; i++ )
23:          System.out.print("[" + data[i] + "]");
24:       System.out.print("\n");
25:       // 调用排序方法
26:       bubble(data);
27:       System.out.print("排序数组：");
28:       for ( i = 0; i < data.length; i++ )
29:          System.out.print("[" + data[i] + "]");
30:       System.out.print("\n");
31:    }
32: }
```

◀)) 程序说明

第 3～15 行：bubble()类方法定义，使用两层 for 循环执行排序，第一层循环的范围每次缩小 1 个元素，第二层循环只排序 0~j-1 个元素，因为每执行一次第一层循环，数组最后 1 个元素就是最大值，所以下一次循环就不用再排序最后 1 个元素。

第 10～14 行：使用 if 条件判断数组元素大小，如果下一个元素比较小，在第 11～13 行交换两

个数组元素。

第 19 行：声明数组 data[]且赋数组初值。

第 26 行：调用 bubble()类方法执行数组排序。

6.6.3 顺序查找法

顺序查找法（Sequential Search）是从数组的第 1 个元素开始逐个访问整个数组，一个一个比较是否有所要查找的键值，如下所示：

```
for ( i = 0; i < data.length; i++ )
  if ( data[i] == target ) return i;
```

for 循环可以访问整个数组，然后使用 if 条件比较是否是要查找的键值，因为会访问整个数组，所以数组是否排序也就无所谓。

 Java 项目：Ch6_6_3

在 Java 程序 Ch6_6_3.java 使用顺序查找法查找数组，其执行结果如下所示：

```
原始数组: [89][34][78][45][12][99][23]
请输入键值=> 99
查找到值: 99(5)
```

上述执行结果输入的键值是 99，可以看到它位于索引值为 5 的数组元素。

🔊 程序内容

```
01: public class Ch6_6_3 {
02:   // 类方法：顺序查找法
03:   private static int sequential(int[] data,int target) {
04:     int i;  // 变量声明
05:     // 查找循环
06:     for ( i = 0; i < data.length; i++ )
07:       // 比较是否是目标值
08:       if ( data[i] == target ) return i;
09:     return -1;
10:   }
11:   // 主程序
12:   public static void main(String[] args) {
13:     // 声明变量
14:     int[] data = {89, 34, 78, 45, 12, 99, 23};
15:     int i, index;
16:     System.out.print("原始数组: ");
17:     for ( i = 0; i < data.length; i++ )
18:       System.out.print("[" + data[i] + "]");
19:     System.out.print("\n");
20:     java.util.Scanner sc = // 创建 Scanner 对象
21:         new java.util.Scanner(System.in);
22:     System.out.print("请输入键值=> ");
23:     int target = sc.nextInt(); // 取得键值
24:     // 调用顺序查找方法
25:     index = sequential(data, target);
26:     if ( index != -1 ) {
27:       System.out.print("查找到值: " + target);
28:       System.out.println("(" + index + ")");
29:     }
```

```
30:        else
31:           System.out.println("没有查找到值: " + target);
32:     }
33: }
```

📢 程序说明

第 3～10 行：sequential()类方法定义，使用 for 循环执行查找，在第 8 行的 if 条件比较数组元素。

第 14 行：声明数组 data[]且赋数组初值。

第 20～23 行：创建 Scanner 对象取得用户输入的键值并交给变量 target。

第 25～31 行：调用 sequential()类方法执行查找，在第 26～31 行使用 if 语句显示查找结果。

6.6.4　二分查找法

"二分查找法"（Binary Search）是一种分割数据的查找方法，查找数据需要是已经排序好的数据。二分查找法的做法是先检查排序数据的中间元素，如果等于键值就说明找到；如果小于键值，表示数据是在前半段，否则在后半段。然后继续分割的半段数据重复上述操作，直到找到或已经没有数据可以分割为止。

例如，一维排序数组的上下界分别是 1 和 h，其中间元素就是(l + h)/2。在执行二分查找时可以分成 3 种情况，如下所示。

- 查找键值小于数组的中间元素：键值在数据数组的前半部。
- 查找键值大于数组的中间元素：键值在数据数组的后半部。
- 查找键值等于数组的中间元素：找到查找的键值。

 Java 项目：Ch6_6_4

在 Java 程序 Ch6_6_4.java 使用二分查找法查找已经排序好的数组数据，这个二分查找法是一个递归方法，其执行结果如下所示：

```
请输入键值=> 44
查找到值: 44(4)
```

从上述执行结果可以看到找到输入的键值 44，位于索引值为 4 的数组元素。

📢 程序内容

```
01: public class Ch6_6_4 {
02:     // 类方法: 二分查找的递归方法
03:     static int binarySearch(int[] d,int l,int h,int v) {
04:        // 递归的终止条件
05:        if ( l > h ) return -1;
06:        else {
07:           // 取得中间索引
08:           int m = (l + h) / 2;
09:           if ( v == d[m] ) // 找到
10:              return m;      // 返回索引值
11:           else if ( v < d[m] ) // 前半部分
12:                 return binarySearch(d, l, m-1, v);
13:              else  // 后半部分
14:                 return binarySearch(d, m+1, h, v);
15:        }
16:     }
```

```
17:    // 主程序
18:    public static void main(String[] args) {
19:       java.util.Scanner sc = // 创建 Scanner 对象
20:             new java.util.Scanner(System.in);
21:       System.out.print("请输入键值=> ");
22:       int t = sc.nextInt(); // 取得键值
23:       int[] data = {12, 13, 24, 35, 44, 67, 78, 98};
24:       // 调用二分查找法
25:       int i = binarySearch(data,0,data.length-1,t);
26:       if ( i != -1 )
27:          System.out.println("查找到值: "+ t +"("+i+")");
28:       else
29:          System.out.println("没有查找到值: "+ t);
30:    }
31: }
```

◀ᵠ 程序说明

第 3～16 行：binarySearch() 递归方法定义，第 5 行的 if 语句是终止条件，第 8 行取得中间值的数组索引。

第 9～14 行：使用 if 语句检查是否找到键值，如果没有找到，在第 12 行和第 14 行递归调用缩小查找范围，第 12 行是返回前半段；第 14 行是返回后半段。

第 19～22 行：创建 Scanner 对象取得用户输入的键值。

第 25 行：调用二分查找法 binarySearch() 来找寻数组中是否存在键值。

习题

1. 请说明什么是 Java 语言的数组。数组索引值从_____开始。
2. Java 的数组是一种_____对象，字符串是_____对象，可以使用_____方法取得字符串长度。
3. 请说明下列 cat() 方法的用途，代码如下所示：

```
static String cat(String[] str) {
   if (str == null) return null;
   String result = "";
   for (int i = 0; i < str.length; i++)
     result = result + str[i];
   return result;
}
```

4. 请说明下列程序代码片断的目的：

```
double[][] days = new double[365][];
for ( i = 0; i < days.length; i++)
   days[i] = new double[24];
```

5. 创键一个 float 型一维数组 myArray，其中有 10 个元素。
6. 请写出下列 Java 程序代码片断的执行结果：

```
(1) int[] arr = { 1, 3, 5, 7 };
   System.out.println(arr[0] + arr[2]);
(2) int[] arr = { 2, 4, 6, 8 };
```

```
arr[0] = 13;
arr[3] = arr[1];
System.out.println(arr[0] + arr[2] + arr[3]);
```

7. 举例说明什么是查找，什么是排序。

8. 用 Java 编写 reverse() 方法，该方法可以将数组元素反转，即索引 0 的元素成为最后 1 个索引值，而原来最后 1 个元素成为第 1 个元素。

9. 请设计 Java 程序，在程序中创建两个一维数组 arr1[] 和 arr2[]，各 5 个元素，使用随机数建立数组元素的内容后（10～50），再创建一维数组 result[] 也拥有 5 个元素，然后使用循环计算 arr1 和 arr2 相同索引元素相乘的值，将它存入数组 result[]，最后显示出各数组内容，其格式如下所示：

```
索引  arr1  arr2   result
0     2  *  3   =   6
1    14  *  6   =  84
2     3  * 10   =  30
......
```

10. 请建立 Java 程序声明一个 3X3 的二维数组，数组值使用随机数生成，其范围是 1～50，然后计算每一行的总和及平均。

11. 请建立 getMax() 和 getMin() 类方法，参数是 int 数组，可以返回数组中的最大和最小值，并且设计测试的 Java 程序，程序使用随机数生成数组值，其范围为 1～500。

12. 创建一个 char 类型的数组，在赋值后使用冒泡排序法对字符进行排序，之后创建二分查找方法来查找键值。

第7章 类与对象

7.1 面向对象的应用程序开发

面向对象的应用程序开发（也称面向对象程序设计）是一场软件思考的革命，它让我们以完全不同于传统应用程序开发的方式来思考软件开发问题。

7.1.1 传统的应用程序开发

传统的应用程序开发通常将数据和操作分开来思考，着重于如何找出解决问题的方案或函数，即算法。例如，一家银行的客户甲拥有 A 和 B 两个账户，当客户甲查询账户 A 的余额后，从账户 A 提出 1000 元，然后将 1000 元存入账户 B，按传统应用程序开发思路创建的模型，如图 7-1 所示。

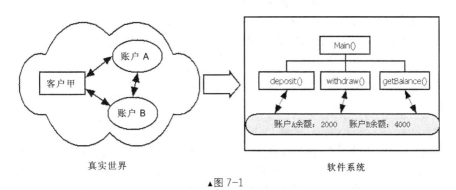

真实世界　　　　　　　　　　　　　软件系统

▲图 7-1

图 7-1 左边是真实世界中参与的对象和其关系，右边是经过结构化分析和设计（Structured Analysis/Design）后创建的应用程序模型。

事实上，上述应用程序模型的主体就是解决问题所需的函数，包含存款的 deposit()函数、提款的 withdraw()函数和查询余额的 getBalance()函数。

在主程序 main()是一系列的函数调用，首先调用 getBalance()函数查询账户 A 的余额，参数是账户数据，然后调用 withdraw()函数从账户 A 提出 1000 元，最后调用 deposit()函数将 1000 元存入账户 B，如下所示：

```
getBalance(A);
```

```
withdraw(A, 1000);
deposit(B, 1000);
```

7.1.2　面向对象的应用程序开发

面向对象的应用程序开发则是将数据和操作一起思考，它以对象为中心，主要工作是找出参与的对象和对象之间的关系，并且通过这些对象的通力合作来解决问题。

例如，针对上一节相同的银行存提款问题，使用面向对象应用程序开发方法创建的模型，如图7-2 所示。

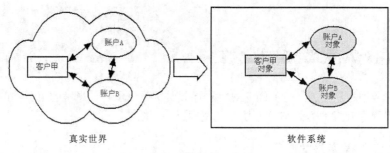

真实世界　　　　　　　　　　软件系统

▲图 7-2

图 7-2 所示是在计算机系统创建一个对应真实世界对象的模型，简单地说，这是一个模拟真实世界的对象集合，称为面向对象模型（Object-Oriented Model）。

面向对象应用程序开发将数据和操作一起思考，以账户对象来说，它拥有余额数据，此外还包含处理账户余额的相关方法：GetBalance()、Withdraw()和 Deposit()UML 是面向对象分析与设计的常用工具，因此上例的问题可以用 UML 对象图未描述，如图 7-3 所示。

▲图 7-3

图 7-3 的客户甲对象执行 Transaction()方法进行存提款，他首先发送消息给账户 A 对象，请求执行 GetBalance()方法知悉账户余额为 2000 元，然后再发送消息，执行 Withdraw()方法提款 1000元，所以目前的余额为 1000 元，最后发送消息给账户 B 对象执行 Deposit()方法存入 1000 元，账户 B 对象的余额更新成 5000 元。

事实上，面向对象应用程序就是一个对象集合，将合作对象视为节点，使用消息作为路径来连接使其构成类似网络图形的对象架构。在对象之间使用消息进行沟通，各对象维持自己的状态（更新账户余额），并且拥有独一无二的对象标识（对象甲、账户 A 和 B）。

7.2　面向对象基础

"面向对象程序设计"（Object-oriented Programming，OOP）是模块化程序设计的重要转变，是一种更符合人性化的程序设计方法，因为我们本来就生活在对象的世界，思考模式也遵循着面向对象模式。

7.2.1 对象基础

面向对象技术有 3 个重要概念：对象（Objects）、消息（Messages）和类（Classes），其简单说明如下。

- 对象：提供数据和方法的封装。
- 消息：对象之间的沟通方式，可以建立互动并支持重载和多态概念。
- 类：对象的分类，可以实现类结构的继承。

对象（Objects）是面向对象技术的关键，从程序角度来说，对象是数据与相关过程与函数结合在一起的组合体——数据就是变量，过程和函数在 Java 语言称为方法（Methods）——如图 7-4 所示。

▲图 7-4

图 7-4 的方法是对象对外的使用接口，变量和方法都包裹在一个黑盒子，实现的程序代码被隐藏起来，称为“封装”（Encapsulation）。对于程序设计者来说，我们并不用考虑黑盒子内部的程序代码是如何编写，只需要知道这个对象提供什么接口和如何使用它。

事实上，如同开车时并不需要了解车子为什么可以发动，换挡的变速箱拥有多少个齿轮才能正常操作，车子对我们来说只是一个黑盒子，唯一要做的是学习如何开好车。同理，虽然不了解电视如何能够收到信号，但是我们知道打开电源，调整频道就可以看到影像。

在现实生活中的对象范例随处可见，例如车子、电视、书桌和猫狗等，这些对象拥有 3 种特性，如下所示。

- 状态（State）：对象都拥有“属性”（Attributes、Fields 或 Properties），综合起来就是当前状态值，属性可以简单地只是一个布尔值变量，也可能是另一个对象，例如车子的车型、排气量、色彩和自排或手排等属性。
- 行为（Behavior）：行为是对象可见部分提供的服务，表达可以做什么事，例如车子可以发动、停车、加速和换挡等。
- 标识符（Identity）：标识符用来识别不同的对象，每一个对象都拥有独一无二的标识符，Java语言使用对象引用（Reference）作为对象的标识符，简单地说，就是对象实际保存的内存地址，也即对象变量的值。

7.2.2 面向对象程序语言

面向对象程序语言的精神是对象，但支持对象的程序语言并不一定是面向对象程序语言，可能只是对象基础程序语言基本上，可以区分如下。

- 基于对象的程序语言（Object-based Languages）：提供数据抽象化和对象概念。例如，VB 6语言。
- 面向对象程序语言（Object-oriented Languages）：支持封装、继承和多态概念。例如，Java、

C#、VB.NET、Visual Basic 2008/2010 和 C++语言等。

换句话说，一个程序语言如果能称之为面向对象程序语言，它肯定支持封装、继承和多态 3 大特性。

1. 封装

封装（Encapsulation）是将数据和处理数据的过程与函数组合成对象。在 Java 语言使用"类"（Class）定义对象，类属于一种抽象数据类型，换句话说，就是替程序语言定义新的数据类型。

2. 继承

继承（Inheritance）是对象的再利用，当定义一个类后，其他类可以继承此类的数据和方法，新增或取代继承类的数据和方法。

3. 多态

多态（Polymorphism）属于面向对象最复杂的特性，类如果需要处理各种不同类型的数据，此时并不需要针对不同数据类型创建专属类，可以直接继承基础类，继承此类创建同名方法来处理不同的数据类型，因为方法名称相同，只是程序代码不同，也称为"同名异式"。

7.3　类与对象

类是一种用户自定义的数据类型。Java 类好比是一个蓝图，我们可以使用类来创建对象，更准确地说，那些没有声明成 static 的部分，才是对象的原型。

在对象中使用变量来保存状态，称之为"属性"（Property）或"实例变量"（Instance Variables），实现各种行为的过程和函数，在 Java 称为方法（Methods）。

7.3.1　类与对象

Java 类声明也就是对象的原型声明，在类声明可以分成两个部分，如下所示。

- 成员数据（Data Member）：对象的数据部分，包括基本数据类型的变量、常量或其他对象的"成员变量"（Member Variables）。
- 成员方法（Method Member）：对象操作部分的过程与函数，也就是 Java 方法。

1. 声明类

在 Java 需要声明类后，才能创建对象，其声明语法如下所示：

```
class 类名称 {
    数据类型 成员变量;
    ......
    访问限定符 返回值类型 成员方法( 参数行 ) {
        程序语句;
    }
    ......
```

```
    }
```

上述类的声明和 Java 程序结构相同，事实上，Java 程序就是一个拥有 main()方法的类，只是类没有 main()方法。类创建的对象称为类的"实例"（Instances）。

对象中的变量称为"实例变量"（Instance Variables）；其过程或函数称为"实例方法"（Instance Methods），同一个类可以当作蓝图创建无数个对象（视计算机内存容量而定），每一个对象都属于类的实例，简单地说，实例就是一个对象。例如，下面代码是一个有关学生数据的 Student 类声明，用 UML 类图表示如图 7-5 所示。

```
class Student {
  public String name;
  public String address;
  public int age;
  public void printNameCard() {
    System.out.println("姓名: " + name);
    System.out.println("地址: " + address);
    System.out.println("年龄: " + age);
    System.out.println("------------------");
  }
}
```

上述 Student 的 UML 类图分成 3 个部分，上方是类名称，中间是成员变量列表（name、address 和 age），最下方是成员方法列表（printNameCard()）。在类声明中并没有 static 修饰符的成员，public 是访问限定符（以下简称为"限"定符），即 UML 类图的"+"号，详细说明请参阅第 7.3.2 小节。

2. 声明对象变量

在声明类后，Java 程序就可以将类当作数据类型，来声明对象变量，如下所示：

```
Student joe, jane, current;
```

上述程序代码声明 Student 类的变量 joe、jane 和 current，称为对象变量。Java 对象变量的内容是对象"引用"（Reference）的指针，所谓创建对象只是分配一块内存空间来保存对象内容，类声明的对象变量保存的是这块内存地址，告诉程序如何找到此对象，如图 7-6 所示。

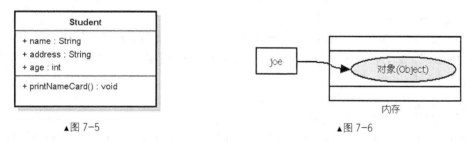

▲图 7-5　　　　　　　　　　　　　　▲图 7-6

上述 Student 类声明的对象变量 joe 指向内存对象保存的地址，其内容是对象标识符（Identity）。注意，目前为止我们只是声明对象变量，尚未真正创建对象。

3. 创建对象实例

在 Java 创建对象是使用 new 运算符按照类模板来创建对象，返回的是指向此对象的引用指针，

此过程称为"实体化"(Instantiation),即将类实体化成对象实例,如下所示:

```
joe = new Student();
```

上述程序代码创建 Student 类的对象实例,对象变量 joe 的值并不是对象本身,而是引用到此对象的指针。

4. 访问实例变量

在创建对象后,Java 程序就可以访问对象的实例变量,其语法如下所示:

```
对象变量名称.实例变量
```

访问实例变量使用"."运算符,我们只能访问声明成 public 的成员变量和方法。以 Student 类创建的 joe 对象为例,如下所示:

```
joe.name = "陈会安";
joe.address = "朝阳区";
joe.age = 37;
```

上述指定语句指定对象变量 joe 引用对象的实例变量 name、address 和 age 的值。

5. 调用实例方法

Java 程序调用实例方法也是使用"."运算符,其语法如下所示:

```
对象变量名称.实例方法
```

以 Student 类创建的 joe 对象为例,如下所示:

```
joe.printNameCard();
```

上述程序代码调用对象变量 joe 引用对象的实例方法 printNameCard()。因为同一个 Java 类能够创建多个对象实例,每一个对象都可以调用自己的实例方法,也就是发送不同的消息,如图 7-7 所示。

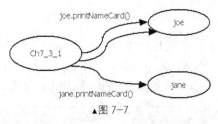

▲图 7-7

上述 Ch7_3_1 类的对象拥有主程序 main()方法,可以控制 Java 程序的执行,共发送 3 个消息执行 printNameCard()方法,因为对象变量 current 是指向 joe 对象,所以共送给 joe 对象两个消息,jane 对象 1 个消息。

 Java 项目:Ch7_3_1

在 Java 程序 Student.java 声明 Student 类,然后在 Ch7_3_1.java 的 main()主程序创建几个学生对象并填入数据,最后将学生数据都显示出来,其执行结果如下所示:

```
姓名:陈会安
地址:朝阳区
年龄:37
--------------------
姓名:江小鱼
```

地址：北京市
年龄：30

姓名：陈会安
地址：朝阳区
年龄：37

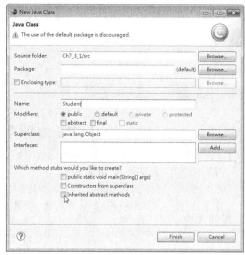

▲图 7-8

上述执行结果共显示 3 笔学生数据，分别即 joe、jane 和 current 对象状态，joe 和 current 对象变量引用同一个对象，所以显示的数据是相同的。

🔊 程序内容：Student.java

启动 Eclipse 创建"Ch7_3_1"项目，执行"File>New>Class"指令，可以看到"New Java Class"对话框，如图 7-8 所示。

在"Name"栏输入类名称"Student"，取消勾选"Inherited abstract methods"，单击"Finish"按钮创建 Student.java 程序文件，然后就可以输入类声明的程序代码，如下所示：

```
01: public class Student {
02:    // 成员变量
03:    public String name;   // 姓名
04:    public String address;// 地址
05:    public int age;       // 年龄
06:    // 成员方法：显示学生名牌数据
07:    public void printNameCard() {
08:       System.out.println("姓名: " + name);
09:       System.out.println("地址: " + address);
10:       System.out.println("年龄: " + age);
11:       System.out.println("------------------");
12:    }
13: }
```

🔊程序说明

第 1～13 行：声明 Student 类，其中定义 3 个变量和 1 个方法 printNameCard()，以显示学生的名片数据。

🔊 程序内容：Ch7_3_1.java

```
01: public class Ch7_3_1 {
02:    // 主程序
03:    public static void main(String[] args) {
04:       // 声明 Student 类类型的变量
05:       Student joe, jane, current, empty;
06:       // 创建对象实例
07:       joe = new Student();
08:       jane = new Student();
09:       current = joe;
10:       empty = null;  // 指定成 null 引用
11:       joe.name = "陈会安";  // 设置 joe 对象的变量
12:       joe.address = "朝阳区";
13:       joe.age = 37;
14:       jane.name = "江小鱼"; // 设置 jane 对象的变量
15:       jane.address = "北京市";
```

```
16:        jane.age = 30;
17:        joe.printNameCard();   // 调用对象的方法
18:        jane.printNameCard();
19:        current.printNameCard();
20:    }
21: }
```

🔊 程序说明

第 5 行：使用 Student 类声明 4 个对象变量 joe、jane、current 和 empty。

第 7～8 行：使用 new 运算符创建对象，分别将 joe 和 jane 对象变量指定为对象引用的指针。

第 9 行：将 current 指向 joe，表示两个对象变量引用同一个对象。

第 10 行：将 empty 指向 null。

> **Memo**　　类数据类型的对象变量如果引用的并不是对象，我们称为"无效引用"（Null Reference），在 Java 语言就是使用指定语句指定成 null。

● 第 11～13 行和 14～16 行：分别指定 joe 和 jane 对象变量的实例变量值。

● 第 17～19 行：调用对象的实例方法 printNameCard()。

在执行 Ch7_3_1.java 程序后，计算机内存的内容如图 7-9 所示。

从图 7-9 可以看出 joe 和 current 对象变量引用同一个对象，换句话说，当一个对象变量指定给其他对象变量时，只是对象引用被复制，对象本身仍然只有一个，并不会被复制。

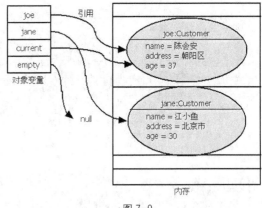

▲图 7-9

7.3.2　成员变量的访问

在 Java 类声明的成员变量或方法可以使用 private、public 和 protected 3 种访问修饰符来指定访问方式。访问修饰符的简单说明如下。

● private 修饰符：成员变量或成员方法只能在类本身调用或访问，在 UML 类图使用 "-" 符号表示。

● public 修饰符：类创建对象的对外使用接口，允许其他类的程序代码调用对象中声明成 public 的方法或访问 public 的成员变量，在 UML 类图使用 "+" 符号表示。

● protected 修饰符：使用此修饰符声明的成员方法或变量可以被同一类、其子类或同一个包的成员访问，访问权限介于 public 和 private 之间，在 UML 类图使用 "#" 符号表示。

1．访问器方法

在第 7.3.1 小节 Student 类的成员变量和方法被声明成 public，为了隐藏对象数据，我们可以将成员变量声明成 private，如下所示：

```
private String name;
```

```
private String address;
private int age;
```

上述成员变量可通过声明成 public 的成员方法来进行访问，称为"访问器方法"（Accessor Method）。例如，在 Student 类创建访问器方法，如下所示：

```
public void setName(String n){ name = n; }
public void setAddress(String a){ address = a; }
public void setAge(int v) { age = v; }
public String getName(){ return name; }
public String getAddress(){ return address; }
public int getAge(){ return age; }
```

上述 setName()、getName()、setAddress()、getAddress()、setAge()和 getAge()成员方法即可用来存取学生数据。

2. 信息隐藏

现在 Student 类的成员变量拥有完整的访问接口，所以，成员变量的名称与类型是什么已经不重要！因为数据本身已经被类完整地封装隐藏起来。

我们只需知道类访问器方法的使用接口，就可以处理类的成员变量，这就是"信息隐藏"（Information Hiding）。

 Java 项目：Ch7_3_2

Java 程序 Ch7_3_2.java 修改自第 7.3.1 小节的 Student 类，将成员变量改声明成 private，然后新增成员方法来访问学生数据，其执行结果如下所示：

```
姓名：江小鱼
地址：北京市
年龄：30
--------------------
[姓名]：陈会安
[地址]：朝阳区
[年龄]：37
```

上述执行结果依次显示 jane 和 joe 对象变量的数据，其中 joe 的数据使用访问器方法取得，所以格式与 jane 不同。

◀)) 程序内容

```
01: class Student {  // Student 类声明
02:    // 成员变量
03:    private String name;   // 姓名
04:    private String address;// 地址
05:    private int age;       // 年龄
06:    // 成员方法：显示学生名牌数据
07:    public void printNameCard() {
08:       System.out.println("姓名: " + name);
09:       System.out.println("地址: " + address);
10:       System.out.println("年龄: " + age);
11:       System.out.println("--------------------");
12:    }
13:    // 成员方法：设置姓名数据
```

```
14:    public void setName(String n){ name = n; }
15:    // 成员方法：设置地址数据
16:    public void setAddress(String a){ address = a; }
17:    // 成员方法：设置年龄数据
18:    public void setAge(int v) { age = v; }
19:    // 成员方法：返回姓名
20:    public String getName(){ return name; }
21:    // 成员方法：返回月份
22:    public String getAddress(){ return address; }
23:    // 成员方法：返回年龄
24:    public int getAge(){ return age; }
25: }
26: // 主程序类
27: public class Ch7_3_2 {
28:    // 主程序
29:    public static void main(String[] args) {
30:       // 声明 Student 对象变量且创建对象
31:       Student joe = new Student();
32:       Student jane = new Student();

33:       joe.setName("陈会安");  // 调用方法设置 joe 数据
34:       joe.setAddress("朝阳区");
35:       joe.setAge(37);
36:       jane.setName("江小鱼");  // 调用方法设置 jane 数据
37:       jane.setAddress("北京市");
38:       jane.setAge(30);
39:       jane.printNameCard();   // 调用方法显示学生数据
40:       // 取得学生数据
41:       String name = joe.getName();
42:       String address = joe.getAddress();
43:       int age = joe.getAge();
44:       // 显示学生数据
45:       System.out.println("[姓名]: " + name);
46:       System.out.println("[地址]: " + address);
47:       System.out.println("[年龄]: " + age);
48:    }
49: }
```

◀)) 程序说明

第 1～25 行：Student 类声明，包含 3 个声明成 private 的变量和 7 个成员方法：printNameCard()、setName()、setAddress()、setAge()、getName()、getAddress()和 getAge()。

第 14～18 行：编写以 set 字头开始的用于设置数据的访问器方法。

第 20～24 行：编写使用 get 字头开始的用于读取数据的访问器方法。

第 31～32 行：Student 类声明两个对象变量 joe 和 jane 后，使用 new 运算符创建对象。

第 33～38 行：分别使用 setName()、setAddress()和 setAge()方法设置学生数据。

第 39 行：调用对象方法 printNameCard()显示学生数据。

第 41～47 行：在调用对象方法取得学生姓名、地址和年龄数据后，以不同于 printNameCard() 方法的格式来显示学生数据。

7.3.3　成员方法的使用

Java 类的成员方法声明成 public，表示该方法是对象的使用接口，但是有一些方法，只准备提供类本身使用，所以声明成 private 即可，这种方法称为"工具方法"（Utility Methods）。

例如，在 Student 类新增 validAge()工具方法来检查年龄范围，如下所示：

```
private boolean validAge(int a) {
  if ( a < 20 || a > 50 ) return false;
  else  return true;
}
```

validAge()方法被声明成 prirate，表示只限本类使用，可以检查学生年龄是否在 20～50 范围之内。

 Java 项目：Ch7_3_3

Java 程序 Ch7_3_3.java 同样修改第 7.3.2 小节的程序文件，新增 validAge()方法检查年龄范围，这是一个声明成 private 的工具方法，其执行结果如下所示：

```
姓名：陈允杰
地址：朝阳区
年龄：21
-------------------
[姓名]：陈允杰
[地址]：朝阳区
[年龄]：21
```

上述执行结果显示的 2 笔学生数据中，第 1 笔是使用 printNameCard()方法显示的数据，第 2 笔是使用访问器方法读取数据后显示的学生数据，所以显示格式并不相同。

◀) 程序内容

```
01: class Student {  // Student 类声明
02:   // 成员变量
03:   private String name;   // 姓名
04:   private String address;// 地址
05:   private int age;       // 年龄
06:   // 成员方法：显示学生名牌数据
07:   public void printNameCard() {
08:       System.out.println("姓名: " + name);
09:       System.out.println("地址: " + address);
10:       System.out.println("年龄: " + age);
11:       System.out.println("-------------------");
12:   }
13:   // 成员方法：设置姓名数据
14:   public void setName(String n){ name = n; }
15:   // 成员方法：设置地址数据
16:   public void setAddress(String a){ address = a; }
17:   // 成员方法：设置年龄数据
18:   public boolean setAge(int v) {
19:       if ( validAge(v) ) { // 检查是否合法
20:           age = v;          // 设置年龄
21:           return true;      // 设置成功
22:       }
23:       else return false;   // 设置失败
24:   }
25:   // 成员方法：返回姓名
26:   public String getName(){ return name; }
27:   // 成员方法：返回月份
28:   public String getAddress(){ return address; }
29:   // 成员方法：返回年龄
30:   public int getAge(){ return age; }
31:   // 成员方法：检查年龄数据
```

```
32:    private boolean validAge(int a) {
33:        // 检查年龄数据是否在范围内
34:        if ( a < 20 || a > 50 ) return false;
35:        else  return true;    // 合法的年龄数据
36:    }
37: }
38: // 主程序类
39: public class Ch7_3_3 {
40:    // 主程序
41:    public static void main(String[] args) {
42:        int age;    // 变量声明
43:        String name, address;
44:        // 声明 Student 对象变量且创建对象
45:        Student joe = new Student();
46:        joe.setName("陈允杰");   // 调用方法设置 joe 数据
47:        joe.setAddress("朝阳区");
48:        joe.setAge(21);
49:        joe.printNameCard();     // 显示学生数据
50:        // 取得学生数据
51:        name = joe.getName();
52:        address = joe.getAddress();
53:        age = joe.getAge();
54:        // 显示学生数据
55:        System.out.println("[姓名]: " + name);
56:        System.out.println("[地址]: " + address);
57:        System.out.println("[年龄]: " + age);
58:    }
59: }
```

◀) 程序说明

第 1～37 行：Student 类声明，包含 3 个声明成 private 的变量和 8 个方法，validAge()方法声明成 private。

第 18～24 行：定义 setAge()方法，其中调用 validAge()工具方法来检查年龄范围是否正确。

第 32～36 行：validAge()工具方法，声明成 private，可以检查学生年龄是否大于 20 而小于 50。

第 45 行：Student 类声明对象变量 joe 后，使用 new 运算符创建对象。

第 46～48 行：调用 setName()、setAddress()和 setAge()方法设置学生数据。

第 49 行：调用 printNameCard()方法显示学生数据。

第 51～57 行：调用对象的 3 个方法取得学生数据，并显示学生数据。

上述 Java 项目的 validAge()方法声明成 private，只提供给本类的 setAge()方法使用，其他类并不能调用此方法。

不只如此，因为 validAge()方法在每一个对象都相同，但根本不需要让每一个对象都拥有，在类中可以声明成 static 使其成为类方法，让所有对象都调用同一个 validAge()方法，详细的类方法说明请参阅第 7.6 小节。

7.3.4　重载方法

Java 的类或实例方法都允许拥有两个以上的同名方法,同名方法只需传递参数个数或数据类型不同即可，称为"重载"（Overload）。

因为面向对象程序设计的对象是根据接收的消息（Message）来执行不同的方法，换句话说，只需消息有差异足以让对象辨识，就算方法名称相同，也一样可以让类或对象执行正确的方法。例如，下列 Date 类中拥有 3 个 setDate()方法，其类声明如下所示：

```
class Date {
    ...
    public void setDate(int day, int month, int year) {
        ...
    }
    public void setDate(int day, int month) {
        ...
    }
    public void setDate(long day, long month, long year) {
        ...
    }
    ......
}
```

后两个 setDate()即属于重载的方法，参数的个数分别有 2 个和 3 个，最后 1 个的数据类型不同为 long。

 Java 项目：Ch7_3_4

在 Java 程序 Ch7_3_4.java 声明 Date 类，类拥有 3 个 setDate()方法，可以指定日期数据。其执行结果如下所示：

```
我的生日：9/13/1970
女友生日：6/12/1975
今日：10/5/2011
```

上述执行结果显示 3 个不同的日期数据，它们是使用重载的方法来分别指定的。

◀)) 程序内容

```
01: class Date {   // Date 类声明
02:     private int day;
03:     private int month;
04:     private int year;
05:     // 成员方法(1)：设置日期数据
06:     public void setDate(int d, int m, int y) {
07:         day = d;           // 设置日期
08:         month = m;         // 设置月份
09:         year = y;          // 设置年份
10:     }
11:     // 成员方法(2)：设置日期数据
12:     public void setDate(int d, int m) {
13:         day = d;           // 设置日期
14:         month = m;         // 设置月份
15:         year = 1975;               // 设置年份
16:     }
17:     // 成员方法(3)：设置日期数据
18:     public void setDate(long d, long m, long y) {
19:         day = (int) d;     // 设置日期
20:         month = (int) m;   // 设置月份
21:         year = (int) y;    // 设置年份
22:     }
23:     // 成员方法：显示日期数据
24:     public void printDate() {
25:         System.out.println(month+"/"+day+"/"+year);
26:     }
```

```
27: }
28: // 主程序类
29: public class Ch7_3_4 {
30:    // 主程序
31:    public static void main(String[] args) {
32:        // 声明 Date 类类型的变量, 并且创建对象
33:        Date myBirthday = new Date();
34:        Date oneBirthday = new Date();
35:        Date today = new Date();
36:        // 指定日期数据
37:        myBirthday.setDate(13, 9, 1970);
38:        oneBirthday.setDate(12, 6);
39:        today.setDate(5L, 10L, 2011L);
40:        System.out.print("我的生日: ");
41:        myBirthday.printDate();   // 调用对象的方法
42:        System.out.print("女友生日: ");
43:        oneBirthday.printDate();
44:        System.out.print("今日: ");
45:        today.printDate();
46:    }
47: }
```

程序说明

第 1~27 行: Date 类声明, 在第 6~22 行是 3 个重载的成员方法 setDate(), 分别拥有 2 个或 3 个 int 和 long 参数。

7.4 类的构造函数

在第 7.3 小节的前 3 个 Java 项目都是在创建 Student 类的对象后, 才来调用方法设置学生数据, 如果希望在创建对象的同时, 就能够初始化成员变量的值, 我们就需要使用类的 "构造函数" (Constructor)。

7.4.1 类的构造函数

对于基本数据类型的变量, 当在 Java 声明时就会为其配置所需的内存, 并且可设置初始值。然而要是声明一个类型的变量, 并不会自动创建对象, 如果类中没有构造函数, 在使用 new 运算符创建对象时, 只会配置内存空间, 并不会指定成员变量值。

如果希望如同基本数据类型, 在类声明时指定变量初值, 就需要使用构造函数。构造函数是对象的初始化方法, 类可以调用此方法来创建对象和指定初值。

1. 对象生命周期

从使用 new 运算符创建对象到对象不再使用的期间, 称为 "对象生命周期" (Object Lifetime), Java 语言提供垃圾自动回收 (Garbage Collection) 功能来处理不再使用的对象, 所以, 程序设计者并不用自行处理, 只需考虑类构造函数的部分。

2. 类的构造函数

Java 类的构造函数拥有几个特点, 如下所示:

- 构造函数与类同名，例如，类 Student 的构造函数方法名称为 Student()。
- 构造函数没有返回值，也不用加上 void。
- 构造函数支持方法的重载，也就是可以拥有多个同名的构造函数，但是，构造函数须拥有不同的参数类型或参数个数。

Java 构造函数是一种没有返回值的方法，其程序代码的编写方式和其他成员方法相同。例如，Student 类的重载构造函数，如下所示：

```
public Student(String n, String a, int v) { …… }
public Student(String n, String a) { …… }
```

 Java 项目：Ch7_4_1

Java 程序 Ch7_4_1.java 修改自第 7.3.3 小节的程序文件，将 set 开头的设置数据方法改成两个重载的构造函数方法，其执行结果如下所示：

```
姓名：杨过
地址：上海市
年龄：27
-------------------
姓名：小龙女
地址：广州市
年龄：20
-------------------
```

上述执行结果显示两笔学生数据，Student 对象分别使用两个构造函数来指定成员变量值。

🔊 程序内容

```
01: class Student {  // Student 类声明
02:     // 成员变量
03:     private String name;    // 姓名
04:     private String address;// 地址
05:     private int age;        // 年龄
06:     // 构造函数(1)：使用参数设置成员变量初始值
07:     public Student(String n, String a, int v) {
08:         name = n;           // 设置姓名
09:         address = a;        // 设置地址
10:         if ( validAge(v) ) age = v;  // 设置年龄
11:         else            age = 20; // 年龄初值
12:     }
13:     // 构造函数(2)：使用参数设置成员变量初始值
14:     public Student(String n, String a) {
15:         name = n;           // 设置姓名
16:         address = a;        // 设置地址
17:         age = 20;           // 年龄初值
18:     }
19:     // 成员方法：显示学生卡数据
20:     public void printNameCard() {
21:         System.out.println("姓名: " + name);
22:         System.out.println("地址: " + address);
23:         System.out.println("年龄: " + age);
24:         System.out.println("-------------------");
25:     }
26:     // 成员方法：返回姓名
27:     public String getName(){ return name; }
28:     // 成员方法：返回月份
```

```
29:     public String getAddress(){ return address; }
30:     // 成员方法: 返回年龄
31:     public int getAge(){ return age; }

32:     // 成员方法: 检查年龄数据
33:     private boolean validAge(int a) {
34:         // 检查年龄数据是否在范围内
35:         if ( a < 20 || a > 50 ) return false;
36:         else  return true;   // 合法的年龄数据
37:     }
38: }
39: // 主程序类
40: public class Ch7_4_1 {
41:     // 主程序
42:     public static void main(String[] args) {
43:         // 声明 Student 对象变量且创建对象
44:         Student tom = new Student("杨过",
45:                       "上海市", 27);
46:         Student mary = new Student("小龙女","广州市");
47:         tom.printNameCard();  // 显示学生数据
48:         mary.printNameCard();
49:     }
50: }
```

◄)) 程序说明

第 7～18 行: Student 类的两个构造函数方法定义。

第 44～46 行: 使用构造函数方法创建对象和指定成员变量的初值。

7.4.2 使用 this 引用对象本身

Java 语言的 this 关键字可以引用对象本身,当成员变量与方法参数同名时,我们可以使用 this 关键字来指明是成员变量。当成员方法的返回值是 this 时,就是返回对象本身,换句话说,我们可以使用返回值的对象再调用对象其他的成员方法,创建流调用方法(方法链接)。

1. 使用 this 引用对象本身

在类的成员方法和构造函数都可以使用 this 关键字引用对象本身的成员方法和变量。例如,构造函数或方法的参数行与成员变量名称相同时,可以使用 this 关键字指明是访问成员变量,如下所示:

```
public Counter(int count) {
  this.count = count;
}
```

上述 Counter 类的构造函数方法拥有 count 参数,因为与成员变量 count 同名,所以语句使用 this.count 指明是成员变量。

2. 流调用方法

因为 Counter 类两个 count()重载方法的返回值都是 Counter 对象,如下所示:

```
public Counter count(double num) {
  count += num;
  return this;
}
```

上述方法的返回值是 this（在 Java SE 7，void 方法视为返回对象本身，所以也可以执行流调用），即 Counter 对象本身，所以，我们可以直接使用"方法链接"（Method Chaining），如同串接项链的珠子一般依次调用各方法，如下所示：

```
int count = c.count(2).count(3.0).getCount();
```

上述程序代码首先调用参数是整数的 count() 方法，因为返回值是 Counter 对象 c，所以再调用此对象重载的 count() 方法，参数是浮点数，返回值也是 Counter 对象，所以可以再调用 getCount() 方法返回当前的计数值。

 Java 项目：Ch7_4_2

在 Java 程序 Ch7_4_2.java 的 Count 类使用 this 关键字访问成员变量，并使用方法链接的方式调用 count() 方法增加计数，取得最后的计数值，其执行结果如下所示：

目前计数：15

◀) 程序内容

```
01: class Counter { // Counter 类声明
02:     private int count;
03:     // 构造函数
04:     public Counter(int count) {
05:         this.count = count;
06:     }
07:     // 重载方法：不同类型
08:     public Counter count(double num) {
09:         count += num;
10:         return this;
11:     }
12:     public Counter count(int num) {
13:         count += num;
14:         return this;
15:     }
16:     // 取得计数值
17:     public int getCount() { return count; }
18: }
19: public class Ch7_4_2 {
20:     // 主程序
21:     public static void main(String[] args) {
22:         Counter c = new Counter(10); // 创建对象
23:         // 流调用方法
24:         int count = c.count(2).count(3.0).getCount();
25:         // 显示计数值
26:         System.out.println("目前计数: " + count);
27:     }
28: }
```

◀) 程序说明

第 1～18 行：在第 4～6 行是构造函数，使用 this 关键字取得成员变量值，第 8～15 行的方法返回 this，即 Count 对象本身。

第 24 行：使用流调用方法依次调用 count() 和 getCount() 方法。

7.5　对象成员

在定义一个 Java 类时，除了使用基本数据类型的变量外，我们也可以将其他类的对象作为该类的成员，例如，在 Customer 类声明 Date 对象成员 birthday，具体如下所示：

```
class Customer {
  private int id;
  private char rank;
  private Date birthday;
  public Customer(int id, char r, int m, int d, int y) {   }
  public void printCustomer() {   }
}
```

上述成员数据 birthday 是类 Date 声明的对象变量，请注意！对象变量的内容只是指向对象的引用，并没有真正创建对象，所以还需在构造函数使用 new 运算符创建对象，如下所示：

```
birthday = new Date(m, d, y);
```

 Java 项目：Ch7_5

在 Java 程序 Ch7_5.java 创建 Customer 和 Date 类，Customer 类拥有 Date 类的对象变量，执行结果显示两位客户的数据，生日部分的数据来自 Date 类的对象值，如下所示：

```
[客户数据]=============
编号：1
等级：L
生日：1-15-1967
[客户数据]=============
编号：2
等级：H
生日：5-25-1978
```

🔊 程序内容

```
01: class Customer {    // Customer 类声明
02:    // 成员数据
03:    private int id;        // 编号
04:    private char rank;       // 等级
05:    private Date birthday;  // 生日
06:    // 构造函数：使用参数设置初始值
07:    public Customer(int id, char r, int m, int d, int y) {
08:       this.id = id;  rank = r;
09:       birthday = new Date(m, d, y); // 创建 Date 对象
10:    }
11:    // 成员方法：显示客户数据
12:    public void printCustomer() {
13:       // 显示客户数据
14:       System.out.println("[客户数据]=============");
15:       System.out.println("编号： " + id);
16:       System.out.println("等级： " + rank);
17:       System.out.print("生日： ");
18:       birthday.printDate();
19:    }
20: }
21: class Date {    // Date 类声明
```

```
22:     // 成员数据
23:     private int day;
24:     private int month;
25:     private int year;
26:     // 构造函数：使用参数设置成员数据初始值
27:     public Date(int month, int day, int year) {
28:         this.day = day; this.month = month;
29:         this.year = year;
30:     }
31:     // 成员方法：显示日期数据
32:     public void printDate() {
33:         // 输出成员数据的月，日和年
34:         System.out.println(month+"-"+day+"-"+year);
35:     }
36: }
37: // 主程序类
38: public class Ch7_5 {
39:     // 主程序
40:     public static void main(String[] args) {
41:         // 声明 Customer 类类型的变量且创建对象
42:         Customer c1 = new Customer(1, 'L', 1, 15, 1967);
43:         Customer c2 = new Customer(2, 'H', 5, 25, 1978);
44:         c1.printCustomer(); // 调用对象的实例方法
45:         c2.printCustomer();
46:     }
47: }
```

◀) 程序说明

第 1～20 行：Customer 类的声明，第 5 行成员为 Date 类的对象变量，在第 9 行使用构造函数创建 Date 对象，第 18 行使用 Date 类的 printDate()方法显示日期数据。

第 21~36 行：Date 类的声明。

第 42～43 行：使用 Customer 类声明对象变量 c1 和 c2，并且使用 new 运算符创建对象。

第 44～45 行：调用实例方法 printCustomer()显示客户数据。

7.6 对象使用类变量与方法

在类声明中可以使用 static 关键字来定义类变量和类方法，之后在创建对象时，并不会替每一个对象创建类变量和类方法，只有不是声明成 static 的部分才是对象的蓝图。

类变量和类方法属于类，并不为类所创建的对象所有。换句话说，所有对象将使用同一份类变量和调用同一个类方法。例如，在 Student 类创建类变量 teacherNo、count 和类方法 getStudentCount()，其声明如下所示：

```
class Student {
    public static String teacherNo = "T100";
    private static int count = 0;
    ......
    public static int getStudentCount() {
        return count;
    }
    ......
}
```

变量 teacherNo 和 count 用于记录指导老师编号和共有多少位学生，类方法可以返回学生人数。

现在我们不论使用 Student 类创建多少个 Student 学生对象，类变量如同共享变量，类和所有的对象都只调用同一个 getStudentCount()方法取得当前的学生数。

 Memo 　　在类方法之中只能访问类变量和类方法，并不能访问对象实例的变量和调用实例方法，如上例 getStudentCount()方法可以访问类变量 count，但不能访问其他成员变量 stdno、test1、test2 和 test3，也不能调用 printStudent()和 getAverage()成员方法。

☕ **Java 项目：Ch7_6**

在 Java 程序 Ch7_6.java 创建 Student 类，其拥有成员变量学生编号和成绩，此外，学生人数和指导老师编号作为分享数据，所以声明成类变量。其执行结果如下所示：

```
老师编号(Student): T100
===学生数据==============
学生学号　: 1
学生成绩(1) : 68.0
学生成绩(2) : 88.0
学生成绩(3) : 56.0
成绩平均 : 70.66666666666667
===学生数据==============
学生学号　: 2
学生成绩(1) : 75.0
学生成绩(2) : 46.0
学生成绩(3) : 90.0
成绩平均 : 70.33333333333333
学生人数(std1): 2
学生人数(std2): 2
学生人数(Student): 2
老师编号(std1): T102
老师编号(std2): T102
老师编号(Student): T102
```

首先显示的是老师编号即类变量 teacherNo 的值，在显示 2 位学生数据后，分别使用类 Student、对象 std1 和 std2 调用 getStudentCount()方法显示学生人数。

 Memo 　　本程序代码在 Eclipse 的编辑器会显示警告的黄色，因为我们使用对象调用类方法和访问类变量，建议应该使用类方式来调用，即第 51 行和第 60 行的写法。

因为 teacherNo 声明成 public，所以最后使用对象和类直接修改其值，并且显示修改后的值。

 程序内容

```
01: class Student {  // Student 类声明
02:   // 类变量: 老师编号
03:   public static String teacherNo = "T100";
04:   // 类变量: 学生人数
05:   private static int count = 0;
06:   private int stdno;
07:   private double test1, test2, test3;
08:   // 构造函数: 使用参数设置初始值
09:   public Student(int no,double t1,double t2,double t3) {
10:     stdno = no;
11:     this.test1 = t1;  // 设置成绩
```

```
12:        this.test2 = t2;
13:        this.test3 = t3;
14:        count++;            // 学生人数加一
15:    }
16:    // 类方法：返回学生的个数
17:    public static int getStudentCount() { return count; }
18:    // 成员方法：计算平均
19:    private double getAverage() {
20:        return (test1 + test2 + test3) / 3;
21:    }
22:    // 成员方法：显示学生数据
23:    public void printStudent() {
24:        // 显示学生的基本和成绩数据
25:        System.out.println("===学生数据============== ");
26:        System.out.println("学生学号 : " + stdno);
27:        System.out.println("学生成绩(1) : " + test1);
28:        System.out.println("学生成绩(2) : " + test2);
29:        System.out.println("学生成绩(3) : " + test3);
30:        System.out.println("成绩平均 : " + getAverage());
31:    }
32: }
33: // 主程序类
34: public class Ch7_6 {
35:    // 主程序
36:    public static void main(String[] args) {
37:        // 声明 Student 类类型的变量，并且创建对象
38:        Student std1 = new Student(1, 68.0, 88.0, 56.0);
39:        Student std2 = new Student(2, 75.0, 46.0, 90.0);
40:        System.out.println("老师编号(Student): " +
41:                        Student.teacherNo);
42:        // 调用对象的方法
43:        std1.printStudent();
44:        std2.printStudent();
45:        // 显示学生人数
46:        System.out.println("学生人数(std1): " +
47:                        std1.getStudentCount());
48:        System.out.println("学生人数(std2): " +
49:                        std2.getStudentCount());
50:        System.out.println("学生人数(Student): " +
51:                        Student.getStudentCount());
52:        Student.teacherNo = "T101";    // 更新老师编号
53:        std1.teacherNo = "T102";
54:        // 显示老师编号
55:        System.out.println("老师编号(std1): " +
56:                        std1.teacherNo);
57:        System.out.println("老师编号(std2): " +
58:                        std2.teacherNo);
59:        System.out.println("老师编号(Student): " +
60:                        Student.teacherNo);
61:    }
62: }
```

◄)) 程序说明

第 1~32 行：Student 类声明，在第 3 行和第 5 行定义类变量 teacherNo 和 count，其中 teacherNo 声明成 public，初值为 "T100"；count 初值是 0。

第 9~15 行：Student 类的构造函数，在第 14 行将用于计数的类变量 count 加 1，以记录学生人数。

第 17 行：getStudentCount()类方法，可以返回类变量 count 的值。

第 38~39 行：创建 Student 对象 std1 和 std2。

第 40～41 行：显示类变量 teacherNo 的初值。

第 46～51 行：分别使用 std1、std2 和 Student 调用类方法 getStudentCount()显示学生人数。

第 52～53 行：使用 Student 和 std1 更改类变量 teacherNo 的值。

第 55～60 行：分别使用 std1、std2 和 Student 显示类变量 teacherNo 的值。

Java 程序 Ch7_6.java 对应的 UML 类（对象）图，如图 7-10 所示。

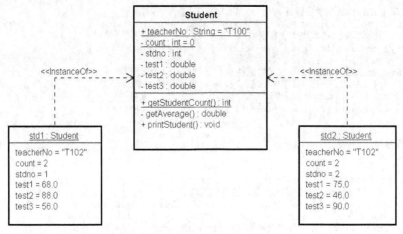

▲图 7-10

图 7-10 中的虚线表示依赖关系（Dependency），使用构造型（Stereotype）<<InstanceOf>>表示创建对象的依赖关系。

事实上，Student 类创建 std1 和 std2 对象时，类变量并不会重复创建，只有实例变量才会创建。换句话说，两个对象访问的类变量都是相同的类变量，所以类变量值完全相同。

习题

1. 请举例说明传统的应用程序开发与面向对象应用程序开发之间的差异。

2. 支持对象的程序语言可以分为：_____ 和 _____ 两种。面向对象程序语言有哪 3 种特性？举例说明对象与类的关系。

3. 成员变量或方法如果只能在类本身调用或访问应使用_____ 修饰符来声明，如果是作为对外使用接口使用_____ 修饰符。

4. 什么是方法重载？

5. 请简单说明构造函数的目的和用途。它有哪些特点？

6. 请说明实例变量、实例方法与类变量、类方法的差异。

7. 修改第 7.3.3 小节的 Java 项目，将 validAge()方法改为类方法。

8. 使用 Java 语言编写 Box 类，用于计算盒子体积与面积，类中应包含成员说明如下。

- 成员变量：width、height 和 length，分别保存宽、高和长。

- 成员方法与构造函数：构造函数—Box()；volume()—计算体积；area()—计算面积。

9. 编写一个 Java 类 Time，用于保存时间数据，类中包含成员说明如下。

- 成员变量：hour、minute 和 second，保存小时、分和秒的数据。

- 成员方法与构造函数：构造函数 Time()；设置 setXXX()和取出 getXXX()时间数据的方法；最后建立 printTime()方法显示时间数据，validateTime()方法可以检查时间数据。

10. 第 7.6 小节范例是使用类变量保存学生计数，现在要求创建一个 Counter 计数类，并且修改 Ch7_6.java 使用 Counter 类记录学生数。Counter 类包含成员说明如下。

- 成员变量：value，用于保存计数值。

- 成员方法：increment()和 decrement()分别将计数加 1 和减 1，getCounter()方法取得当前计数值。

第8章 继承、抽象类与接口

8.1 类的继承

"继承"（Inheritance）是面向对象程序设计的一个重要概念，是指声明类可继承现存类的部分或全部的成员变量和方法，并且新增额外的成员变量和方法或重写和隐藏继承类的方法或变量。

8.1.1 类层次结构

为了帮助理解类的继承，我们先来介绍类层次结构，以说明类之间的关系。在 UML 类关联性中，继承称为一般关系（Generalization）。例如，类 Student 是继承自类 Person，其层次结构如图 8-1 所示。

图 8-1 中 Person 类是 Student 类的父类，反之 Student 类是 Person 类的子类。UML 类图中继承使用空心的箭头线来标示两个类之间的一般关系。

在继承中，不只可以多个子类继承同一个父类，还可以拥有很多层的继承，如图 8-2 所示。

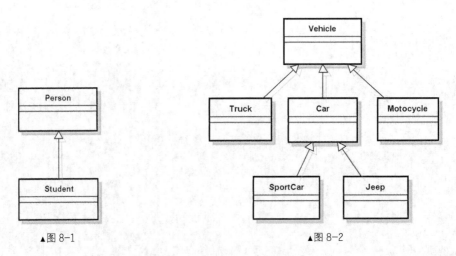

▲图 8-1   ▲图 8-2

图 8-2 中 Truck、Car 和 Motorcycle 类是兄弟类，因为拥有相同的 Vehicle 父类。当然我们可以继续继承类 Car，类 SportsCar 和 Jeep 也是类 Vehicle 的子类，不过并不是直接继承的子类。

8.1.2 类的继承

在声明子类前，我们需要先有一个父类可以继承。例如，有父类 Person 定义个人的基本数据，其类声明如下所示：

```
class Person {
    private int id;
    private String name;
    private double height;
    public void setID(int id) {    }
    public void setName(String n) {    }
    public void setHeight(double h) {    }
    public void personInfo() {    }
}
```

上述 Person 类拥有身份（id）、姓名（name）和身高（height）的成员变量和访问的成员方法。

1. 继承的语法

Java 语言使用 extends 关键字来声明子类继承一个父类，其声明语法如下所示：

```
class 子类名称 extends 父类名称 {
    …… // 额外的成员变量和方法
}
```

上述语法表示扩充父类的原型声明，以上面的 Person 类为例，人们按照职业可以分成很多种类：学生（Student）、老师（Teacher）和业务员（Salesperson）等，那么学生 Student 类就可以继承 Person 类，其类声明如下所示：

```
class Student extends Person {
    private int grade;
    public Student(int id,String n,double h,
                   int score) {    }
    public void studentInfo() {    }
}
```

上述 Student 子类新增一个成员变量 grade，用于保存学生成绩；一个成员方法 studentInfo()，用于显示学生数据。UML 类图如图 8-3 所示。

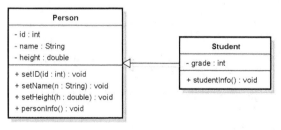

▲图 8-3

2. 继承的访问限制

子类可以继承父类的所有成员变量和方法，但是在访问时仍然有一些限制，如下所示：

- 子类不能访问父类中声明成 private 的成员变量和方法。
- 父类的构造函数不属于类的成员，所以子类不能继承父类的构造函数，只能调用父类的构造函数，详见第 8.1.5 小节。

 Java 项目：Ch8_1_2

在 Java 程序 Ch8_1_2.java 建立 Person 类后，建立 Student 类继承 Person 类，并新增 grade 成员变量，最后将学生数据都显示出来，其执行结果如下所示：

```
[学生数据]=====
身份 ID: 1234
姓名：陈会安
身高：175.0
成绩：85
[学生数据]=====
身份 ID: 3456
姓名：江小鱼
身高：158.0
成绩：65
```

上述执行结果显示两位学生数据，这是 Student 类创建的对象，身份 ID、姓名和身高继承自 Person 父类，成绩是新增的成员变量。

◀)) 程序内容

```
01: class Person {  // Person 类声明
02:     private int id;        // 身份 ID
03:     private String name;    // 姓名
04:     private double height;  // 身高
05:     // 成员方法：设置身份 ID
06:     public void setID(int id) { this.id = id; }
07:     // 成员方法：设置姓名
08:     public void setName(String n) { name = n; }
09:     // 成员方法：设置身高
10:     public void setHeight(double h) { height = h; }
11:     // 成员方法：显示个人数据
12:     public void personInfo() {
13:         System.out.println("身份 ID: " + id);
14:         System.out.println("姓名: " + name);
15:         System.out.println("身高: " + height);
16:     }
17: }
18: class Student extends Person {  // Student 类声明
19:     private int grade;      // 成绩
20:     // 构造函数
21:     public Student(int id,String n,double h, int grade) {
22:         setID(id);          // 调用父类的成员方法
23:         setName(n);
24:         setHeight(h);
25:         this.grade = grade;
26:     }
27:     // 成员方法：显示学生数据
```

```
28:    public void studentInfo() {
29:       System.out.println("[学生数据]=====");
30:       personInfo();        // 调用父类的成员方法
31:       System.out.println("成绩: " + grade);
32:    }
33: }
34: // 主程序类
35: public class Ch8_1_2 {
36:    // 主程序
37:    public static void main(String[] args) {
38:       // 声明 Student 类类型的变量, 并且建立对象
39:       Student joe = new Student(1234,"陈会安",175.0,85);
40:       Student jane = new Student(3456,"江小鱼",150.0,65);
41:       // 更改身高 - 调用继承的方法
42:       jane.setHeight(158.0);
43:       // 显示学生数据
44:       joe.studentInfo();
45:       jane.studentInfo();
46:    }
47: }
```

◀) 程序说明

第 1~17 行：Person 类声明，包含 3 个变量和 4 个方法。

第 18~33 行：Student 类的声明，因为 Person 类的成员变量都声明成 private，所以不能直接在子类访问，第 22~24 行调用父类的成员方法来指定父类的成员变量。

第 30 行：父类的 personInfo() 方法声明成 public，所以在子类可以直接调用此方法。

第 39~40 行：使用 Student 类建立 joe 和 jane 对象。

第 42 行：调用继承的 setHeight() 方法更改对象的高度变量值。

第 44~45 行：分别调用 studentInfo() 方法来显示学生数据。

8.1.3 重写和隐藏父类的方法

如果继承的父类方法不符合需求，在子类可以声明同名、同参数行和返回值的方法来取代父类的方法，称为"重写"（Override）或称为覆盖。

不过，对象的实例方法并不能取代声明成 static 的类方法。如果父类拥有类方法，在子类需要声明同样的类方法来取代它，称为"隐藏"（Hide）。

1. 重写和隐藏的区别

Java 语言重写和隐藏方法的区别可以见表 8-1。

表 8-1

	父类的实例方法	父类的类方法
子类的实例方法	重写	编译错误
子类的类方法	编译错误	隐藏

2. 重写和隐藏方法范例

此处修改上一节的范例来说明方法的重写和隐藏，其中类 Person 声明如下所示：

```
class Person {
    ......
    public static void printClassName() { … }
    ......
    public void personInfo() { … }
}
```

上述 Person 类拥有 1 个 printClassName()类方法和 personInfo()成员方法。子类 Student 继承自父类 Person，其类声明如下所示：

```
class Student extends Person {
    ......
    public static void printClassName() { … }
    ......
    public void personInfo() { … }
}
```

上述 Student 子类拥有与父类名称相同的类方法和成员方法。当 Java 程序代码调用 Student 对象的实例和类方法时，调用的是子类 Student 的方法，而不是父类 Person 的方法。

 Java 项目：Ch8_1_3

Java 程序 Ch8_1_3.java 是修改 Ch8_1_2.java 的父类 Person 和子类 Student 声明的结果，在子类重写和隐藏父类的方法，其执行结果如下所示：

```
类名称：Student
[学生数据]=====
身份 ID: 2234
姓名：张无忌
身高：185.0
成绩：55
```

上述执行结果显示，类名称是调用 Student 类中 printClassName()类方法的结果，tom 对象调用的方法 personInfo()也是 Student 类中的，而不是父类 Person 的该方法。

◀)) 程序内容

```
01: class Person {  // Person 类声明
02:     private int id;        // 身份 ID
03:     private String name;    // 姓名
04:     private double height;  // 身高
05:     // 类方法：显示类名称
06:     public static void printClassName() {
07:         System.out.println("类名称：Person");
08:     }
09:     // 成员方法：取得身份 ID
10:     public int getID() { return id; }
11:     // 成员方法：取得姓名
12:     public String getName() { return name; }
13:     // 成员方法：取得身高
14:     public double getHeight() { return height; }
15:     // 成员方法：设置身份 ID
16:     public void setID(int id) { this.id = id; }
17:     // 成员方法：设置姓名
18:     public void setName(String n) { name = n; }
19:     // 成员方法：设置身高
20:     public void setHeight(double h) { height = h; }
```

```
21:     // 成员方法: 显示个人数据
22:     public void personInfo() {
23:         System.out.println("身份 ID: " + id);
24:         System.out.println("姓名: " + name);
25:         System.out.println("身高: " + height);
26:     }
27: }
28: class Student extends Person {   // Student 类声明
29:     private int grade;        // 成绩
30:     // 构造函数
31:     public Student(int id,String n,double h, int grade) {
32:         setID(id);         // 调用父类的成员方法
33:         setName(n);
34:         setHeight(h);
35:         this.grade = grade;
36:     }
37:     // 隐藏类方法: 显示类名称
38:     public static void printClassName() {
39:         System.out.println("类名称: Student");
40:     }
41:     // 成员方法: 显示学生数据
42:     public void personInfo() {
43:         System.out.println("[学生数据]=====");
44:         System.out.println("身份 ID: " + getID());
45:         System.out.println("姓名: " + getName());
46:         System.out.println("身高: " + getHeight());
47:         System.out.println("成绩: " + grade);
48:     }
49: }
50: // 主程序类
51: public class Ch8_1_3 {
52:     // 主程序
53:     public static void main(String[] args) {
54:         // 声明 Student 类型的变量, 并且建立对象
55:         Student tom = new Student(2234,"张无忌",185.0,55);
56:         // 显示学生数据
57:         tom.printClassName();
58:         tom.personInfo();
59:     }
60: }
```

🔊 程序说明

第 6～8 行: 父类的类方法 printClassName(), 显示 Person。

第 22～26 行: 父类的成员方法 personInfo()。

第 38～40 行: 子类的类方法 printClassName(), 显示 Student。

第 42～48 行: 子类的成员方法 personInfo(), 显示内容与父类的同名方法并不相同。

第 55 行: 使用 Student 类建立 tom 对象。

第 57～58 行: 分别调用 printClassName()类方法（在 Eclipse 中会显示黄色的警告信息，因为不建议使用对象来调用类方法）和 personInfo()方法来显示学生数据。

8.1.4　隐藏父类的成员变量

除了可以重写父类的成员方法和隐藏类方法外，在子类也可以隐藏父类的成员变量，只需声明的变量名称相同，就算变量的数据类型不同，也一样可以隐藏父类的成员变量。

例如，父类 Person 的成员变量 id 是 public 的整数型，其类声明如下所示：

```
class Person {
    public int id;
    ..........
}
```

Student 子类继承自父类 Person，其类声明如下所示：

```
class Student extends Person {
    private String id;
    ......
}
```

上述子类 Student 的成员变量 id 修改成 private 的字符串对象，而不再是 int 整数，结果原来 public 的 id 成员变量被隐藏起来。

 Java 项目：Ch8_1_4

在 Java 程序 Ch8_1_4.java 创建 Student 类使其继承 Person 类，并且将成员变量 id 改为 private 的 String 对象，其执行结果如下所示：

```
[学生数据]=====
身份 ID：A2255
姓名：小龙女
身高：165.0
成绩：65
```

从上述执行结果可以看到身份 ID 显示的是字符串数据，而不是前面范例的整数。

◀))　程序内容

```
01: class Person {  // Person 类声明
02:     public int id;          // 身份 ID
03:     private String name;    // 姓名
04:     private double height;  // 身高
05:     // 成员方法：取得姓名
06:     public String getName() { return name; }
07:     // 成员方法：取得身高
08:     public double getHeight() { return height; }
09:     // 成员方法：设置姓名
10:     public void setName(String n) { name = n; }
11:     // 成员方法：设置身高
12:     public void setHeight(double h) { height = h; }
13: }
14: class Student extends Person {  // Student 类声明
15:     private String id;      // 隐藏成员变量
16:     private int grade;      // 成绩
17:     // 构造函数
18:     public Student(String id,String n,double h,int grade) {
19:         setName(n);  // 调用父类的成员方法
20:         setHeight(h);
21:         this.id = id;
22:         this.grade = grade;
23:     }
24:     // 成员方法：显示学生数据
25:     public void studentInfo() {
26:         System.out.println("[学生数据]=====");
```

```
27:        System.out.println("号: " + id);
28:        System.out.println("姓名: " + getName());
29:        System.out.println("身高: " + getHeight());
30:        System.out.println("成绩: " + grade);
31:    }
32: }
33: // 主程序类
34: public class Ch8_1_4 {
35:    // 主程序
36:    public static void main(String[] args) {
37:        // 声明 Student 类类型的变量，并且建立对象
38:        Student mary =
39:            new Student("A2255","小龙女",165.0,65);
40:        // 显示学生数据
41:        mary.studentInfo();
42:    }
43: }
```

◀)) 程序说明

第 2 行：父类的成员变量 id，声明成 public，数据类型为 int 型。

第 15 行：子类的成员变量 id，声明成 private，数据类型为 String 型。

第 38～39 行：使用 Student 类创建 mary 对象，构造函数的第 1 个参数为字符串"A2255"。

第 41 行：调用 studentInfo()方法显示学生数据。

8.1.5　使用父类的构造函数

Java 子类并不能继承父类的构造函数，只能使用 super 关键字调用父类的构造函数；同理，被子类重写的方法和隐藏的成员变量，也都可以使用 super 关键字来调用和访问。

例如，在 Person 父类 1 个拥有构造函数，其类声明如下所示：

```
class Person {
    public static int count = 0;
    public int id;
    public String name;
    public Person(int id, String name) {    }
    public void personInfo() {    }
}
```

Student 子类继承自父类 Person，如下所示：

```
class Student extends Person {
    private String id;
    private String name;
    private int grade;
    public Student(int id,String n,String no,int grade) {
        super(id, n);
        ………
    }
    public void personInfo() {
        super.personInfo();
        System.out.println("姓名(父): " + super.name);
        System.out.println("身份 ID(父): " + super.id);
        ………
    }
}
```

在上述 Student 子类中，将父类的成员变量 id 和 name 隐藏，并声明成 private，而且 id 类型改为 String。

在 Student 类的构造函数中使用 super(id, n)来调用父类的构造函数，personInfo()方法也使用 super.personInfo()调用父类的同名方法，并使用 super.name 和 super.id 来取得父类的成员变量值。

 Java 项目：Ch8_1_5

在 Java 程序 Ch8_1_5.java 创建继承 Person 类的 Student 类，并且使用 super 关键字调用和访问父类的方法和成员变量，其执行结果如下所示：

```
===[个人数据]=====
姓名(父)：陈会安
身份 ID(父)：1234
职业(子)；学生
学号(子)：S102
学生数：2
成绩：85
===[个人数据]=====
姓名(父)：陈允杰
身份 ID(父)：3467
职业(子)：学生
学号(子)：S222
学生数：2
成绩：75
```

上述执行结果显示 2 笔学生数据，其中"个人数据"标题文字是通过调用父类的 personInfo()方法来显示，显示数据中的"(父)"表示是父类的成员变量值；"(子)"为子类的成员变量值。

🔊 程序内容

```
01: class Person {  // Person 类声明
02:    public static int count = 0; // 计算学生数
03:    public int id;              // 身份 ID
04:    public String name;          // 姓名
05:    // 构造函数
06:    public Person(int id, String name) {
07:       this.id = id;
08:       this.name = name;
09:       count++;
10:    }
11:    // 成员方法：显示个人数据
12:    public void personInfo() {
13:       System.out.println("===[个人数据]=====");
14:    }
15: }
16: class Student extends Person {  // Student 类声明
17:    private String id;    // 隐藏成员变量
18:    private String name;
19:    private int grade;    // 成绩
20:    // 构造函数
21:    public Student(int id,String n,String no,int grade) {
22:       super(id, n);      // 调用父类的构造函数
23:       name = "学生";
24:       this.id = no;
25:       this.grade = grade;
26:    }
27:    // 成员方法：显示学生数据
```

```
28:    public void personInfo() {
29:      super.personInfo();
30:      System.out.println("姓名(父): " + super.name);
31:      System.out.println("身份ID(父): " + super.id);
32:      System.out.println("职业(子): " + name);
33:      System.out.println("学号(子): " + id);
34:      System.out.println("学生数: " + count);
35:      System.out.println("成绩: " + grade);
36:    }
37: }
38: // 主程序类
39: public class Ch8_1_5 {
40:    // 主程序
41:    public static void main(String[] args) {
42:      // 声明Student类类型的变量，并且建立对象
43:      Student joe = new Student(1234,"陈会安","S102",85);
44:      Student tom = new Student(3467,"陈允杰","S222",75);
45:      // 显示学生数据
46:      joe.personInfo();
47:      tom.personInfo();
48:    }
49: }
```

🔊 程序说明

第6~10行：父类的构造函数。

第21~26行：子类的构造函数，在第22行使用super关键字调用父类构造函数。

第29行：使用super关键字调用父类的personInfo()方法。

第30~31行：使用super关键字访问父类的成员变量值。

第43~44行：使用Student类创建joe和tom对象。

第46~47行：分别调用personInfo()方法显示学生数据。

8.2 接口

Java语言不支持多重继承，不过提供了"接口"（Inteface），可以建立单一对象多态和提供多重继承的功能。本节和下一节分别介绍接口的使用和继承，关于接口的单一对象多态留在第9章和多态一并说明。

8.2.1 接口简介

Java接口（Interface）为类和对象提供了操作规范，就算类之间没有任何关系（有关系也可以），一样可以拥有共同的接口。

如同网络协议（Protocol）在不同计算机网络系统之间搭建沟通管道——不管Windows或Unix操作系统的计算机，只要使用TCP/IP协议就可以建立联机，接口也定义了不同类之间的一致行为，也就是一些共同的方法。

例如，在Car和CD类拥有共同方法getPrice()，可获取价格，那么Java就可以将该方法抽出使其成为接口IPrice。如果Book类也需要取得书价，就可以直接实现IPrice接口，反过来说，如果1个类实现了IPrice接口，就表示可以取得对象价格。所有实现接口的对象拥有相同行为：取得

价格。

Java 接口也可以使用 UML 类图来表示，在类名称上方添加<<interface>>构造型指明此为接口，如图 8-4 所示。

图 8-4 中 IPrice 接口没有属性部分，而且接口方法前不需要访问修饰符，IPrice 提供接口给 Car 类实现，这种类与接口的关系称为"实现关系"（Realization）。

实现接口在 UML 类图使用空心三角形+虚线来表示，类似一般的继承，只不过实线改虚线。

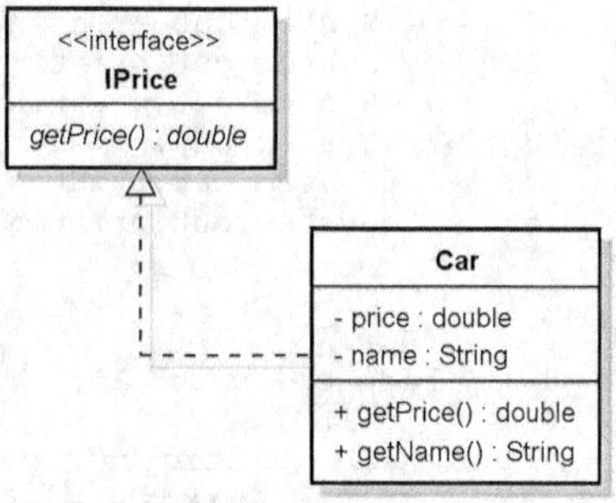

8.2.2　创建与使用接口

▲图 8-4

Java 接口和类一样都是引用数据类型，接口可以定义类行为，内含常量和方法的声明，但是没有实现的程序代码，当实现接口时，类需要实现"所有"的接口方法。

1.　接口的声明

Java 接口可以声明常量和方法，其声明的方法是一种抽象方法（Abstract Method），表示只有声明没有程序代码，其语法如下所示：

```
public interface 接口名称 {
    final 数据类型 常量=值;
    ......
    返回值类型 接口方法（参数行）;
    ......
}
```

接口使用 interface 关键字声明，类似类的结构，其声明内容只有常量和抽象方法（表示尚未实现）。public 修饰符表示可以使用在任何类和包，如果没有 public 修饰符表示只能在同一个包使用。例如，IArea 接口声明如下所示：

```
interface IArea {
    final double PI = 3.1415926;
    void area();
}
```

上述接口拥有一个常量 PI 和方法 area()，方法隐式声明成 public 和 abstract（抽象）；常量隐式声明成 public、final（常量）和 static，关于 abstract 和 final 修饰符的进一步说明请参阅第 8.4 节和第 8.6 节。

因为接口常量隐式声明成 static，所以，如同类变量一般，我们可以直接使用接口名称来取得其值，如下所示：

```
IArea.PI
```

2.　类实现接口

Java 类可以实现接口，也就是添加接口方法的程序代码，其语法如下所示：

```
class 类名称 implements 接口名称1, 接口名称2 {
    ...........
```

```
    // 实现的接口方法
}
```

类使用 implements 关键字来实现接口，如果实现接口不只一个，使用 "," 逗号分隔，在类声明内需要实现所有接口的方法（当然，也不是绝对，在某些情况下，使用抽象类不用实现接口的全部方法）。例如，Circle 类实现 IArea 接口，其类声明如下所示：

```
class Circle implements IArea {
    ………
    public void area() {
        System.out.println("圆面积: " + PI*r*r);
    }
}
```

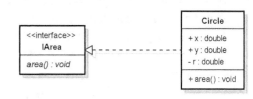

在 Circle 类实现了 IArea 接口的抽象方法 area()。
UML 类图如图 8-5 所示。

 Java 项目：Ch8_2_2

▲图 8-5

在 Java 程序 Ch8_2_2.java 创建 IArea 接口其中包含常量 PI 和一个计算面积的 area()接口方法，然后声明 Circle 类实现 IArea 接口来计算圆形面积并同时显示接口常量 PI 的值，其执行结果如下所示：

```
圆面积: 706.858335
PI 常量: 3.1415926
```

◀) 程序内容

```
01: interface IArea {   // IArea 接口声明
02:    // 常量的声明
03:    final double PI = 3.1415926;
04:    // 接口方法: 计算面积
05:    void area();
06: }
07: class Circle implements IArea { // Circle 类声明
08:    public double x;    // X 坐标
09:    public double y;    // y 坐标
10:    private double r;   // 半径
11:    // 构造函数
12:    public Circle(double x, double y, double r) {
13:        this.x = x;
14:        this.y = y;
15:        this.r = r;
16:    }
17:    // 实现 IArea 接口的方法 area()
18:    public void area() {
19:        System.out.println("圆面积: " + PI*r*r);
20:    }
21: }
22: // 主程序类
23: public class Ch8_2_2 {
24:    // 主程序
25:    public static void main(String[] args) {
26:        // 声明类类型的变量，并且创建对象 c
27:        Circle c = new Circle(16.0, 15.0, 15.0);
28:        // 调用对象的接口方法 area()
```

```
29:        c.area();
30:        // 显示接口的常量值
31:        System.out.println("PI 常量: " + IArea.PI);
32:    }
33: }
```

🔊 程序说明

第 1~6 行：IArea 接口声明，包含一个常量和方法。

第 7~21 行：Circle 类声明，在第 18~20 行实现 IArea 接口方法 area()。

第 27 行：使用 Circle 类创建 Circle 对象 c。

第 29 行：调用 area()方法。

第 31 行：显示接口常量 PI 的值。

8.2.3　在类实现多个接口

Java 不支持一个类拥有多个直接父类，但可以实现多个接口。例如，有两个接口 IArea 和 IShow，如下所示：

```
interface IArea {
    final double PI = 3.1415926;
    void area();
}
interface IShow {
    void show();
}
```

上述两个接口各拥有 1 个接口方法。Circle 类可以同时来实现 IArea 和 IShow 接口，声明如下所示：

```
class Circle implements IArea, IShow {
    .........
    public void area() {
        .........
    }
    public void show() {
        .........
    }
}
```

在 Circle 类同时实现 area()和 show()两个接口方法。UML 类图如图 8-6 所示。

 Java 项目：Ch8_2_3

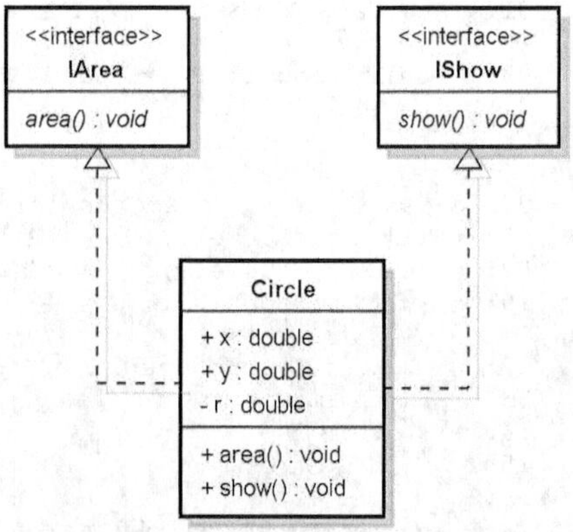

在 Java 程序 Ch8_2_3.java 拥有两个接口 IArea 和 IShow，在声明 Circle 类实现 IArea 和 IShow 两个接口后，显示圆形的相关数据，其执行结果如下所示：

```
圆面积: 706.858335
圆心 X 坐标: 16.0
圆心 Y 坐标: 15.0
圆半径: 15.0
```

▲图 8-6

◄)) 程序内容

```
01: interface IArea {  // IArea 接口声明
02:    // 常量的声明
03:    final double PI = 3.1415926;
04:    // 接口方法: 计算面积
05:    void area();
06: }
07: interface IShow {  // IShow 接口声明
08:    // 接口方法: 显示基本数据
09:    void show();
10: }
11: class Circle implements IArea, IShow { // Circle 类声明
12:    public double x;   // X 坐标
13:    public double y;   // y 坐标
14:    private double r;  // 半径
15:    // 构造函数
16:    public Circle(double x, double y, double r) {
17:       this.x = x;
18:       this.y = y;
19:       this.r = r;
20:    }
21:    // 实现 IArea 接口的方法 area()
22:    public void area() {
23:       System.out.println("圆面积: " + PI*r*r);
24:    }
25:    // 实现 IShow 接口的方法 show()
26:    public void show() {
27:       System.out.println("圆心 X 坐标: " + x);
28:       System.out.println("圆心 Y 坐标: " + y);
29:       System.out.println("圆半径: " + r);
30:    }
31: }
32: // 主程序类
33: public class Ch8_2_3 {
34:    // 主程序
35:    public static void main(String[] args) {
36:       // 声明类类型的变量, 并且创建对象 c
37:       Circle c = new Circle(16.0, 15.0, 15.0);
38:       // 调用对象的接口方法 area()
39:       c.area();
40:       // 调用对象的接口方法 show()
41:       c.show();
42:    }
43: }
```

◄)) 程序说明

第 1～6 行和第 7～10 行: IArea 和 IShow 接口声明。

第 11～31 行: Circle 类实现 IArea 和 IShow 接口, 在第 22～30 行实现两个接口方法 area() 和 show()。

第 37 行: 使用 Circle 类建立 Circle 对象 c。

第 39 行和第 41 行: 分别调用 area() 和 show() 方法。

8.3 接口的继承

Java 接口并不能随便新增方法, 因为实现接口的类需要实现所有接口方法, 换句话说, 如果新

增接口的抽象方法，就需要新增所有实现此接口的类方法。为了应对这种情况，我们可以使用接口继承。

8.3.1　继承接口

Java 可以使用接口继承方式来扩展接口，增加接口的抽象方法，其声明语法如下所示：

```
interface 接口名称 extends 继承的接口 {
    …… // 额外的常量和方法
}
```

子接口将继承父接口的所有常量和方法。例如，Ishape 接口继承第 8.2.2 小节的 IArea 接口，其接口声明如下所示：

```
interface IShape extends IArea {
    void perimeter();
}
```

在 IShape 新增 perimeter()接口方法。UML 类图如图 8-7 所示。

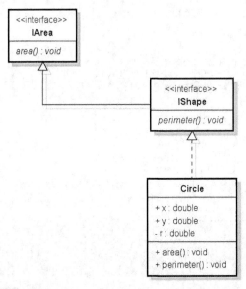

▲图 8-7

图显示 Circle 类实现 IShape 接口，换句话说，Circle 类需要实现 area()和 perimeter()两个方法。

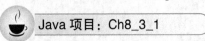　Java 项目：Ch8_3_1

Java 程序 Ch8_3_1.java 修改自 Ch8_2_2.java，它创建了一个 IShape 接口来继承 IArea 接口，并新增计算周长的 perimeter()方法，最终执行结果显示圆的面积和周长，如下所示：

```
圆面积：804.2477056
圆周长：100.5309632
```

◀)) 程序内容

```
01: interface IArea {    // IArea 接口声明
02:    // 常量的声明
03:    final double PI = 3.1415926;
04:    // 接口方法: 计算面积
05:    void area();
06: }
07: // IShape 接口声明, 继承 IArea
08: interface IShape extends IArea {
09:    // 接口方法: 计算周长
10:    void perimeter();
11: }
12: class Circle implements IShape { // Circle 类声明
13:    public double x;    // X 坐标
14:    public double y;    // y 坐标
15:    private double r;   // 半径
16:    // 构造函数
17:    public Circle(double x, double y, double r) {
18:       this.x = x;
19:       this.y = y;
20:       this.r = r;
21:    }
22:    // 实现 IShape 接口的方法 area()
23:    public void area() {
24:       System.out.println("圆面积: " + PI*r*r);
25:    }
26:    // 实现 IShape 接口的方法 perimeter()
27:    public void perimeter() {
28:       System.out.println("圆周长: " + 2.0*PI*r);
29:    }
30: }
31: // 主程序类
32: public class Ch8_3_1 {
33:    // 主程序
34:    public static void main(String[] args) {
35:       // 声明类类型的变量, 并且创建对象 c
36:       Circle c = new Circle(16.0, 15.0, 16.0);
37:       c.area();        // 调用接口方法 area()
38:       c.perimeter();   // 调用接口方法 perimeter()
39:    }
40: }
```

◀)) 程序说明

第 1～6 行: IArea 接口声明。

第 8～11 行: 继承 IArea 的 IShape 接口声明。

第 12～30 行: 声明 Circle 类并使其实现 IShape 接口, 在第 23～25 行实现接口方法 area(), 第 27～29 行实现接口方法 perimeter()。

第 36 行: 声明 Circle 对象 c。

第 37 行和第 38 行: 分别调用 area()和 perimeter()方法。

8.3.2　接口的多重继承

多重继承表示父类不只一个, 在 C++语言支持多重继承, 但在 Java 并不支持它; 有意思的是, 虽然 Java 不支持类多重继承, 但却支持接口的多重继承。

1. 多重继承的基础

"多重继承"（Multiple Inheritance）是指一个类能够继承多个父类，如图 8-8 所示。

图 8-8 中 Driven_truck 类同时继承了 Truck 和 Driver 两个类。对于 Driven_truck 类来说，它拥有两个父类，这就是多重继承。Java 语言不支持（类的）多重继承，但是拥有相同目的的接口多重继承。

2. 接口的多重继承

Java 语言的接口支持多重继承，其语法如下所示：

```
interface 接口名称 extends 继承的接口 1, 继承的接口 2, …{
    …… // 额外的常量和方法
}
```

同样使用 extends 关键字连接多个接口，各接口使用 "," 逗号分隔。例如，IShape 接口继承自 IArea 和 IShow 接口，其接口声明如下所示：

```
interface IShape extends IArea, IShow {
    void perimeter();
}
```

在 IShape 新增 perimeter()方法。UML 类图如图 8-9 所示。

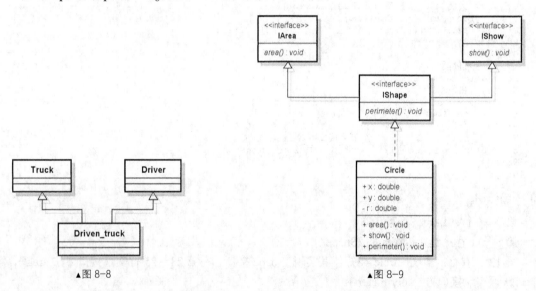

▲图 8-8　　　　　　　　　　　　　　　　　▲图 8-9

实现 IShape 接口的类共需实现 area()、perimeter()和 show()3 个方法。

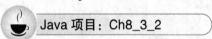 **Java 项目：Ch8_3_2**

Java 程序 Ch8_3_2.java 修改自 Ch8_3_1.java，IShape 接口改为继承 IArea 和 IShow 两个接口，执行结果显示圆的面积、周长和圆心坐标等相关数据，如下所示：

```
圆面积：804.2477056
```

圆周长：100.5309632
圆心 X 坐标：16.0
圆心 Y 坐标：15.0
圆半径：16.0

◀)) 程序内容

```
01: interface IArea {  // IArea 接口声明
02:     // 常量的声明
03:     final double PI = 3.1415926;
04:     // 接口方法：计算面积
05:     void area();
06: }
07: interface IShow {  // IShow 接口声明
08:     // 接口方法：显示基本数据
09:     void show();
10: }
11: // IShape 接口声明，继承 IArea 和 IShow
12: interface IShape extends IArea, IShow {
13:     // 接口方法：计算周长
14:     void perimeter();
15: }
16: class Circle implements IShape { // Circle 类声明
17:     public double x;    // X 坐标
18:     public double y;    // y 坐标
19:     private double r;   // 半径
20:     // 构造函数
21:     public Circle(double x, double y, double r) {
22:         this.x = x;
23:         this.y = y;
24:         this.r = r;
25:     }
26:     // 实现 IShape 接口的方法 area()
27:     public void area() {
28:         System.out.println("圆面积: " + PI*r*r);
29:     }
30:     // 实现 IShape 接口的方法 perimeter()
31:     public void perimeter() {
32:         System.out.println("圆周长: " + 2.0*PI*r);
33:     }
34:     // 实现 IShape 接口的方法 show()
35:     public void show() {
36:         System.out.println("圆心 X 坐标: " + x);
37:         System.out.println("圆心 Y 坐标: " + y);
38:         System.out.println("圆半径: " + r);
39:     }
40: }
41: // 主程序类
42: public class Ch8_3_2 {
43:     // 主程序
44:     public static void main(String[] args) {
45:         // 声明类类型的变量，并且创建对象
46:         Circle c = new Circle(16.0, 15.0, 16.0);
47:         c.area();          // 调用接口方法 area()
48:         c.perimeter();     // 调用接口方法 perimeter()
49:         c.show();          // 调用接口方法 show()
50:     }
51: }
```

◀)) 程序说明

第 1～6 行：IArea 接口声明。

第 7～10 行：IShow 接口声明，拥有 show()接口方法。

第 12～15 行：继承自 IArea 和 IShow 接口的 IShape 接口声明。

第 16～40 行：Circle 类实现 IShape 接口，在第 27～29 行实现接口方法 area()，第 31～33 行实现接口方法 perimeter()，在第 35～39 行实现接口方法 show()。

第 46 行：使用 Circle 类声明 Circle 对象 c。

第 47～49 行：分别调用 area()、perimeter()和 show()方法。

8.4　抽象类

"抽象类"（Abstract Class）是使用 abstract 修饰的类，抽象类是特殊的类，它不能生成对象，只能被继承用来声明子类。

在抽象类声明中，也可以使用 abstract 声明方法为抽象方法，表示方法只有原型声明，实现代码在子类建立，而且继承的类一定要实现抽象方法。

1. 声明抽象类

抽象类是创建子类的原型，抽象方法类似于接口方法，如果类拥有抽象方法（也可以同时拥有一般方法），就表示此类一定是抽象类。例如，抽象类 Account 声明，如下所示：

```
abstract class Account {
  public String accountid;
  private double amount;
  public double interest;
  public abstract void calInterest();
  public void setBalance(double a) { … }
  public double getBalance() { … }
}
```

上述 Account 类定义银行账户的基本数据，提供抽象方法 calInterest()计算利息。不同于 Java 接口，抽象类仍然可以拥有属性和操作，如上面有 3 个属性和两个成员方法。

接着我们可以以声明 SavingAccount（存款账户）类继承 Account（账户）类，如下所示：

```
class SavingAccount extends Account {
  public boolean haveCard;
  public SavingAccount(String id, double amount,
          double interest, boolean haveCard) { … }
  public void calInterest() {
    double amount = getBalance();
    System.out.println("利息: " + (amount*interest));
  }
}
```

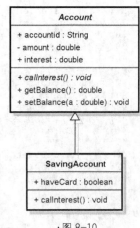

▲图 8-10

子类 SavingAccount 新增成员变量 haveCard，并且实现了 calInterest()方法，可以用来计算利息。UML 类图如图 8-10 所示。

在 UML 类图中，抽象类使用斜体字显示类名，抽象方法也使用斜体字，还有另一种写法是在方法之后加上{abstract}，例如，calInterest()

抽象方法，如下所示：

```
+ calInterest() : void {abstract}
```

2. 抽象类声明的对象变量

抽象类虽然不能建立对象，但是可以用来作为数据类型，声明引用子类对象的对象变量，如下所示：

```
Account s2 = new SavingAccount("002-10-333-123",
                      15000.00, 0.02, false);
```

上述对象变量 s2 使用抽象类 Account 来声明，其引用的对象是 SavingAccount 对象。因为父类的对象变量可以引用子类的对象，直白点就是："SavingAccount 对象也是一种 Account 对象。"换句话说，Account 对象变量可以引用 SavingAccount 对象调用实现的抽象方法 calInterest()，如下所示：

```
s2.calInterest();
```

上述 calInterest()方法是 SavingAccount 子类实现的抽象方法。在实际中子类可能不只一个，所以，Java 提供 instanceof 运算符判断对象变量是引用到哪一种对象，如下所示：

```
if ( s2 instanceof SavingAccount ) { … }
```

if 条件表达式检查对象变量 s2 是否是引用 SavingAccount 对象，如果 ture，表示是，就可以执行程序块的代码。

注意，Account 类的对象变量 s2，虽然保存的是 SavingAccount 对象的引用，但是并不能调用或访问子类新增的成员变量和方法，只能访问抽象类的变量和方法。

如果需要访问子类的成员，请先类型转换成 SavingAccount 类的对象变量，如下所示：

```
SavingAccount s;
s = (SavingAccount) s2;
```

s 是类 SavingAccount 声明的对象变量，在经过类型转换后，就可以访问子类新增的成员变量和方法，例如 s.haveCard。

 Java 项目：Ch8_4

在 Java 程序 Ch8_4.java 创建抽象类 Account，内含计算利息的抽象方法 calInterest()，之后创建存款账户 SavingAccount 类继承 Account 类，最后将账户数据都显示出来，其执行结果如下所示：

```
存款账户 s1 的数据 =====
账号：002-10-222-345
余额：5000.0
利率：0.015
是否有 ATM 卡：true
利息：75.0
->s2 是 SavingAccount 对象
存款账户 s2 的数据 =====
账号：002-10-333-123
余额：15000.0
利率：0.02
```

是否有 ATM 卡：false
利息：300.0

　　上述执行结果显示两个 SavingAccount 对象 s1 和 s2 的数据，其中 s1 是 SavingAccount 类的对象变量，s2 是 Account 抽象类的对象变量，不过，s2 保存的是 SavingAccount 对象的引用。

◀)) 　程序内容

```
01: abstract class Account {        // Account 类声明
02:    public String accountid;    // 账户编号
03:    private double amount;       // 账户余额
04:    public double interest;      // 利息
05:    // 抽象方法：计算利息
06:    public abstract void calInterest();
07:    // 成员方法：指定账户余额
08:    public void setBalance(double a) { amount = a; }
09:    // 成员方法：取得账户余额
10:    public double getBalance() { return amount; }
11: }
12: // SavingAccount 类声明
13: class SavingAccount extends Account {
14:    public boolean haveCard;
15:    // 构造函数
16:    public SavingAccount(String id, double amount,
17:                double interest, boolean haveCard) {
18:       accountid = id;
19:       setBalance(amount);
20:       this.interest = interest;
21:       this.haveCard = haveCard;
22:    }
23:    // 成员方法：实现抽象方法 calInterest()
24:    public void calInterest() {
25:       double amount = getBalance();
26:       System.out.println("利息: " + (amount*interest));
27:    }
28: }
29: // 主程序类
30: public class Ch8_4 {
31:    // 主程序
32:    public static void main(String[] args) {
33:       SavingAccount s;    // SavingAccount 类的对象变量
34:       // 声明 SavingAccount 类类型的变量，并且创建对象
35:       SavingAccount s1 = new SavingAccount(
36:            "002-10-222-345", 5000.00, 0.015, true);
37:       Account s2 = new SavingAccount("002-10-333-123",
38:                     15000.00, 0.02, false);
39:       // 显示账户 s1 的数据
40:       System.out.println("存款账户 s1 的数据 =====");
41:       System.out.println("账号: " + s1.accountid);
42:       System.out.println("余额: " + s1.getBalance());
43:       System.out.println("利率: " + s1.interest);
44:       System.out.println("是否有 ATM 卡: " + s1.haveCard);
45:       s1.calInterest();    // 调用对象的方法
46:       // 显示账户 s2 的数据，检查是否为 SavingAccount 对象
47:       if ( s2 instanceof SavingAccount)
48:          System.out.println("->s2 是 SavingAccount 对象");
49:       System.out.println("存款账户 s2 的数据 =====");
50:       s = (SavingAccount) s2;    // 类型转换
51:       System.out.println("账号: " + s2.accountid);
52:       System.out.println("余额: " + s2.getBalance());
53:       System.out.println("利率: " + s.interest);
```

```
54:        System.out.println("是否有 ATM 卡: " + s.haveCard);
55:        s2.calInterest();  // 调用对象的方法
56:    }
57: }
```

🔊 程序说明

第 1～11 行：Account 抽象类的声明，内含抽象方法 calInterest()。

第 13～28 行：继承 Account 抽象类的 SavingAccount 子类，第 24～27 行是抽象方法实现的程序代码。

第 33 行：使用 SavingAccount 抽象类声明对象变量 s。

第 35～36 行：使用 SavingAccount 类声明对象变量 s1，然后使用 new 运算符创建 SavingAccount 对象。

第 37～38 行：使用 Account 抽象类声明对象变量 s2，然后使用 new 运算符创建 SavingAccount 对象。

第 47～48 行：使用 if 条件检查 Account 抽象类声明的对象变量是否是 SavingAccount 对象的引用。

第 50～54 行：类型转换 s2 成为 SavingAccount 对象变量 s 后，在第 54 行显示 s.haveCard 成员变量的值。

第 45 行和第 55 行：分别调用实现的 calInterest()抽象方法。

8.5 抽象类与接口

Java 的抽象类和接口在结构上十分相似，抽象类中的抽象方法和接口方法 样，都不能拥有方法体；而且它们都不能实例化自己，即都是用来被继承的。

抽象类与接口的差异

抽象类与接口的主要差异，如下所示：

- 抽象类中除了抽象方法，也可以有普通方法，可以有方法体；接口方法没有方法体。
- 接口并不属于类的继承体系；抽象类则属于。在继承层次结构中，抽象类一定是作为父类存在，但是，就算毫无关系的类也一样可以实现同一个接口。
- 一个子类只能继承一个抽象类，但是可以同时实现多个接口。

1. 继承抽象类且实现接口

Java 类可以同时继承抽象类且实现接口。例如，下面是一个图形抽象类 Shape，声明如下：

```
abstract class Shape {
  public double x;
  public double y;
  public abstract void area();
}
```

上述 x 和 y 是坐标值，抽象方法 area()定义用于计算图形面积。另外有一个 IPerimeter 接口，如下所示：

```
interface IPerimeter {
    void perimeter();
}
```

现在我们可以声明 Rectangle 类继承 Shape 抽象类，并且实现 IPerimeter 接口，其类声明如下所示：

```
class Rectangle extends Shape implements IPerimeter {
    ......
    public void area() {
        System.out.println("长方形面积:"+width*height);
    }
    public void perimeter() {
        System.out.println("长方形周长:"+2*(width+height));
    }
}
```

上述 Rectangle 类需要实现抽象类和接口的两个方法 area()和 perimeter()。UML 类图如图 8-11 所示。

2. 接口的对象变量

因为 Java 接口也是一种引用类型，我们一样可以使用接口来声明对象变量，引用实现此接口的对象，如下所示：

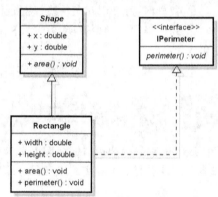

```
IPerimeter r3 = new Rectangle(15.0,15.0,4.0,8.0);
```

上述对象变量 r3 使用接口来声明，其引用的对象是 Rectangle 类的对象。其所表达含义就是 "Rectangle 对象就是一种实现 IPerimeter 接口的对象。"

因为 IPerimeter 声明的对象变量可以引用 Rectangle 对象，所以，我们可以调用实现的接口方法 perimeter()，如下所示：

▲图 8-11

```
r3.perimeter();
```

如同抽象类声明的对象变量，当接口声明的对象变量需要访问其引用类的成员时，需要先转换成 Rectangle 类的对象变量，如下所示：

```
Rectangle r;
r = (Rectangle) r3;
```

上述对象变量 r 是类 Rectangle 声明的对象变量，在经过类型转换后，就可以访问实现类的成员变量和方法，例如：r.width 和 r.height。

 Java 项目：Ch8_5

在 Java 程序 Ch8_5.java 声明 1 个抽象类 Shape 和接口 IPerimeter，然后声明 Rectangle 类继承 Shape 类且实现 IPerimeter 接口，并创建 3 个 Rectangle 对象，计算并显示不同尺寸长方形的相关数据，要求使用过程中类型来声明对象变量。其执行结果如下所示：

```
长方形 r1 的数据 =====
X,Y 坐标:5.0,15.0
宽/高:6.0/5.0
长方形面积:30.0
长方形周长:22.0
->r2 是 Rectangle 对象
长方形 r2 的数据 =====
X,Y 坐标:10.0,10.0
宽/高:8.0/9.0
长方形面积:72.0
长方形周长:34.0
->r3 是 Rectangle 对象
长方形 r3 的数据 =====
X,Y 坐标:15.0,15.0
宽/高:4.0/8.0
长方形面积:32.0
长方形周长:24.0
```

上述执行结果显示 Rectangle 对象 r1、r2 和 r3 的面积、周长和相关数据。其中 r1 是 Rectangle 类的对象变量，r2 是 Shape 抽象类的对象变量，r3 是 IPerimeter 接口的对象变量。

◀) 程序内容

```
01: abstract class Shape {    // Shape 抽象类声明
02:     public double x;    // X 坐标
03:     public double y;    // y 坐标
04:     // 抽象方法：计算面积
05:     public abstract void area();
06: }
07: interface IPerimeter {    // IPerimeter 接口声明
08:     // 接口方法：计算周长
09:     void perimeter();
10: }
11: // Rectangle 类声明
12: class Rectangle extends Shape implements IPerimeter {
13:     public double width;
14:     public double height;
15:     // 构造函数
16:     public Rectangle(double x,double y,double w,double h) {
17:         this.x = x;
18:         this.y = y;
19:         width = w;
20:         height = h;
21:     }
22:     // 成员方法：实现抽象方法 area()
23:     public void area() {
24:         System.out.println("长方形面积:"+width*height);
25:     }
26:     // 成员方法：实现接口方法 perimeter()
27:     public void perimeter() {
28:         System.out.println("长方形周长:"+2*(width+height));
29:     }
30: }
31: // 主程序类
32: public class Ch8_5 {
33:     // 主程序
34:     public static void main(String[] args) {
35:         Shape s;         // 抽象类的对象变量
36:         Rectangle r;     // 类的对象变量
37:         // 声明 Rectangle 类类型的变量，并且创建对象
38:         Rectangle r1 = new Rectangle(5.0, 15.0, 6.0, 5.0);
```

```
39:       Shape r2 = new Rectangle(10.0, 10.0, 8.0, 9.0);
40:       IPerimeter r3 = new Rectangle(15.0,15.0,4.0,8.0);
41:       // 显示长方形 r1 的数据
42:       System.out.println("长方形 r1 的数据 =====");
43:       System.out.println("X,Y 坐标:"+r1.x+","+r1.y);
44:       System.out.println("宽/高:"+r1.width+"/"+r1.height);
45:       r1.area();   // 调用对象的方法
46:       r1.perimeter();
47:       // 显示长方形 r2 的数据，检查是否为 Rectangle 对象
48:       if ( r2 instanceof Rectangle )
49:          System.out.println("->r2 是 Rectangle 对象");
50:       System.out.println("长方形 r2 的数据 =====");
51:       System.out.println("X,Y 坐标:"+r2.x+","+r2.y);
52:       r = (Rectangle) r2;   // 类型转换
53:       System.out.println("宽/高:"+r.width+"/"+r.height);
54:       r2.area();    // 调用对象的方法
55:       r.perimeter();
56:       // 显示长方形 r3 的数据，检查是否为 Rectangle 对象
57:       if ( r3 instanceof Rectangle )
58:          System.out.println("->r3 是 Rectangle 对象");
59:       System.out.println("长方形 r3 的数据 =====");
60:       s = (Rectangle) r3;   // 类型转换
61:       System.out.println("X,Y 坐标:"+s.x+","+s.y);
62:       r = (Rectangle) r3;   // 类型转换
63:       System.out.println("宽/高:"+r.width+"/"+r.height);
64:       s.area();    // 调用对象的方法
65:       r3.perimeter();
66:    }
67: }
```

◀)) 程序说明

第 1～6 行：Shape 抽象类声明，拥有抽象方法 area()。

第 7～10 行：IPerimeter 接口声明，拥有接口方法 perimeter()。

第 12～30 行：Rectangle 类声明，继承 Shape 抽象类且实现 IPerimeter 接口，在第 23～29 行实现接口方法 area()和 perimeter()。

第 38～40 行：分别使用 Rectangle、Shape 类和 IPerimeter 接口声明对象变量 r1、r2 和 r3，然后使用 new 运算符创建 Rectangle 对象。

第 48～49 行：使用 if 条件检查 Shape 抽象类声明的对象变量是否是 Rectangle 对象的引用。

第 52～53 行：类型转换 r2 成为 Rectangle 类的对象变量 r 后，在第 53 行显示 r.width 和 r.height 成员变量的值。

第 57～58 行：使用 if 条件检查 IPerimeter 接口声明的对象变量是否是 Rectangle 对象的引用。

第 60～61 行：类型转换 r3 成为 Shape 抽象类对象变量 s 后，在第 61 行显示 s.x 和 s.y 成员变量的值。

第 62～63 行：类型转换 r3 成为 Rectangle 类对象变量 r 后，在第 63 行显示 r.width 和 r.height 成员变量的值。

8.6　常量类

除了可以使用 public 和 abstract 修饰符外，Java 类还提供 final 修饰符来声明常量类与常量方法。

如果类声明成 final 表示类不能被继承；如果方法声明成 final 表示此方法不可以重写。

1.　使用 final 修饰符的理由

类使用 final 修饰符的理由如下所示。

● 保密原因：基于保密理由，可以将一些类声明成 final，以防止子类访问或重写父类的操作。
● 设计原因：基于面向对象设计的需求，我们可以将某些类声明成 final，以避免子类的继承。

2.　常量类与方法的范例

常量类使用 final 修饰符进行声明，例如，继承父类 Person 的 Customer 子类，其类声明如下所示：

```
final class Customer extends Person { …… }
```

上述 final 声明表示 Customer 类不能再有子类。Person 类的某些方法也声明成 final，如下所示：

```
class Person {
  ……
  public final String getName() { return name; }
  public final String getAddress() { return address; }
  public final void setName(String n) { name = n; }
  public final void setAddress(String a) {address = a;}
}
```

上述 Person 类的 4 个方法都声明成 final，表示子类 Customer 不能重写这些方法。

 Java 项目：Ch8_6

在 Java 程序 Ch8_6.java 创建继承 Person 类的 Customer 子类，Customer 类声明成 final，Person 类的 4 个方法也声明成 final，其执行结果显示客户的基本数据，如下所示：

```
-------------------
姓名：陈会安
地址：北京市
送货地址：海淀区
-------------------
```

◀)) 程序内容

```
01: class Person {   // Person 类声明
02:   public String name;   // 姓名
03:   public String address;// 地址
04:   // 成员方法：返回姓名
05:   public final String getName() { return name; }
06:   // 成员方法：返回地址
07:   public final String getAddress() { return address; }
08:   // 成员方法：设置姓名
09:   public final void setName(String n) { name = n; }
10:   // 成员方法：设置地址
11:   public final void setAddress(String a) {address = a;}
12: }
13: // Customer 类声明
14: final class Customer extends Person {
```

```
15:     public String shippingAddress;  // 送货地址
16:     // 构造函数
17:     public Customer(String n,String a,String shipping) {
18:         setName(n);
19:         setAddress(a);
20:             shippingAddress = shipping;
21:     }
22:     // 成员方法: 显示客户数据
23:     public void customerInfo() {
24:         System.out.println("--------------------");
25:         System.out.println(" 姓名: " + getName());
26:         System.out.println(" 地址: " + getAddress());
27:         System.out.println(" 送货地址: "+shippingAddress);
28:         System.out.println("--------------------");
29:     }
30: }
31: // 主程序类
32: public class Ch8_6 {
33:     // 主程序
34:     public static void main(String[] args) {
35:         // 声明 Customer 类类型的变量, 并且创建对象
36:         Customer joe = new Customer("陈会安",
37:                         "北京市","海淀区");
38:         joe.customerInfo();  // 调用对象的方法
39:     }
40: }
```

◀ﾘ 程序说明

　　第 5～11 行：声明成 final 的 4 个方法。

　　第 14～30 行：使用 final 声明 Customer 类。

习题

1．请使用图例说明什么是面向对象程序语言的继承。

2．当多个类拥有相同父类时，这些类称为_____。在 UML 类关联性中，继承是_____（Generalization）。

3．什么是重写和隐藏方法？两者有什么区别？

4．父类的类方法需要使用子类的_____方法隐藏，父类的实例方法可以使用子类的_____方法重写。

5．Java 子类并不能继承父类的构造函数，只能使用_____关键字调用父类的构造函数；同理，在子类重写的方法和隐藏的成员变量，也都可以使用_____关键字来调用和访问。

6．什么是 Java 接口？何谓多重继承？在 Java 语言使用_____来建立多重继承。

7．IPrint 接口拥有 print()、page()、footer() 和 header() 4 个方法，如果类实现 IPrint 接口，需要实现_____个方法。

8．请简述常量和抽象类的声明方式。这样做的目的是什么？

9．请问抽象类和接口的异同？

10．现在有 Computer、AppleComputer 和 AcerComputer 3 个类，请绘出类层次结构。哪一个类可以声明成抽象类？

11. 常量类是在类声明前加上_____修饰符，抽象类是加上_____修饰符。

12. 在第 8.2.2 小节的程序范例只建立 Student 子类，请修改 Java 程序新增 Teacher（老师）和 Salesperson（业务员）子类来继承 Person 类，其中老师类和业务员类分别引入授课数和薪水成员变量。

13. 使用 Java 创建一个 Bicycle（单车）类，内含色彩、车重、轮距、车型和车价等数据变量，然后继承此类创建 RacingBike（竞速单车）子类，增加一个"几段变速"成员变量和显示单车信息的方法。

14. 参照第 8.2.1 小节的类图用 Java 编写 IPrice 接口和 Car 类，以便显示取得车辆的价格。

15. 编写 Java 程序，在程序中定义一个抽象类 Person 和它的两个子类 Student 和 Employee 类（均继承自 Person 类）。要求：Person 抽象类只包含一个抽象方法 total()；Student 子类拥有 3 次考试成绩，total()方法可以计算总分；Employee 子类拥有 hours 的每月工作时数，total()方法可以计算每日工时（一月 24 天）和工资，每一小时 800 元。

16. 请修改 Java 项目 Ch8_4，声明 CheckingAccount（支票账户）类来继承 Account 账户类，其年利率是 0.01。

第 9 章　嵌套类、多态与包

9.1　嵌套类

在 Java 类声明中允许拥有其他类的声明，称为"嵌套类"（Nested Class）。

9.1.1　嵌套类

嵌套类是指在类中拥有其他类的声明，在外面的类称为"外层类"（Enclosing Class）；内层的成员类称为"内层类"（Inner Class）。嵌套类强调类之间的关联性，内层类一定需要外层类，如果外层类的对象不存在，内层类对象也不会存在。

1. 嵌套类的声明

例如，Order 类声明中再声明一个 OrderStatus 类，如下所示：

```
class Order {  // Order 外层类
    ..........
    class OrderStatus { // OrderStatus 内层类
        ..............
    }
    ..........
}
```

OrderStatus 类即是一个嵌套类，Order 是嵌套类的外层类。嵌套类在 UML 称为"组合关系"（Composition），这是一种成品和零件（Whole-Part）的类关系，强调是成品的专属零件，如图 9-1 所示。

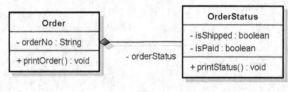

▲图 9-1

图 9-1 使用带实心菱形的直线，将 OrderStatus 类（零件）与（Order）类（成品）连接起来。连

接线尾端的文字是角色名称 orderStatus，程序代码是使用对象变量 orderStatus 引用到内层类的对象。

2.　嵌套类的特点

Java 嵌套类的特点，如下所示：

● 嵌套类强调类之间的关系。例如，订单拥有订单状态，所以 OrderStatus 类是 Order 类的一部分。

● 嵌套类也是外层类的成员，所以其他成员可以访问或调用嵌套类的成员变量和方法，就算声明成 private 也一样可以；反之，嵌套的方法也可以直接访问其他成员变量和调用成员方法。

● 在 Java 程序文件只允许有一个声明成 public 的类，如果外层类声明成 public，内层类也一样拥有 public 访问权限，换句话说，我们可以让同一个程序文件的多个类拥有 public 访问权限。

Memo　在 Java 程序文件只允许有一个声明成 public 的类，而且程序文件名需与此类的名称相同，之前的范例都是将主程序 main()所在类声明成 public，表示类可以在同一个包（Package）或其他包的类使用。

☕ Java 项目：Ch9_1_1

在 Java 程序 Ch9_1_1.java 创建 Order 类，其中拥有嵌套类 OrderStatus，用于保存订单状态，最后显示订单的相关数据。程序将说明外层类的方法是如何访问和调用内层类的成员变量和方法的，其执行结果如下所示：

```
====[订单数据]====
编号：order001
送货：false
付款：false
->[内层类]
->是否送货：false
->是否付款：false
====[订单数据]====
编号：order002
送货：true
付款：false
->[内层类]
->是否送货：true
->是否付款：false
```

上述执行结果显示两张订单数据，状态部分属于 OrderStatus 内层类的对象。OrderStatus 内层类对象只能存在外层类的对象之中，外层类的对象使用 orderStatus 对象变量引用内层类的对象。

🔊 程序内容

```
01: class Order {          // Order 外层类
02:    private String orderNo;
03:    private OrderStatus orderStatus;
04:    class OrderStatus { // OrderStatus 内层类
05:       private boolean isShipped;
06:       private boolean isPaid;
07:       // 构造函数：OrderStatus 内层类
08:       public OrderStatus(boolean shipped,boolean paid) {
```

```
09:          isShipped = shipped;
10:          isPaid = paid;
11:       }
12:       // 成员方法: 显示订单状态
13:       public void printStatus() {
14:          System.out.println("->[内层类]");
15:          System.out.println("->是否送货: " + isShipped);
16:          System.out.println("->是否付款: " + isPaid);
17:       }
18:    }
19:    // 构造函数: Order 外层类
20:    public Order(String no,boolean shipped,boolean paid) {
21:       this.orderNo = no;
22:       orderStatus = new OrderStatus(shipped,paid);
23:    }
24:    // 成员方法: 显示订单数据
25:    public void printOrder() {
26:       System.out.println("====[订单数据]====");
27:       System.out.println("编号: " + orderNo);
28:       System.out.println("送货: "+orderStatus.isShipped);
29:       System.out.println("付款: "+orderStatus.isPaid);
30:       orderStatus.printStatus(); // 调用内层类的成员方法
31:    }
32: }
33: // 主程序类
34: public class Ch9_1_1 {
35:    // 主程序
36:    public static void main(String[] args) {
37:       // 声明对象变量且建立对象
38:       Order order1 = new Order("order001",false,false);
39:       Order order2 = new Order("order002",true,false);
40:       order1.printOrder();  // 显示订单数据
41:       order2.printOrder();
42:    }
43: }
```

◄)) 程序说明

● 第 1~32 行：声明 Order 类，包含 String 对象变量和第 3 行的 orderStatus 对象变量和内层类 OrderStatus 声明。

● 第 4~18 行：内层类 OrderStatus 声明，拥有两个 boolean 变量。

● 第 20~23 行：Order 类构造函数，第 22 行使用 new 运算符创建内层类的对象。

● 第 28~29 行：使用对象变量 orderStatus 取得内层类的成员变量 isShipped 和 isPaid。请注意，这两个成员变量在内层类是声明成 private。

● 第 30 行：使用对象变量 orderStatus 调用内层类的成员方法 printStatus()。

● 第 38~39 行：使用 Order 类建立两个 Order 对象 order1 和 order2。

● 第 40~41 行：分别调用 printOrder()方法。

因为包含嵌套类的 Java 程序拥有两个类声明，在编译成 Java 类文件.class 后，也会产生两个类文件，如下所示：

```
Order.class
Order$OrderStatus.class
```

上述 Order.class 是外层类的类文件；Order$OrderStatus.class 是内层（嵌套）类的类文件。在

Eclipse 中编译的类文件置于项目文件夹下的"bin"目录，如图 9-2 所示。

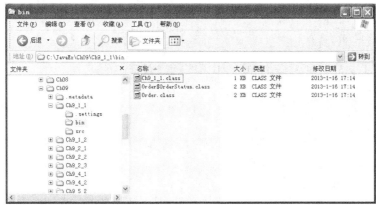

▲图 9-2

9.1.2 嵌套类的使用

嵌套类是外层类的零件，也就是其一部分，所以不能拥有声明 static（静态）的类变量和方法，而且只有在外层类的对象存在时，内层类才会存在。

在第 9.1.1 小节的范例是使用外层类的对象变量来取得嵌套类的对象，在这一节我们直接在 main()方法的程序代码创建嵌套类的对象和指定成员变量值，以便说明内层类专属零件的角色。例如，Payment 类声明如下所示：

```
class Payment {  // Payment 外层类
    ………
    class Card {  // Card 内层类
        ………
    }
}
```

上述 Payment 类是外层类，Card 类是内层（嵌套）类。在程序代码需要先创建 Payment 对象，而后才能创建 Card 对象，如下所示：

```
Payment p1 = new Payment("pay002", 5600.0);
Payment.Card master = p1.new Card();
```

上述程序代码使用 new 运算符建立 p1 引用的 Payment 对象后，接着使用 Payment.Card 声明对象变量 master，然后使用 p1.new 建立 Card 对象，最后即可指定嵌套类对象的成员变量值，如下所示：

```
master.type = "MASTER";
master.number = "2433-4444-7890-1234";
```

☕ **Java 项目：Ch9_1_2**

在 Java 程序 Ch9_1_2.java 创建 Payment 类，其中包含嵌套类 Card，用于保存付款数据，最后将付款金额和信用卡数据显示出来。程序将说明嵌套类如何调用其他成员方法，其执行结果如下所示：

```
编号：pay002
金额：5600.0
卡别：MASTER
卡号：2433-4444-7890-1234
```

🔊 程序内容

```
01: class Payment {    // Payment 外层类
02:    private String payNo;
03:    private double amount;
04:    class Card {    // Card 嵌套类
05:       public String type;
06:       public String number;
07:       // 成员方法：显示信用卡数据
08:       public void printCard() {
09:          // 调用外层方法
10:          System.out.println("编号：" + getNo());
11:          // 显示外层的成员变量
12:          System.out.println("金额：" + amount);
13:          // 显示内层的成员变量
14:          System.out.println("卡别：" + type);
15:          System.out.println("卡号：" + number);
16:       }
17:    }
18:    // 构造函数：外层 Payment
19:    public Payment(String no, double amount) {
20:       payNo = no;
21:       this.amount = amount;
22:    }
23:    // 成员方法：返回付款编号
24:    private String getNo() { return payNo; }
25: }
26: // 主程序类
27: public class Ch9_1_2 {
28:    // 主程序
29:    public static void main(String[] args) {
30:       // 声明 Payment 类型的变量，并且建立对象
31:       Payment p1 = new Payment("pay002", 5600.0);
32:       // 建立内层类的对象
33:       Payment.Card master = p1.new Card();
34:       master.type = "MASTER";   // 访问内层对象变量
35:       master.number = "2433-4444-7890-1234";
36:       master.printCard();      // 调用内层对象方法
37:    }
38: }
```

🔊 程序说明

第 1～25 行：Payment 类声明，包含 String 对象变量、double 变量和内层类 Card 的声明，第 19～22 行是 Payment 类构造函数。

第 4～17 行：内层类 Card 的声明。

第 10 行：内层类 Card 的成员方法调用外部成员方法 getNo()。

第 12 行：内层类 Card 的成员方法访问外部成员变量 amount。

第 31 行：使用 Payment 类建立名为 p1 的 Payment 对象。

第 33 行：使用 Payment.Card 类声明对象变量 master 后，使用 p1.new 运算符建立对象。

第 34～35 行：指定 Card 对象的成员变量 type 和 number。

第 36 行：调用 printCard()方法。

9.2　匿名嵌套类

Java 内层类如果没有命名，称为"匿名内层类"（Anonymous Inner Classes），简单地说，因为我们并没有使用 class 关键字声明类名称，所以称为匿名。通常匿名嵌套类使用在 Java 的 Swing 开发和 Android 接口组件的事件处理，可以简化复杂的事件处理程序代码。

9.2.1　类继承的匿名内层类

一般来说，匿名内层类的使用方式和命名的内层类相似，不过，匿名内层类不能声明新类，它必须继承一个已有的类，例如，下面是一个 MyInt 类定义：

```
class MyInt {
  public int value;
  public MyInt(int v) { value = v; }
  public String getResult(){return "Int:"+value;}
}
```

我们准备继承 MyInt 类来定义匿名内层类，并创建此继承类的 myInt 对象，如下所示：

```
MyInt myInt = new MyInt(100) {
  // 覆盖方法
  public String getResult() {
     return "整数值: " + value;
  }
};
result = myInt.getResult();
```

上述程序代码的 MyInt 是已有类，使用 new 运算符来创建匿名内层类（继承 MyInt 类）同时实例化一个名为 myInt 的对象，因为使用父类声明的对象变量也可以引用子类建立的对象，所以 myInt 可以引用匿名内层类建立的对象，在第 9.4 节的多态的实现有进一步说明）。

在匿名内层类覆盖 getResult()方法（因为 MyInt 类拥有同名方法）来显示成员变量 value 的值后，就可以使用 myInt 对象调用 getResult()方法取得整数值的字符串。

 Java 项目：Ch9_2_1

在 Java 程序 Ch9_2_1.java 声明 MyNumber 类，并且在构造函数使用匿名内层类创建 MyInt 对象，并覆盖原有的 getResult()方法，其执行结果显示的整数值，就是匿名 MyInt 对象的成员变量值，如下所示：

整数值: 100

◀)) 程序内容

```
01: class MyNumber { // MyNumber 类声明
02:   public String result;
03:   // 构造函数
```

```
04:    public MyNumber() {
05:      MyInt myInt = new MyInt(100) {
06:        // 覆盖方法
07:        public String getResult() {
08:          return "整数值: " + value;
09:        }
10:      };
11:      result = myInt.getResult();
12:    }
13:    class MyInt {   // MyInt 类声明
14:      public int value;
15:      public MyInt(int v) { value = v; }
16:      public String getResult() {return "Int:"+value;}
17:    }
18: }
19: //主程序类
20: public class Ch9_2_1 {
21:    // 主程序
22:    public static void main(String[] args) {
23:      String str = "";
24:      // 建立 MyNumber 对象
25:      MyNumber myNum = new MyNumber();
26:      // 取得成员变量 result
27:      str = myNum.result;
28:      // 显示成员变量值
29:      System.out.println(str);
30:    }
31: }
```

◀)）程序说明

第 1～18 行：MyNumber 类声明，在第 4～12 行是构造函数，第 5～10 行使用 new 运算符创建匿名内层类 MyInt 对象，在第 7～9 行覆盖 getResult()方法，改为显示中文内容，第 11 行调用匿名 MyInt 对象覆盖的 getResult()方法。

第 13～17 行：MyInt 类声明，它是 MyNumber 的内层类，内含成员变量 value 和 getResult() 成员方法，结果显示的是英文内容。

第 25～27 行：在声明对象变量 myNum 后，使用构造函数创建对象，第 27 行取得成员变量 result 的值。

9.2.2　实现接口的匿名内层类

匿名内层类可以继承已有类，也可以用它来实现一个接口，其基本语法如下所示：

```
new 类名称( [ 参数行 ] ) { … }
```

或：

```
new 接口名称() { … }
```

上述 new 语句隐式创建一个匿名类（不是继承的子类）来实现接口，例如，声明一个 IValue 接口，内含 value()接口方法，如下所示：

```
interface IValue {
  int value();
}
```

然后，我们就可以使用匿名内层类来实现上述接口，在 MyValue 类拥有一个 getIValueObject() 方法，可以返回匿名类建立的对象，如下所示：

```
class MyValue {
  public IValue getIValueObject() {
    IValue temp = new IValue() {
      private int v = 50;
      public int value() {
        return v;
      }
    };
    return temp;
  }
}
```

上面的 new 语句中，由于 IValue 是接口，不是类，所以实际上它是创建一个没有名称的匿名类来实现 IValue 接口，此类拥有成员变量 v 和实现的 value 接口方法。

如果不使用匿名类，上述 getIValueObject() 方法可以改写成相同功能的 Java 程序代码，如下所示：

```
class AnonyousValue implements IValue {
  private int v = 50;
  public int value() {
    return v;
  }
}
public IValue getIValueObject() {
  return new AnonyousValue();
}
```

上述程序代码先建立一个实现 IValue 接口的类，然后使用此类来创建对象。在主程序 main() 可以通过实例化来取得 IValue 对象，如下所示：

```
MyValue mv = new MyValue();
IValue c = mv.getIValueObject();
```

 Java 项目：Ch9_2_2

在 Java 程序 Ch9_2_2.java 声明 IValue 接口和 MyValue 类，MyValue 类拥有方法，可以返回使用匿名内层类实现 IValue 接口的对象，其执行结果可以显示返回对象调用接口方法 value() 的整数值，如下所示：

```
取得值= 50
```

◀)) 程序内容

```
01: interface IValue {  // IValue 界面
02:    int value();
03: }
04: class MyValue { // MyValue 类
05:    // 取得 IValue 对象
06:    public IValue getIValueObject() {
07:      // 建立匿名内层类的对象
08:      IValue temp = new IValue() {
09:        private int v = 50;
10:        public int value() {
```

```
11:            return v;
12:          }
13:       };
14:       return temp;
15:    }
16: }
17: //主程序类
18: public class Ch9_2_2 {
19:    // 主程序
20:    public static void main(String[] args) {
21:       // 建立 MyValue 对象
22:       MyValue mv = new MyValue();
23:       // 取得 IValue 接口对象
24:       IValue c = mv.getIValueObject();
25:       // 显示方法的返回值
26:       System.out.println("取得值= " + c.value());
27:    }
28: }
```

◄》 程序说明

第 1~3 行：IValue 接口的声明，其中包含 value()接口方法。

第 4~16 行：MyValue 类声明，在第 6~15 行定义 getIValueObject()方法，可以返回第 8~13
行使用匿名内层类建立的 IValue 对象 temp。

第 22~26 行：在创建 MyValue 对象后，调用 getIValueObject()方法取得 IValue 接口对象，第
26 行取得 value()方法的返回值。

9.2.3　匿名内层类与 this 和 final 关键字

在匿名内层类常常需要使用到 this 与 final 关键字，this 关键字可以取得匿名内层类对象本身；
final 关键字可以取得匿名内层类声明外的变量值（不是类的成员变量）。

1.　匿名内层类与 this 关键字

因为 this 关键字取得的是最接近类的对象本身，换句话说，它只能访问到匿名内层类建立的对
象，如果需要访问外层类，请加上类名称，如下所示：

```
class MyValue {
  private int v = 50;
  public IValue getIValueObject() {
    final int v2 = 10;
    IValue temp = new IValue() {
      private int v = 20;
      public int value() {
        int v = 30;
        return MyValue.this.v +
               this.v + v + v2;
      }
    };
    return temp;
  }
}
```

上述 MyValue 类拥有成员变量 v，而匿名内层类也拥有成员变量 v，为了取得外层类的成员变
量 v，需要使用 MyValue.this，如下所示：

```
return MyValue.this.v + this.v + v + v2;
```

上述 MyValue.this.v 是 MyValue 类的成员变量 v，this.v 是匿名类的成员变量 v。

2. 匿名内层类与 final 关键字

如果要在内层匿名类使用其所在方法的变量，必须将该变量声明为 final，否则 Eclipse 就会显示错误信息。例如，下面代码在 value()方法使用 getIValueObject()方法声明的局部变量 v2，代码如下所示：

```
....
public IValue getIValueObject() {
   final int v2 = 10;
   IValue temp = new IValue() {
      private int v = 20;
      public int value() {
         int v = 30;
         return MyValue.this.v +
                  this.v + v + v2;
      }
   };
   return temp;
}
```

上述局部变量 v2 使用 final 关键字声明，因为 v2 并不是直接拿到匿名内层类中使用，而会在匿名内层类中复制一份作为成员变量来使用，为了避免副本被修改而影响到真正的局部变量 v2，所以需要声明成 final，表示在匿名内层类中不允许更改 v2 的值。

 Java 项目：Ch9_2_3

Java 程序 Ch9_2_3.java 修改自上一节的 MyValue 类，我们在 MyValue 类、方法和匿名类都声明变量 v，以便说明 this 关键字的使用，并且在匿名类实现的方法中使用外层方法的局部变量，以说明 final 关键字的使用，其执行结果可以显示返回对象调用接口方法 value()的整数值，它是各成员和局部变量的和，如下所示：

```
取得值= 110
```

◄)) 程序内容

```
01: interface IValue {  // IValue 界面
02:    int value();
03: }
04: class MyValue { // MyValue 类
05:    private int v = 50;
06:    // 取得 IValue 对象
07:    public IValue getIValueObject() {
08:       final int v2 = 10;
09:       // 建立匿名内层类的对象
10:       IValue temp = new IValue() {
11:          private int v = 20;
12:          public int value() {
13:             int v = 30;
14:             return MyValue.this.v +
15:                      this.v + v + v2;
```

```
16:            }
17:        };
18:        return temp;
19:    }
20: }
21: //主程序类
22: public class Ch9_2_3 {
23:    // 主程序
24:    public static void main(String[] args) {
25:        // 建立 MyValue 对象
26:        MyValue mv = new MyValue();
27:        // 取得 IValue 接口对象
28:        IValue c = mv.getIValueObject();
29:        // 显示方法的返回值
30:        System.out.println("取得值= " + c.value());
31:    }
32: }
```

◀)) 程序说明

第 4~20 行：MyValue 类声明，在第 5 行定义成员变量 v，在第 8 行使用 final 关键字声明变量 v2，第 7~19 行定义 getIValueObject()方法，方法可以返回第 10~17 行使用匿名内层类创建的 IValue 对象 temp，在第 11 行是匿名内层类的成员变量 v 声明，第 13 行是方法的局部变量 v 声明。

第 14~15 行：分别使用 MyValue.this 和 this 取得 MyValue 类和匿名内层类的成员变量 v。

9.3　多态基础

"多态"（Polymorphism）是面向对象程序设计的一个重要且复杂的概念，它可以让应用程序更容易扩展，一个同名方法，就可以处理不同数据类型的对象，产生不同的操作。

9.3.1　静态绑定与动态绑定

面向对象的重载与多态机制架构在信息和对象的"静态绑定"（Static Binding）与"动态绑定"（Dynamic Binding）之上。

1. 静态绑定

静态绑定（Static Binding）的信息在编译阶段，就决定了其送往的目标对象。例如，类的重载方法是在编译时就建立信息和对象的绑定，也称为"早期绑定"（Early Binding）。

在第 7.3.2 小节介绍的就是静态绑定的重载方法，Ch7_3_2.java 程序的信息在编译时就决定送达的目标对象是 myBirthday、oneBirthday 和 today，如图 9-3 所示。

2. 动态绑定

动态绑定（Dynamic Binding）的信息直到运行时间，才知道信息送往的目标对象，这就是多态拥有弹性的主要原因，也称为"延迟绑定"（Late Binding）。

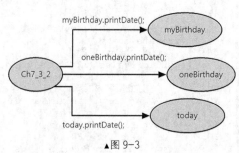
▲图 9-3

9.3.2　Java 语言支持的多态

多态是面向对象程序设计的重要概念，Java 实现多态有 3 种方式，如下所示。

● 方法重载（Method Overloading）：方法重载也属于多态，属于一种静态绑定的多态。

● 类继承的方法覆盖（Method overriding through Inheritance）：继承基础类覆盖同名方法或实现同名的抽象方法，就可以处理不同数据类型的对象。如果有新类，也只需新增继承的子类并建立方法，详见第 9.4.1 小节的说明。

● Java 接口的方法覆盖（Method overriding through the Java Interface）：Java 接口是指同一个对象拥有多种类型，换个角度，不同对象也可以拥有相同的接口类型，我们一样可以通过 Java 的接口来实现多态，详见第 9.4.2 小节的说明。

9.4　多态的实现

我们除了可使用类继承的方法覆盖来建立多态外，由于接口的特性——Java 接口可以让同一个对象拥有多种类型，换个角度，不同对象可以拥有相同的接口类型——所以一样可以通过 Java 接口来实现多态。

9.4.1　使用类继承来实现多态

本节介绍使用类继承的方法覆盖来实现多态，也就是继承抽象类来建立多态。

1. 抽象类声明

抽象类是建立多态的基础类，我们定义一个抽象类 Shape，其中包含抽象方法 area()，其声明如下所示：

```
abstract class Shape {
  public double x;
  public double y;
  public abstract void area();
}
```

2. 建立多态

在 Java 程序代码可以继承 Shape 抽象类创建 Circle（圆形）、Rectangle（长方形）和 Triangle（三角形）3 个子类来建立多态方法，其类声明如下所示：

```
class Circle extends Shape {
  ………
  public void area() { … }
}
class Rectangle extends Shape {
  ………
  public void area() { … }
}
class Triangle extends Shape {
  ………
```

```
      public void area() { … }
   }
```

上述 3 个子类都实现抽象方法 area()，只是内含程序代码不同，可以分别计算不同图形的面积。现在我们可以使用抽象类 Shape 声明对象变量 s，如下所示：

```
Shape s;
```

上述对象变量 s 能够引用 Circle、Rectangle 和 Triangle 对象，换句话说，对象变量 s 也可以调用各对象的 area()方法，如下所示：

```
s.area();
```

上述调用会按照对象变量 s 引用的对象来调用正确的方法。例如，如果 s 引用 Rectangle 对象，就会调用 Rectangle 对象的 area()方法，这样就实现了 area()方法的多态调用。因为多态方法直到运行时间，才按照实际引用的对象来执行正确的方法。

3. 动态绑定

对象调用一个方法就是送一个信息给对象，告诉对象需要执行什么方法，现在 s.area()将信息送到 s 对象变量引用的对象，如图 9-4 所示。

图 9-4 中 Java 类 Ch9_4_1 的主程序 main()方法送出 3 个同名的 s.area()信息（s 即 Shape 类型），这是开发时实现的程序代码，等到运行时间，动态绑定会按照对象变量引用的对象来送出信息，所以实际送出的是下列 3 个信息，如下所示：

```
c.area();
r.area();
t.area();
```

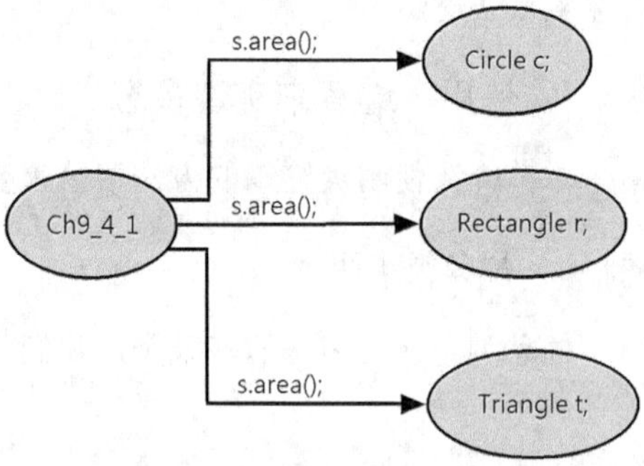

▲图 9-4

上述信息可以送到指定对象 c、r 和 t，然后执行各自对象的 area()方法。也就是说，我们并不用修改 Java 程序代码，只需继续添加继承的子类，再加上覆盖同名的方法，就可以马上支持一种新图形。

Java 项目：Ch9_4_1

在 Java 程序 Ch9_4_1.java 创建 Shape 抽象类，并创建 Circle、Rectangle 和 Triangle 3 个子类，创建 area()多态方法，其执行结果如下所示：

```
圆形面积: 78.54
长方形面积: 225.0
三角形面积: 50.0
```

上述执行结果显示 3 种图形的面积，它们都是调用 s.area()方法的执行结果，这就是多态。

◀) 程序内容

```
01: abstract class Shape {   // Shape 抽象类声明
02:   public double x;   // X 坐标
```

```
03:    public double y;   // y 坐标
04:    // 抽象方法: 计算面积
05:    public abstract void area();
06: }
07: class Circle extends Shape {  // Circle 类声明
08:    private double r;     // 半径
09:    // 构造函数
10:    public Circle(double x, double y, double r) {
11:       this.x = x;
12:       this.y = y;
13:       this.r = r;
14:    }
15:    // 成员方法: 实现抽象方法 area()
16:    public void area() {
17:       System.out.println("圆形面积: " + 3.1416*r*r);
18:    }
19: }
20: class Rectangle extends Shape {  // Rectangle 类声明
21:    private double width;     // 宽
22:    private double height;    // 高
23:    // 构造函数
24:    public Rectangle(double x,double y,
25:                     double w,double h) {
26:       this.x = x;
27:       this.y = y;
28:       width = w;
29:       height = h;
30:    }
31:    // 成员方法: 实现抽象方法 area()
32:    public void area() {
33:       System.out.println("长方形面积: "+(height*width));
34:    }
35: }
36: class Triangle extends Shape {  // Triangle 类声明
37:    private double height;    // 高
38:    private double bottom;    // 三角形底
39:    // 构造函数
40:    public Triangle(double x,double y,double h,double b) {
41:       this.x = x;
42:       this.y = y;
43:       height = h;
44:       bottom = b;
45:    }
46:    // 成员方法: 实现抽象方法 area()
47:    public void area() {
48:       System.out.println("三角形面积: "+height*bottom/2.0);
49:    }
50: }
51: // 主程序类
52: public class Ch9_4_1 {
53:    // 主程序
54:    public static void main(String[] args) {
55:       Shape s;     // 抽象类的对象变量
56:       // 声明类类型的变量, 并且建立对象
57:       Circle c = new Circle(5.0, 10.0, 5.0);
58:       Rectangle r=new Rectangle(10.0,10.0,15.0,15.0);
59:       Triangle t=new Triangle(10.0,10.0,20.0,5.0);
60:       // 调用抽象类型对象的抽象方法 area()
61:       for ( int i = 1; i <= 3; i++ ) {
62:          if ( i == 1 )        s = c;  // 圆形
63:          else if ( i == 2 ) s = r;  // 长方形
64:             else            s = t;  // 三角形
```

```
65:        s.area();
66:      }
67:   }
68: }
```

🔊 程序说明

第 1～6 行：Shape 抽象类声明，内含抽象方法 area()。

第 7～19 行：继承 Shape 类的 Circle 子类，第 16～18 行实现抽象方法 area()。

第 20～35 行：继承 Shape 类的 Rectangle 子类，第 32～34 行实现抽象方法 area()。

第 36～50 行：继承 Shape 类的 Triangle 子类，第 47～49 行实现抽象方法 area()。

第 57～59 行：分别使用 Circle、Rectangle 和 Triangle 类声明对象变量 c、r 和 t，然后使用 new 运算符建立对象。

第 61～66 行：for 循环，if 条件语句指定 Shape 类的对象变量 s 分别是指向第 62 行的 Circle 对象 c、第 63 行的 Rectangle 对象 r 或第 64 行的 Triangle 对象 t，并在第 65 行调用 area() 多态方法显示各种图形的面积。

9.4.2　使用接口来实现多态

除了可以使用第 9.4.1 小节的方法建立多态外，我们也可以实现 Java 接口方法来建立多态，本节仍旧通过一个实例来说明如何使用 Java 接口的方法覆盖来建立多态。

1. 声明 Java 接口

IArea 接口是用来建立多态的接口，包含接口方法 area()，其声明如下所示：

```
interface IArea {
  void area();
}
```

2. 建立多态

在 Java 程序创建 Circle（圆形）、Rectangle（长方形）和 Triangle（三角形）3 个实现 IArea 接口的类，类声明如下所示：

```
class Circle implements IArea {
  ………
  public void area() { … }
}
class Rectangle implements IArea {
  ………
  public void area() { … }
}
class Triangle implements IArea {
  ………
  public void area() { … }
}
```

上述 3 个类都实现 area() 方法，但内含程序代码不同，分别可以计算不同图形的面积。现在我们可以使用接口 IArea 声明对象变量 a，如下所示：

```
IArea a;
```

上述对象变量 a 能够引用 Circle、Rectangle 和 Triangle 对象，换句话说，对象变量 a 就可以调用不同对象的 area()方法从而建立多态。

 Java 项目：Ch9_4_2

在 Java 程序 Ch9_4_2.java 创建 IArea 接口，之后创建 Circle、Rectangle 和 Triangle 3 个类来实现此接口，创建 area()多态方法，其执行结果如下所示：

```
圆形面积：113.0976
长方形面积：150.0
三角形面积：150.0
```

上述执行结果同样显示 3 种图形的面积，它们都是调用 a.area()方法的执行结果。

◀)) 程序内容

```
01: interface IArea {  // IArea 界面声明
02:    // 接口方法：计算面积
03:    void area();
04: }
05: class Circle implements IArea { // Circle 类声明
06:    private double r;     // 半径
07:    // 构造函数
08:    public Circle(double r) {
09:       this.r = r;
10:    }
11:    // 成员方法：实现接口方法 area()
12:    public void area() {
13:       System.out.println("圆形面积： " + 3.1416*r*r);
14:    }
15: }
16: class Rectangle implements IArea {  // Rectangle 类声明
17:    private double width;      // 宽
18:    private double height;      // 高
19:    // 构造函数
20:    public Rectangle(double width, double height) {
21:       this.width = width;
22:       this.height = height;
23:    }
24:    // 成员方法：实现接口方法 area()
25:    public void area() {
26:       System.out.println("长方形面积： "+(width*height));
27:    }
28: }
29: class Triangle implements IArea {    // Triangle 类声明
30:    private double height;    // 高
31:    private double bottom;      // 三角形底长
32:    // 构造函数
33:    public Triangle(double height, double bottom) {
34:       this.height = height;
35:       this.bottom = bottom;
36:    }
37:    // 成员方法：实现接口方法 area()
38:    public void area() {
39:       System.out.println("三角形面积： "+height*bottom/2.0);
40:    }
41: }
```

```
42: // 主程序类
43: public class Ch9_4_2 {
44:    // 主程序
45:    public static void main(String[] args) {
46:       IArea a;      // 接口的对象变量
47:       // 声明类类型的变量, 并且建立对象
48:       Circle c = new Circle(6.0);
49:       Rectangle r=new Rectangle(10.0, 15.0);
50:       Triangle t=new Triangle(20.0, 15.0);
51:       // 调用接口的接口方法 area()
52:       for ( int i = 1; i <= 3; i++ ) {
53:          if ( i == 1 )        a = c;  // 圆形
54:          else if ( i == 2 ) a = r;  // 长方形
55:                else          a = t;  // 三角形
56:          a.area();
57:       }
58:    }
59: }
```

◀)) **程序说明**

第 1～4 行：IArea 接口声明, 内含接口方法 area()。

第 5～15 行：Circle 类实现 IArea 接口, 第 12～14 行实现 area()方法。

第 16～28 行：Rectangle 类实现 IArea 接口, 第 25～27 行实现 area()方法。

第 29～41 行：Triangle 类实现 IArea 接口, 第 38～40 行实现 area()方法。

第 48～50 行：分别使用 Circle、Rectangle 和 Triangle 类声明对象变量 c、r 和 t, 然后使用 new 运算符建立各对象。

第 52～57 行：在 for 循环使用 if 条件语句来指定 IArea 接口对象变量 a 分别指向第 53 行的 Circle 对象 c、第 54 行的 Rectangle 对象 r 或第 55 行的 Triangle 对象 t, 第 56 行调用 area()多态方法来显示各种图形的面积。

9.5　包

对于一个大型 Java 应用程序来说, 开发者通常都涉及一至多个小组, 需集合众人之力来开发, 最后完成的应用程序可能包含上百个类, 此时, 名称冲突问题, 即同名类发生的机率就相当高。

为了避免名称冲突问题, 我们可以将不同小组建立的类置于其专属的命名空间（Namespace）, 在 Java 就是包（Packages）。本节笔者就来介绍如何建立 Java 包、导入包和使用包里的类。

9.5.1　Java 包基础

所谓"Java 包（Packages）"是一组相关类和接口的集合, 它提供访问保护, 允许其他类使用包中的类和接口。简单地说, 包是面向对象程序设计的零件库, 程序开发者可以直接选用包中现成的各种类零件, 轻松组合零件来建立对象集合, 完成 Java 应用程序的开发。

Java 包采用类似于 Windows 文件夹的结构, 只是改为 "." 句点分隔, 图 9-5 所示即名为 "ch9_5_2.myShape"包的目录结构。

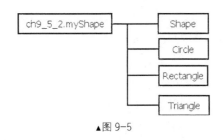

▲图 9-5

上述包之中拥有以下几个类：Shape、Circle、Rectangle 和 Triangle。若我们在其他类中也想使用这几个类的功能，只需在程序导入此包和类，即可来创建相应对象。

例如，在 Ch9_5_2.java 程序文件的开头导入 ch9_5_2.myShape 包，在 Ch9_5_2 类即可以建立 Circle、Rectangle 和 Triangle 对象来显示各种图形的面积。

事实上，Java 包名称就是文件夹名称，ch9_5_2.myShape 包的 4 个类文件即位于同名的"ch9_5_2/myShape"文件夹，如图 9-6 所示。

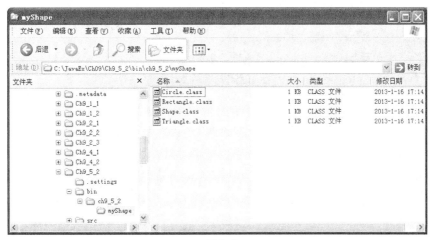

▲图 9-6

9.5.2 package 和 import 命令语句的使用

一般来说，我们可以直接在 Eclipse 的 Java 项目建立包，使用 package 命令语句建立包；import 命令语句导入包和类。

在 Java 项目如果没有建立包，Eclipse 会生成一个默认包（Default Package），本书大部分 Java 项目使用默认包，但 Eclipse 不建议如此做，因为可能产生名称冲突问题。

1. 创建包：使用 package 命令语句

在 Eclipse 中选择【Ch9_5_2】项目，执行"File>New>Package"命令，可以看到"New Java Package"对话框，如图 9-7 所示。

在【Name】框输入包名称【ch9_5_2.myShape】，单击【Finish】按钮，如图 9-8 所示。

▲图 9-7　　　　　　　　　　　　　　　　　　　　　　　　▲图 9-8

接着可以在此包中新增 Java 类，请选【ch9_5_2.myShape】，执行右键快捷菜单的 "New>Class"命令，打开 "New Java Class" 对话框，如图 9-9 所示。

【Package】栏即显示类所属的包，在【Name】栏输入类名称【Shape】，单击【Finish】按钮，可以看到在 Java 程序文件前加上 package 命令语句，如图 9-10 所示。

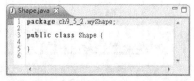

▲图 9-9　　　　　　　　　　　　　　　　　　　　　　　　▲图 9-10

然后，我们就可以输入 Shape 抽象类的声明，如下所示：

```
package ch9_5_2.myShape;

public abstract class Shape {    // Shape 抽象类声明
    public double x;    // X坐标
    public double y;    // y坐标
    // 抽象方法：计算面积
    public abstract void area();
}
```

上述 package 命令语句位于程序文件的第一行，之前只能有注释文字，不能有其他程序代码。package 命令语句表示 Shape 类属于 ch9_5_2.myShape 包的 public 成员。

因为 package 命令语句的范围是整个源代码文件，所以 Shape.java 程序文件内声明的所有类与接口都属于 ch9_5_2.myShape 包的成员。

同样方式，我们可以在包中创建 Circle、Rectangle 和 Triangle 类，即将第 9.4.1 小节的类声明切割成 Circle.java、Rectangle.java 和 Triangle.java 类文件。

2. 导入包和类：使用 import 命令语句

当在 Eclipse 的 Java 项目创建包后，我们就可以在其他 Java 程序代码来使用此包中的类，例如，在默认包创建 Ch9_5_2.java 程序文件后，就可以使用 import 命令语句导入 ch9_5_2.myShape 包里的类，如下所示：

```
import ch9_5_2.myShape.Shape;
import ch9_5_2.myShape.Circle;
import ch9_5_2.myShape.Rectangle;
import ch9_5_2.myShape.Triangle;
```

上述程序代码表示导入 ch9_5_2.myShape 包中的 Shape、Circle、Rectangle 和 Triangle 类，所以，我们可以在 Java 程序声明和创建 Circle、Rectangle 和 Triangle 对象，如下所示：

```
Shape s;
Circle c = new Circle(5.0, 10.0, 4.0);
Rectangle r = new Rectangle(10.0,10.0,20.0,20.0);
Triangle t = new Triangle(10.0,10.0,25.0,5.0);
```

如果 Java 程序需要导入整个 ch9_5_2.myShape 包，可以直接使用"*"符号代表在此包下的所有类，如下所示：

```
import ch9_5_2.myShape.*;
```

 Java 项目：Ch9_5_2

在 Java 项目创建名为 Ch9_5_2.myShape 的包，内含 4 个 Java 类文件，即 Shape.java、Circle.java、Rectangle.java 和 Triangle.java，如图 9-11 所示。

Ch9_5_2.java 程序文件属于默认包，在其中导入 Ch9_5_2.myShape 包里的类，以便创建 Circle、Rectangle 和 Triangle 类的对象，计算并显示各种图形的面积，其执行结果如下所示：

```
圆形面积: 50.2656
长方形面积: 400.0
三角形面积: 62.5
```

◀)) 程序内容

```
01: import ch9_5_2.myShape.Shape;
02: import ch9_5_2.myShape.Circle;
03: import ch9_5_2.myShape.Rectangle;
04: import ch9_5_2.myShape.Triangle;
05: // import ch9_5_2.myShape.*;
06: public class Ch9_5_2 {
07:     // 主程序
08:     public static void main(String[] args) {
09:         Shape s;     // 抽象类的对象变量
10:         // 声明类类型的变量，并且建立对象
11:         Circle c = new Circle(5.0, 10.0, 4.0);
```

▲图 9-11

```
12:        Rectangle r = new Rectangle(10.0,10.0,20.0,20.0);
13:        Triangle t = new Triangle(10.0,10.0,25.0,5.0);
14:        // 调用抽象类型对象的抽象方法 area()
15:        s = c;      // 圆形
16:        s.area();
17:        s = r;      // 长方形
18:        s.area();
19:        s = t;      // 三角形
20:        s.area();
21:    }
22: }
```

◀) 程序说明

第 1～5 行：使用 import 命令语句导入包中的类，也可以直接使用第 5 行注释掉文字的命令来导入整个包。

第 11～13 行：分别使用 Circle、Rectangle 和 Triangle 类创建对象 c、r 和 t。

第 15～20 行：调用多态方法 area()。

习题

1．请说明何谓嵌套类。嵌套类可以实现 UML 的_____类关系。

2．在 Student 类中如果拥有一个嵌套类 Address，那么编译成类文件后的类文件名为_____和_____。

3．请举例说明什么是匿名内层类。我们可以如何建立匿名内层类？

4．请说明在匿名内层类如何使用 this 和 final 关键字。

5．请举实例来说明面向对象的多态概念。

6．什么是静态绑定和动态绑定？其主要差异是什么？

7．请问 Java 提供哪几种方式来建立多态？

8．在 Java 创建运行时（动态链接）多态，可以分别使用_____和_____来实现。

9．请将第 8.1.1 小节类层次结构的 Vehicle 类改为抽象类，声明继承 Vehicle 抽象类的子类 Car、Trucks 和 Motorcycle，然后建立多态的 show()方法显示车辆数据。

10．Customer、Student、Teacher 和 Sales 类都拥有显示基本数据的方法，现创建一个 IPrint 接口，内含 print()方法，然后让这些类实现 IPrint 接口，并且都使用 print()方法来显示基本数据。

11．在第 9.4.1 小节的程序范例新增两个继承 Shape 抽象类的 Polygon（多边形）和 Square（正方形）类，实现调用 area()方法来计算图形面积。

12．创建一个 Test 抽象类，并创建 MidTerm（期中考）、Final（期末考）和 Quiz（小考）子类，使用多态的 test()方法来显示各次考试的最高和平均成绩。

第 10 章　异常处理、线程与泛型集合对象

10.1　Java 的异常处理

Java 的"异常"（Exception）是指异常对象，即一种异常事件。这是指在程序运行时，发生不正常执行状态时产生的事件，"异常处理"（Handling Exceptions）就是用来处理程序产生的异常事件。

异常处理的目的是为了让程序能够更加"健壮"（Robust），就算程序遇到不寻常情况，也不会造成程序"崩溃"（Crashing），甚或导致系统当机。

10.1.1　异常处理的架构

Java 异常处理架构是一种你丢我捡的架构，当 JVM 执行 Java 程序发生错误时，就会产生异常对象。有了异常，JVM 开始寻找是否有方法可以处理，处理方法有两种：一种是在方法加上异常处理程序语句来处理异常（在第 10.1.3 小节说明），或是将异常丢给其他方法处理（在第 10.2.2 小节说明），如图 10-1 所示。

图 10-1 是执行 Java 程序的调用过程，依次从 main()
方法调用 methodA()方法，接着调用 methodB()方法，最
后调用 methodC()方法。调用方法的过程存入称为"调用
堆栈"（Call Stack）数据结构来保存调用方法的数据，以
便返回时，能够还原成调用前的状态。

假设：methodC()方法发生错误，产生异常对象 A。
JVM 就会倒过来寻找方法是否拥有异常处理，首先查找
methodC()和 methodB()，因为没有异常处理，所以异常
会传递给 methodA()，在此方法拥有异常处理 A，所以可以处理异常对象 A。

▲图 10-1

不只如此，Java 方法也可以自行抛出异常，例如，methodB()抛出异常对象 B，同样需要寻找
是否有异常处理的方法可以进行处理。此例虽然 methodA()拥有异常处理，但是因为异常类型不同，
所以，直到 main()方法才找到正确的异常处理 B。

10.1.2　Throwable 类

在 Java 程序执行时产生的异常是一个对象，属于 Throwable 类或其子类的实例对象。Throwable

类拥有两种子类，如下所示。

● Error 类：其子类属于 JVM 严重错误，会导致程序终止执行，所以没有办法使用异常处理来处理此种错误。

● Exception 类：其子类就是各种异常对象，也是异常处理可以处理的部分。事实上，部分异常也属于一种错误，只是错误并没有严重到需要终止程序执行，在程序可以使用异常处理防止程序终止执行，并且进行一些补救工作。

Exception 类拥有 RuntimeException 子类，其子类就是一些常见的异常对象，其说明如表 10-1 所示。

表 10-1

异　　　常	说　　　明
ArithmeticException	数学运算时产生的异常，例如：除以 0
ArrayIndexOutOfBoundsException	数组索引值小于 0 或超过数组边界产生的异常
ArrayStoreException	保存数组元素的类型不符产生的异常
IllegalArgumentException	方法调用时，参数类型不同产生的异常
NullPointerException	对象值为 null 产生的异常

10.1.3　异常处理语句

Java 异常处理语句是让方法拥有处理异常功能的程序块，在产生异常时，它处理指定异常类型的异常对象。

1. 异常处理语句

Java 语言的异常处理语句分为 try、catch 和 finally3 个程序块，语法如下：

```
try {
.........
}
catch (ExceptionType e) {
    // 异常处理
    ........
}
finally { ......... }
```

上述 3 个程序块的说明如下。

● try 程序块：try 程序块的程序代码用来检查是否产生异常对象，当异常产生时，就会抛出指定异常类型的对象。

● catch 程序块：当 try 程序块的程序代码抛出异常，程序需要准备一到多个 catch 程序块来处理不同类型的异常，传入的参数 e 是异常类型的对象（这是继承自 Throwable 类的对象），可以使用相关方法取得进一步的异常信息，相关方法说明如表 10-2 所示。

表 10-2

方　　法	说　　明
String getMessage()	返回异常说明的字符串
void printStackTrace()	显示程序调用的执行过程

● finally 程序块：finally 程序块是一个可有可无的程序块，其主要目的是进行程序善后，不论异常是否产生，都会执行此程序块的程序代码。

2. try 与资源的异常处理

对于资源（Resource）来说，我们可以直接在 try 程序块声明 1 到多个资源，资源是一种必须在程序结束后关闭的对象，例如：使用 BufferedReader 对象打开读取文件，如下所示：

```
try (BufferedReader br = new BufferedReader(
              new FileReader(path))) {
  return br.readLine();
}
catch (ExceptionType e) {
  e.printStackTrace();
}
```

上述资源是 BufferedReader 对象，它是在 try 关键字之后的括号中声明，因为此类在 Java SE 7 版已经实现 java.lang.AutoCloseable 接口，所以，不论 try 程序块是正常或产生异常而结束，此对象都会自动关闭。

 Java 项目：Ch10_1_3

在 Java 程序 Ch10_1_3.java 使用异常处理语句来处理数学运算产生的 ArithmeticException 异常，其执行结果如下所示：

```
计算结果: 5
计算结果: 10
异常说明: / by zero
异常原因:
异常处理结束
Java 程序执行结束!
java.lang.ArithmeticException: / by zero
    at Ch10_1_3.main(Ch10_1_3.java:9)
```

上述执行结果产生除以 0 的异常，并且显示异常信息和调用过程，即调用 e.printStackTrace() 方法，指出异常是产生在 Ch10_1_3.main() 方法。

请注意，Eclipse 在 Console 窗口将调用 e.printStackTrace() 方法的信息显示在最后，而不是在"异常原因:"之后（显示位置有些问题），【异常原因:】后的两行文字内容是执行 finally 块和异常处理之外的程序代码的结果。

🔊 程序内容

```
01: public class Ch10_1_3 {
02:    // 主程序
03:    public static void main(String[] args) {
```

```
04:      int i;
05:      // 异常处理程序语句
06:      try {
07:          // 产生零除的异常
08:          for ( i = 2; i > -1; i-- )
09:              System.out.println("计算结果: "+10/i);
10:      }
11:      catch( ArithmeticException e ) {
12:          // 显示异常信息
13:          System.out.println("异常说明: "+e.getMessage());
14:          System.out.println("异常原因: ");
15:          e.printStackTrace();
16:      }
17:      finally {
18:          System.out.println("异常处理结束");
19:      }
20:      System.out.println("Java 程序执行结束!");
21:   }
22: }
```

🔊 程序说明

第 6～19 行：异常处理语句，第 4 行和第 20 行的程序代码不属于异常处理语句。

第 6～10 行：在 try 程序块的第 8～9 行使用 for 循环产生除以 0 的异常。

第 11～16 行：在 catch 程序块处理 ArithmeticException 异常，可以显示异常的相关信息。

第 17～19 行：finally 程序块。

上述 Java 程序 Ch10_1_3.java 因为使用异常处理，所以虽然有异常产生，仍然会执行第 20 行的程序代码。如果 Java 程序没有异常处理，在 Eclipse IDE 的编辑器打开此 Java 文件 Ch10_1_3a.java，然后执行 "Run>Run" 指令，可以看到执行结果，如下所示：

```
计算结果: 5
计算结果: 10
Exception in thread "main" java.lang.ArithmeticException: / by zero
    at Ch10_1_3a.main(Ch10_1_3a.java:8)
```

上述执行结果虽然也显示产生异常情况，不过，这是由 JVM 处理异常，所以马上就结束程序，而不会执行第 20 进程序代码显示 "Java 程序执行结束!" 字符串。

10.1.4　同时处理多种异常

在 Java 的 try/catch/finally 语句，可以使用多个 catch 程序块来同时处理多种不同的异常，如下所示：

```
try {
    ………
}
catch ( ArithmeticException e ) { …… }
catch ( ArrayIndexOutOfBoundsException e ) { …… }
finally { ……}
```

上述错误处理语句可以处理 ArithmeticException 和 ArrayIndexOutOfBoundsException 两种异常。在 Java SE 7 可以使用 "|" 垂直线连接异常对象来简化程序代码的编写，一样可以同时处理多种异常（Java 程序文件是：Ch10_1_4a.java），如下所示：

```
catch ( ArithmeticException |
        ArrayIndexOutOfBoundsException e ) {
    printErrMsg(e);
}
```

 Java 项目：Ch10_1_4

在 Java 程序 Ch10_1_4.java 使用异常处理语句，同时处理 ArithmeticException 和 ArrayIndexOutOfBoundsException 异常，分别是数学运算和超过数组边界所产生的异常，其执行结果如下所示：

```
计算结果: 5
计算结果: 10
异常说明: / by zero
异常原因:
异常处理结束
java.lang.ArithmeticException: / by zero
    at Ch10_1_4.main(Ch10_1_4.java:18)
```

上述执行结果显示除以 0 的异常。因为数组索引是使用随机数取得，重复执行 Java 程序，就有可能产生超过数组边界的异常，如下所示：

```
异常说明: 7
异常原因:
异常处理结束
java.lang.ArrayIndexOutOfBoundsException: 7
    at Ch10_1_4.main(Ch10_1_4.java:15)
```

◀)) 程序内容

```
01: public class Ch10_1_4 {
02:     // 类方法：显示异常信息
03:     static void printErrMsg(Exception e) {
04:         System.out.println("异常说明: " + e.getMessage());
05:         System.out.println("异常原因: ");
06:         e.printStackTrace();
07:     }
08:     // 主程序
09:     public static void main(String[] args) {
10:         int i;
11:         int[] data = {22, 14, 36, 68, 87};
12:         // 异常处理程序语句
13:         try {
14:             int index = (int)(Math.random()*10);
15:             i = data[index];  // 产生超过数组范围异常
16:             // 产生被零除的异常
17:             for ( i = 2; i > -1; i-- )
18:                 System.out.println("计算结果: " +10/i);
19:         }
20:         catch ( ArithmeticException e ) {
21:             // 处理被零除的异常
22:             printErrMsg(e);
23:         }
24:         catch ( ArrayIndexOutOfBoundsException e ) {
25:             // 处理超过数组范围异常
26:             printErrMsg(e);
27:         }
28:         finally {
```

```
29:          System.out.println("异常处理结束");
30:      }
31:   }
32: }
```

🔊　程序说明

第 3～7 行：定义 printErrMsg()方法，可以显示异常的相关信息。

第 13～19 行：在 try 程序块的第 14 行取得随机数的数组索引，如果值太大，就会在第 15 行导致超过数组边界的异常，第 17～18 行使用 for 循环产生除以 0 异常。

第 20～27 行：两个 catch 程序块分别可以处理 ArithmeticException 和 ArrayIndexOutOfBounds Exception 异常。

10.2　抛出异常与自定义 Exception 类

在第 10.1 节的异常都是 JVM 执行时产生的异常。事实上，Java 方法本身也可以自行抛出异常，或当异常产生时，丢给其他方法来处理。

10.2.1　使用 throw 关键字

在 Java 程序代码可以使用 throw 关键字来自行抛出异常。例如，抛出 ArithmeticException 异常对象，如下所示：

```
throw new ArithmeticException("值小于 10");
```

使用 new 运算符来创建异常对象，构造函数参数是准备让 getMessage()方法取得的异常说明字符串。

 Java 项目：Ch10_2_1

在 Java 程序 Ch10_2_1.java 使用异常处理语句 try/catch/finally 处理 ArithmeticException 异常，程序使用 throw 关键字自行抛出异常，其执行结果如下所示：

```
异常说明：值小于 10
异常原因：
异常处理结束
java.lang.ArithmeticException: 值小于 10
    at Ch10_2_1.main(Ch10_2_1.java:8)
```

上述执行结果显示随机数取得的测试值，如果值小于 10，可以看到异常产生请注意，异常说明的文字内容是创建异常对象时指定的字符串；如果值大于等于 10，只会显示"异常处理结束"字符串。

🔊　程序内容

```
01: public class Ch10_2_1 {
02:    // 主程序
03:    public static void main(String[] args) {
04:       try {  // 异常处理程序语句
05:          // 取得随机数值
```

```
06:        int index = (int)(Math.random()*10);
07:        if ( index < 10 ) // 抛出 ArithmeticException 异常
08:           throw new ArithmeticException("值小于 10");
09:      }
10:    catch ( ArithmeticException e ) {
11:        // 处理 ArithmeticException 异常
12:        System.out.println("异常说明: "+e.getMessage());
13:        System.out.println("异常原因: ");
14:        e.printStackTrace();
15:      }
16:    finally {
17:        System.out.println("异常处理结束");
18:      }
19:    }
20: }
```

◀)) 程序说明

第 4～9 行：在 try 程序块的第 8 行使用 throw 关键字抛出异常对象。

第 10～15 行：在 catch 程序块处理 ArithmeticException 异常，可以显示异常的相关信息。

10.2.2　在方法抛出异常

在某些情况下，虽然方法中产生了异常，但是 Java 程序并不希望在此方法处理异常（主要目的是为了集中处理异常），此时可以让方法将异常抛出，让调用此方法的其他方法来接手处理异常，如下所示：

```
static int cal(int a, int b, int c)
     throws IllegalArgumentException,
          ArrayIndexOutOfBoundsExcception {
  ………
  throw new IllegalArgumentException("c 等于 0!");
  ………
  throw new ArrayIndexOutOfBoundsException(
               "数组索引值大于等于 5!");
}
```

在上述类方法中，通过在方法名称和参数行后加上 throws 关键字和“,”号分隔的异常对象，将产生的异常丢给其他方法来处理。

 Java 项目：Ch10_2_2

在 Java 程序 Ch10_2_2.java 的 main()方法创建异常处理语句来处理 IllegalArgumentException 和 ArrayIndexOutOfBoundsException 异常，这些异常将由 cal()方法抛出，然后由 main()方法接手处理，其执行结果如下所示：

```
异常说明: c 等于 0!
异常原因:
java.lang.IllegalArgumentException: c 等于 0!
   at Ch10_2_2.cal(Ch10_2_2.java:9)
   at Ch10_2_2.main(Ch10_2_2.java:29)
```

上述执行结果因为随机数生成的除数参数 c 为 0，所以抛出 IllegalArgumentException 异常。重复执行 Java 程序，就有可能产生 ArrayIndexOutOfBoundsException 异常，如下所示：

数组索引值大于等于 5!
```
java.lang.ArrayIndexOutOfBoundsException: 数组索引值大于等于 5!
    at Ch10_2_2.cal(Ch10_2_2.java:15)
    at Ch10_2_2.main(Ch10_2_2.java:29)
```

上述执行结果显示计算 a*b/c 的索引值大于等于 5，所以产生 ArrayIndexOutOfBoundsException 异常。

◀ 程序内容

```
01: public class Ch10_2_2 {
02:    // 类方法: 计算a*b/c 的值
03:    static int cal(int a, int b, int c)
04:              throws IllegalArgumentException,
05:                    ArrayIndexOutOfBoundsException {
06:       int index;
07:       int[] data = {22, 14, 36, 68, 87};
08:       if ( c <= 0 ) { // 抛出 IllegalArgumentException 异常
09:          throw new IllegalArgumentException("c 等于 0!");
10:       }
11:       else {
12:          index = a*b/c;
13:          if ( index >= 5 ) {
14:             // 抛出 ArrayIndexOutOfBoundsException 异常
15:             throw new ArrayIndexOutOfBoundsException(
16:                   "数组索引值大于等于 5!");
17:          }
18:       }
19:       return data[index];
20:    }
21:    // 主程序
22:    public static void main(String[] args) {
23:       int result;
24:       try {
25:          // 取得随机数值
26:          int a = (int)(Math.random()*10);
27:          int b = (int)(Math.random()*10);
28:          int c = (int)(Math.random()*10);
29:          result = cal(a, b, c);  // 调用方法
30:          System.out.println("计算结果: " + result);
31:       }
32:       catch ( IllegalArgumentException e ) {
33:          // 处理 IllegalArgumentException 异常
34:          System.out.println("异常说明: "+e.getMessage());
35:          System.out.println("异常原因: ");
36:          e.printStackTrace();
37:       }
38:       catch ( ArrayIndexOutOfBoundsException e ) {
39:          System.out.println(e.getMessage());
40:          e.printStackTrace();
41:       }
42:    }
43: }
```

◀ 程序说明

第 3～20 行：cal()方法在第 9 行和第 15～16 行分别使用 throw 关键字抛出两种不同的异常对象，不过，因为方法并没有异常处理，所以使用第 4～5 行将异常丢给调用方法来处理。

第 24～41 行：main()方法的异常处理语句。

第 24～31 行：在 try 程序块的第 29 行调用 cal()方法。

第 32～37 行：在 catch 程序块处理 IllegalArgumentException 异常，显示异常的相关信息。

第 38～41 行：处理 ArrayIndexOutOfBoundsException 异常，可以显示异常的相关信息。

10.2.3　自定义 Exception 类

除了使用 Java 现成的 Exception 类中的异常，我们也可以自定义 Exception 类来创建 Java 程序所需的异常提示。例如下面声明一个 UserException 类：

```
class UserException extends Exception {
  private static final long serialVersionUID = 1L;
  int data;
  public UserException(int data) {
    this.data = data;
  }
  public String getMessage() {
    return ("出价次数太多: " + data);
  }
}
```

这就是一个自定义异常类，类继承自 Exception 类，然后重写 getMessage()方法。

因为 Exception 类是序列化类（Serializable Class），正确的类声明需要加上类常量 serialVersionUID，提供版本控制，以保证对象的唯一和兼容性，其默认值为 1L（如果没有声明，在 Eclipse 会显示黄色的警告图标，因为只是警告，仍然可以编译和执行）。

 Java 项目：Ch10_2_3

在 Java 程序 Ch10_2_3.java 使用异常处理语句处理自定义的 UserException 异常，其执行结果如下所示：

```
出价次数: 0
出价次数: 1
出价次数: 2
出价次数: 3
出价次数: 4
异常说明: 出价次数太多: 5
异常原因:
UserException: 出价次数太多: 5
  at Ch10_2_3.main(Ch10_2_3.java:24)
异常处理结束!
```

上述执行结果显示异常信息和调用过程，指出异常产生在 main()方法，显示的异常是自定义异常对象 UserException。

🔊　程序内容

```
01: // 自定义 Exception 类
02: class UserException extends Exception {
03:    private static final long serialVersionUID = 1L;
04:    // 变量声明
05:    int data;
06:    // 构造函数
07:    public UserException(int data) {
```

```
08:      this.data = data;
09:    }
10:    // 重写 getMessaeg() 方法
11:    public String getMessage() {
12:      return ("出价次数太多: " + data);
13:    }
14: }
15: // 主程序类
16: public class Ch10_2_3 {
17:    // 主程序
18:    public static void main(String[] args) {
19:      try {
20:        int i;
21:        for ( i = 0; i < 10; i++ ) {
22:          if ( i == 5 ) {
23:            // 抛出自定义的异常
24:            throw new UserException(5);
25:          }
26:          System.out.println("出价次数: " + i);
27:        }
28:      }
29:      catch( UserException e ) {
30:        // 处理自定义的异常
31:        System.out.println("异常说明: "+e.getMessage());
32:        System.out.println("异常原因: ");
33:        e.printStackTrace();
34:      }
35:      finally {
36:        System.out.println("异常处理结束!");
37:      }
38:    }
39: }
```

◀)　程序说明

第 2～14 行：UserException 类声明，它继承自 Exception 类。

第 19～37 行：main()方法的异常处理语句。第 19～28 行 try 程序块中，第 21～27 行使用 for 循环抛出等于 5 的异常。

第 29～34 行：在 catch 程序块处理 UserException 异常，显示异常的相关信息。

10.3　线程的基础知识

传统的程序执行时只会有一个执行流程，也就是从主程序开始执行，在经过流程控制的转折后，不论路径是哪一条，从头到尾仍然只有一条单一路径。

1. Java 的线程

Java 的"线程"（Threads）也被称为"轻量级进程"（Lightweight Process），其执行过程类似于上述传统程序执行，不过线程并不能单独存在或独立执行，它一定需要隶属于一个程序，由程序来启动线程，如图 10-2 所示。

图 10-2 中的 Java 程序产生一个执行线程，我们可以将它视为包含在 Java 程序中的小程序。

程序代码本身没有先后依存的关系，但大部分程序设计语言提供的控制结构是简单的，使程序一次只能完成一项工作。例如，因为方法 b()需要使用到方法 a()的执行结果，程序需要执行完 a()方法后，才能执行 b()方法，即 a()方法和 b()方法并不能同时执行。

如果能够将程序分割成多个同步线程来一起执行，无疑可以提高执行效率。这种程序设计方法称为"并行程序设计"（Parallel Programming），如图 10-3 所示。

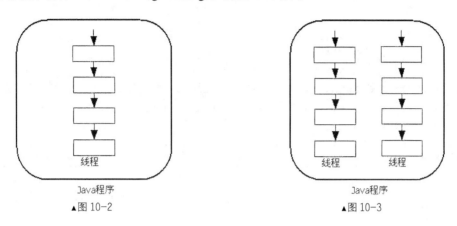

▲图 10-2　　　　　　　　　　　　　▲图 10-3

图 10-3 中的 Java 程序拥有两个线程且是同步执行，也就是说，在同一个 Java 程序可拥有多个执行流程，能够同时执行多个线程来增加程序的执行效率。

2. 多任务与多线程

目前的操作系统都强调"多任务"（Multitasking）。例如，微软 Windows 操作系统就属于一种多任务的操作系统，可以同时启动画图、记事本和计算器等多个应用程序。

不同于操作系统的多任务，"多线程"（Multithreaded）是指在单一应用程序拥有多个执行流程，例如，Web 浏览器可以在下载网页文件的同时显示动画、播放音乐，并且我们还可以滚动窗口浏览网页内容。

10.4 创建 Java 的线程

Java 线程是 Thread 类的对象，我们可以使用两种方式来创建多线程的 Java 应用程序，如下所示：
- 实现 Runnable 接口；
- 继承 Thread 类。

10.4.1 实现 Runnable 接口来创建线程

因为 Java 并不支持多重继承，如果类已经继承其他类，就无法再继承 Thread 类。我们只能通过实现 Java 提供的 Runnable 接口来创建多线程应用程序，语法如下所示：

```
class SumThread extends SumClass implements Runnable {
    // 构造函数
    public SumThread(long length) { … }
    // 执行线程
```

```
    public void run() {
        ........
    }
}
```

上述 SumThread 类继承自 SumClass 类且实现 Runnable 接口的 run()方法。现在我们可以创建 Thread 对象，如下所示：

```
SumThread st1 = new SumThread(150);
Thread t1 = new Thread(st1, "线程A");
t1.start();
```

上述程序代码在创建 SumThread 对象 st1 后，又使用 st1 对象创建 Thread 对象的线程，字符串参数是线程名称，最后使用 start()方法启动线程。Thread 类的构造函数说明如表 10-3 所示。

表 10-3

构造函数	说　　明
Thread() Thread(String) Thread(Runnable) Thread(Runnable, String)	创建 Thread 对象，参数 String 是线程名称，Runnable 是实现 Runnable 接口的对象

Thread 类的相关方法说明如表 10-4 所示。

表 10-4

方　　法	说　　明
int activeCount()	取得目前共有多少个执行中的线程
Thread currentThread()	取得目前的线程对象
void sleep(long)	让线程暂时停止执行一段时间，也就是参数 long 的毫秒数
boolean isAlive()	检查目前线程是否在执行中，返回值 true 为是；false 为不是
void start()	启动线程
void setName(String)	将线程名称指定为参数 String 字符串
String getName()	取得线程的名称字符串
String toString()	取得线程名称、优先级以及所属线程组，默认线程组是 main

 Java 项目：Ch10_4_1

在 Java 程序 Ch10_4_1.java 实现 Runnable 接口，然后创建两个线程 A 和 B，分别计算 1 加到 150 的总和，其执行结果如下所示：

```
线程: Thread[main,5,main]
Thread[线程B,5,main]总和 = 11325
Thread[线程A,5,main]总和 = 11325
```

上述结果显示 3 个线程，第 1 个是主程序线程，接下来 2 个为线程 B 和 A，这是分别计算指定范围数值总和的线程。

　　因为线程 A 和 B 是同时执行的两个线程，若此次先执行完线程 B，然后才是线程 A，再次执行 Java 程序，就有可能是线程 A 先执行完。

◀)) 程序内容

```
01: // 用户类
02: class SumClass {
03:    private long length;
04:    // 构造函数
05:    public SumClass(long length) {
06:       this.length = length;

07:    }
08:    // 计算总和
09:    public long sum() {
10:       long temp = 0;
11:       for (int i = 1; i <= length; i++) {
12:          try {  // 暂停一段时间
13:             Thread.sleep((int)(Math.random()*10));
14:          }
15:          catch(InterruptedException e){ }
16:          temp += i;
17:       }
18:       return temp;
19:    }
20: }
21: // 线程类
22: class SumThread extends SumClass implements Runnable {
23:    // 构造函数
24:    public SumThread(long length) {
25:       super(length);
26:    }
27:    // 执行线程
28:    public void run() {
29:       System.out.println(Thread.currentThread() +
30:                       "总和 = " + sum());
31:    }
32: }
33: // 主类
34: public class Ch10_4_1 {
35:    // 主程序
36:    public static void main(String[] args) {
37:       System.out.print("线程: ");
38:       System.out.println(Thread.currentThread());
39:       // 建立线程对象
40:       SumThread st1 = new SumThread(150);
41:       Thread t1 = new Thread(st1, "线程A");
42:       SumThread st2 = new SumThread(150);
43:       Thread t2 = new Thread(st2, "线程B");
44:       // 启动线程
45:       t1.start();
46:       t2.start();
47:    }
48: }
```

◀)) 程序说明

　　第 2～20 行：SumClass 类的声明，在第 9～19 行的 sum()方法计算指定范围的数值总和，第 13 行使用随机数暂停一段时间。

第 22～32 行：声明 SumThread 线程类并实现 Runnable 接口，也就是第 28～31 行的 run()方法，在此方法显示当前的线程信息和 sum()方法求得的总和。该类继承自 SumClass 类。

第 40～46 行：在主程序 main()方法的第 40～43 行创建线程对象，第 45～46 行启动线程。

10.4.2　继承 Thread 类来创建线程

如果 Java 类没有继承其他类，我们可以直接继承 Thread 类重写 run()方法来创建线程。

1.　直接继承 Thread 类创建线程

SumThread 类是一个继承 Thread 的类，其声明如下所示：

```
class SumThread extends Thread {
  public SumThread(long length, String name) { … }
  public void run() { … }
}
```

在上述 SumThread 类重写了 Thread 类的 run()方法。现在我们可以创建 Thread 对象来启动线程，如下所示：

```
SumThread st = new SumThread(150, "线程A");
st.start();
```

首先创建 SumThread 对象 st，然后使用 start()方法来启动线程。

2.　使用匿名嵌套类创建和启动线程

另一种方式是使用匿名嵌套类来启动线程，如下所示：

```
new Thread("线程B") {
    int length = 150;
    public void run() {
      // 计算总和
    }
}.start();
```

上述程序代码在使用匿名嵌套类创建 Thread 对象后，直接调用 start()方法来启动线程。

 Java 项目：Ch10_4_2

类似第 10.4.1 小节的 Java 程序，Ch10_4_2.java 只是改为分别通过继承 Thread 类和使用匿名类来创建线程 A 和 B，其执行结果如下所示：

```
线程: Thread[main,5,main]
Thread[线程A,5,main]总和 = 11325
Thread[线程B,5,main]总和 = 11325
```

🔊　程序内容

```
01: // 线程类
02: class SumThread extends Thread {
03:     private long length;
04:     // 构造函数
05:     public SumThread(long length, String name) {
```

```
06:         super(name);
07:         this.length = length;
08:     }
09:     // 执行线程
10:     public void run() {
11:         long temp = 0;
12:         for (int i = 1; i <= length; i++) {
13:             try {  // 暂停一段时间
14:                 Thread.sleep((int)(Math.random()*10));
15:             }
16:             catch(InterruptedException e) { }
17:             temp += i;
18:         }
19:         System.out.println(Thread.currentThread() +
20:                       "总和 = " + temp);
21:     }
22: }
23: // 主类
24: public class Ch10_4_2 {
25:     // 主程序
26:     public static void main(String[] args) {
27:         System.out.print("线程: ");
28:         System.out.println(Thread.currentThread());
29:         // 建立线程对象
30:         SumThread st1 = new SumThread(150, "线程 A");
31:         // 启动线程
32:         st1.start();
33:         // 建立匿名内层类来启动线程
34:         new Thread("线程 B") {
35:             int length = 150;
36:             // 执行线程
37:             public void run() {
38:                 long temp - 0;
39:                 for (int i = 1; i <= length; i++) {
40:                     try {  // 暂停一段时间
41:                         Thread.sleep((int)(Math.random()*10));
42:                     }
43:                     catch(InterruptedException e) { }
44:                     temp += i;
45:                 }
46:                 System.out.println(Thread.currentThread() +
47:                               "总和 = " + temp);
48:             }
49:         }.start(); // 启动线程
50:     }
51: }
```

◀)) 程序说明

第 2～22 行：继承自 Thread 类的 SumThread 类声明，在第 5～8 行是构造函数，第 10～21 行的 run()方法可以计算总和，在第 14 行使用随机数暂停一段时间。

第 30～32 行：在主程序创建线程对象并启动线程 A。

第 34～49 行：使用匿名类创建和启动线程 B。

10.5 集合对象简介

集合对象可以视为一个容器，其中保存的元素是对象，可以保存不定数量的对象，简单地说，它就是一个对象集合。

10.5.1　Java Collections Framework

"集合对象"（Collections）是指一组相关的对象集合，将这组对象集合视为单一对象，在集合对象中的对象称为"元素"（Elements）。集合对象有很多种，其保存的元素有些允许重复；有些元素会进行排序，旧版 Java 中主要是指 Vector 和 Hashtable 对象。

JDK 1.2 之后的版本提供 Java Collections Framework（集合框架），这是保存和处理集合对象的统一软件框架，其组成如下所示。

● 集合接口（Collection Interface）：一组定义完善的 Java 接口，提供处理集合对象的标准接口，可以让集合对象拥有一致操作方式，包含 Collection、Set、SortedSet、List、Map 和 SortedMap 接口。

● 实现（Implementations）：实现集合接口的一些常用类，称为"具体类"（Concrete Class）。对比抽象类，这些类可以使用 new 运算符来创建对象实例。具体类与实现的集合接口的对应关系，如表 10-5 所示。

表 10-5

接　　口	具 体 类
Set	HashSet
SortedSet	TreeSet
List	ArrayList、LinkedList、Vector
Map	HashMap、Hashtable
SortedMap	TreeMap

● 算法（Algorithms）：当对象实现集合接口，其实现的多态方法可以执行集合对象元素的搜索与排序等算法。

10.5.2　集合接口

集合接口（Collection Interface）是处理集合中保存的对象，提供一致的对象操作方式来添加、删除和搜索元素的方法。集合接口类中的根接口是：Collection 和 Map 接口。

1. Collection 集合接口

Collection 接口下拥有 Set 和 List 子接口，Set 接口又拥有 SortedSet 子接口。UML 类图如图 10-4 所示。

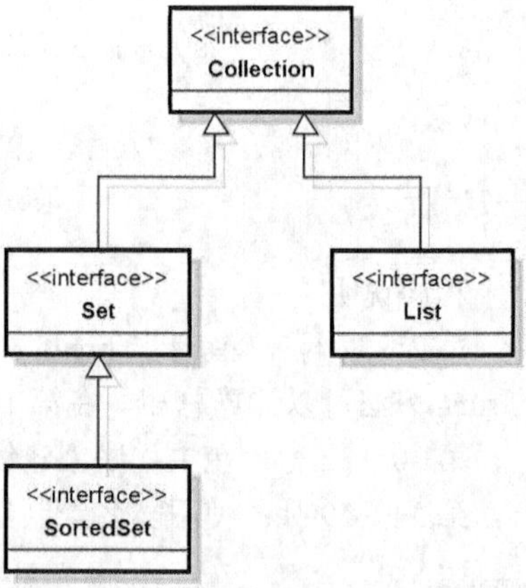

图 10-4 的集合接口说明如下。

● Collection 接口：集合接口的根接口，不过没有任何

▲图 10-4

类是直接实现 Collection 接口，Java Collections Framework 的具体类（Concrete Class）都是实现其子接口。

- Set 接口：实现 Set 接口的集合对象，其保存元素没有重复元素。
- List 接口：实现 List 接口的集合对象可以拥有重复元素，各元素以顺序方式来存入，并使用类似数组索引方式来访问元素。
- SortedSet 接口：Set 接口的子接口。实现 SortedSet 接口的集合对象，其保存元素不只没有重复，而且是由小到大进行排序的。

2. Map 集合接口

Map 接口并不是 Collection 接口的子接口，它是一种特殊的 Set 接口，其保存数据是 2 个一组的对应元素，拥有子接口 SortedMap。UML 类图如图 10-5 所示。

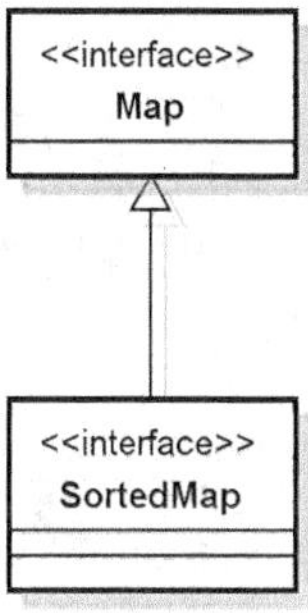

图 10-5 中的集合接口说明如下。

- Map 接口：实现 Map 接口的集合对象并没有重复元素，保存元素是一对：键值（Key）和值（Value），属于一种单方向对应，键值可以对应其值。例如，域名对应 IP 地址，但是一个 IP 地址可能有多种域名。

▲图 10-5

- SortedMap 接口：Map 接口子接口，对应 SortedSet 接口。实现 SortedMap 接口的集合对象，其保存元素没有重复，而且使用键值来由小到大进行排序。

10.5.3　泛型集合类概述

"泛型"（Generic）是 JDK 5.0 对 Java 语法的重大变革，类似 C++语言的"模板"（Templates），提供编译阶段的集合对象类型检查功能，可以减少程序代码中取出集合对象元素所需的大量类型转换。

1. 集合对象的类型转换

旧版集合对象在创建 HashSet 对象时，因为存入的是 Object 对象，所以我们可以存入 Byte、Float 和 String 等不同数据类型的各种元素。

不过，当从集合元素取出元素时，程序设计者需要自己记得存入的元素是哪一种数据类型，然后将 Object 对象类型转换成指定的数据类型，如下所示：

```
Customer temp;
Iterator iterator = hset.iterator();
temp = (Customer) iterator.next();
```

上述程序代码使用旧版 Java 语法，在使用 Iterator 接口取出 HashSet 集合对象 hset 的元素后，还需要对其进行类型转换，才能指定给 temp 对象变量。

2. 泛型类型

"泛型类型"（Generic Types）扩展了 Java 的功能。简单地说，在建立集合对象时，可使用泛型类型来指定集合对象保存元素的数据类型，如下所示：

```
HashSet<Byte> hset0= new HashSet<Byte>();
```

```
HashSet<Float> hset1= new HashSet<Float>();
HashSet<String> hset2= new HashSet<String>();
```

上述程序代码中，在 HashSet 类之后使用 "<" 和 ">" 括起的数据类型就是泛型类型。通过这种方式可以指定集合对象保存元素的数据类型，以便 Java 编译程序自行追踪记录元素的数据类型，如下所示：

```
Customer temp;
Iterator<Customer> iterator = hset.iterator();
temp = iterator.next();
```

上述程序代码使用泛型类型，所以取出集合对象的元素时，就不需使用程序代码来执行类型转换。

10.6　泛型集合类

泛型集合类相当的多，本节主要介绍常用的 HashSet 和 ArrayList 类，此外，集合对象还提供 Iterator 和 ListIterator 接口的一致访问方式来输出集合对象的元素。

10.6.1　HashSet 类

HashSet 类实现 Set 接口，继承 Collection 接口的方法且使用 "哈希表"（Hash Table）算法来改进添加、删除和访问集合对象元素的执行效率，其保存元素的排列和插入顺序不同，也不保证拥有固定的排列顺序，如下所示：

```
HashSet<String> hset = new HashSet<String>();
```

上述程序代码创建一个保存字符串元素的 HashSet 对象，泛型类型为 String。在 Java SE 7 支持钻石运算符 "<>"，可以简化创建泛型集合对象的程序代码，如下所示：

```
HashSet<String> hset = new HashSet<>();
```

上述构造函数的泛型只需使用 "<>"，而不用再重复指明数据类型，这样可以增加程序代码的可读性。构造函数可以重载，说明如表 10-6 所示。

表 10-6

构造函数	说　　明
HashSet<E>()	创建空的 HashSet 对象，默认元素数是 16
HashSet<E>(int)	创建空的 HashSet 对象，可以指定参数 int 的元素数
HashSet<E>(Collection<E>)	使用参数 Collection 对象元素创建 HashSet 对象

在创建 HashSet 对象后，就可以使用实现 Set 接口的方法来处理集合对象的元素。

 Java 项目：Ch10_6_1

在 Java 程序 Ch10_6_1.java 先创建空的 HashSet 对象，然后演示如何添加、检查是否存在和删除集合对象的元素，其执行结果如下所示：

```
新增元素前是否是空的=true
新增后尺寸=3
是否是空的=false
HashSet 内容：[蔡一玲，陈会安，陈允杰]
HashSet 是否有[蔡一玲]：true
HashSet 是否有[王新零]：false
HashSet 删除[蔡一玲]:[陈会安，陈允杰]
```

从上述执行的结果可以看到 HashSet 原来是空的，在新增 3 个元素后，可以看出保存顺序和插入不同，在检查是否有指定元素后，删除元素。

◀》 程序内容

```
01: import java.util.*;
02: public class Ch10_6_1 {
03:    // 主程序
04:    public static void main(String[] args) {
05:       // 集合对象 HashSet 声明
06:       HashSet<String> hset = new HashSet<>();
07:       String name0 = "蔡一玲";
08:       String name1 = "王新零";
09:       System.out.println("新增元素前是否是空的=" +
10:                          hset.isEmpty());
11:       hset.add("陈会安"); // 新增元素
12:       hset.add(name0);
13:       hset.add("陈允杰");
14:       // 显示尺寸和是否是空的
15:       System.out.println("新增后尺寸=" + hset.size());
16:       System.out.println("是否是空的="+hset.isEmpty());
17:       // 显示集合对象内容
18:       System.out.print("HashSet 内容: ");
19:       System.out.println(hset);
20:       // 是否拥有指定元素
21:       System.out.println("HashSet 是否有[" + name0 +
22:                          "]: " + hset.contains(name0));
23:       System.out.println("HashSet 是否有[" + name1 +
24:                          "]: " + hset.contains(name1));
25:       hset.remove(name0);  // 删除元素
26:       System.out.print("HashSet 删除[" + name0 + "]:");
27:       System.out.println(hset);
28:       hset.clear();   // 清除集合对象
29:    }
30: }
```

◀》 程序说明

第 1 行：导入 java.util.*包。

第 6 行：创建空的 HashSet 对象 hset，可以保存 String 字符串元素，此处使用到 Java SE 7 版的钻石运算符。

第 9~10 行：调用 isEmpty()方法检查对象是否是空的。

第 11~13 行：调用 add()方法新增 3 个元素。

第 15 行：调用 size()方法取得集合对象的元素数。

第 21~24 行：调用 contains()方法检查指定元素是否存在。

第 25 行：调用 remove()方法删除指定元素。

第 28 行：调用 clear() 方法清除集合对象。

10.6.2　ArrayList 类

ArrayList 类实现 List 接口，顾名思义它使用类似数组方式来保存元素，元素按索引位置依次存入，我们只需将元素新增或插入 ArrayList 对象，并不用事先声明对象大小，如同一个可自动调整大小的动态数组，如下所示：

```
ArrayList<String> alist = new ArrayList<String>();
```

上述代码创建了一个 ArrayList 对象 alist，可以保存字符串元素，泛型类型是 String。构造函数说明如表 10-7 所示。

表 10-7

构造函数	说　　明
ArrayList<E>()	创建空的 ArrayList 对象
ArrayList<E>(Collection<E>)	使用参数 Collection 对象元素创建 ArrayList 对象
ArrayList<E>(int)	创建空的 ArrayList 对象，参数 int 指定初始容量

除了实现 List 接口的方法外，ArrayList 对象还新增一些方法，说明如表 10-8 所示。

表 10-8

方　　法	说　　明
void ensureCapacity(int)	指定 ArrayList 对象的容量，保证拥有参数 int 的最小元素数
void trimToSize()	将 ArrayList 对象的容量剪裁成目前尺寸的元素数

当 ArrayList 对象添加元素后，我们可以使用 for 循环配合索引来取得其中对象元素，如下所示：

```
for ( int i = 0; i < alist.size(); i++ )
    System.out.print(alist.get(i)+" ");
```

上述程序代码使用 size() 方法取得元素数，get() 方法配合索引位置取出 ArrayList 对象的元素。当然，我们也可以使用 foreach 循环来访问 ArrayList 对象的元素。

 Java 项目：Ch10_6_2

在 Java 程序 Ch10_6_2.java 建立 ArrayList 对象后，新增、搜寻、取代和删除 ArrayList 对象的元素，使用的都是实现 List 接口的方法，其执行结果如下所示：

```
对象尺寸=4
集合元素：[陈会安，江小鱼，陈允杰，林俊杰]
集合元素(1)：0:陈会安 1:江小鱼 2:陈会安 3:陈允杰 4:林俊杰
集合元素(2):陈会安 江小鱼 陈会安 陈允杰 林俊杰
搜寻：陈会安
indexOf():0
lastIndexOf():2
取代元素 3：[陈会安，江小鱼，陈会安，张三丰，林俊杰]
删除元素 0：[江小鱼，陈会安，张三丰，林俊杰]
```

上述执行结果可以看出 ArrayList 对象可拥有重复元素。在程序中分别使用 for 循环和 foreach 循环来显示索引位置和元素内容，索引值是从 0 开始。接着从头或尾搜寻指定元素、取代和删除指定索引位置的元素。

◀)) 程序内容

```
01: import java.util.*;
02: public class Ch10_6_2 {
03:    // 主程序
04:    public static void main(String[] args) {
05:       // 集合对象 ArrayList 声明
06:       ArrayList<String> alist = new ArrayList<String>(4);
07:       String name = "陈会安";
08:       alist.add("陈会安");  // 新增元素
09:       alist.add("江小鱼");
10:       alist.add("陈允杰");
11:       alist.add("林俊杰");
12:       // 显示尺寸和元素
13:       System.out.println("对象尺寸=" + alist.size());
14:       System.out.println("集合元素: " + alist);
15:       // 插入指定位置的元素
16:       alist.add(2, name);
17:       // 显示集合对象内容
18:       System.out.print("集合元素(1):" );
19:       for ( int i = 0; i < alist.size(); i++ )
20:          System.out.print(" "+ i +":"+ alist.get(i));
21:       System.out.println();
22:       System.out.print("集合元素(2):" );
23:       for ( String element : alist )
24:          System.out.print(element + " ");
25:       System.out.println();
26:       // 搜寻元素
27:       System.out.println("搜寻: " + name);
28:       System.out.println("indexOf():" +
29:                     alist.indexOf(name));
30:       System.out.println("lastIndexOf():" +
31:                     alist.lastIndexOf(name));
32:       alist.set(3, "张三丰"); // 取代元素
33:       System.out.println("取代元素 3: " + alist);
34:       alist.remove(0);  // 删除元素
35:       System.out.println("删除元素 0: " + alist);
36:    }
37: }
```

◀)) 程序说明

第 6~11 行：创建可容纳 4 个元素的 ArrayList 对象，使用继承自 Collection 接口的 add()方法。

第 16 行：调用 add()方法在指定索引位置插入新元素。

第 19~20 和 23~24 行：首先以 for 循环调用 get()方法使用类似数组索引方式，显示集合对象的所有元素，然后使用 foreach 循环来走访集合对象的元素。

第 28~31 行：分别从头和尾搜寻集合对象的元素，返回找到的索引位置。

第 32 行和第 34 行：分别取代和删除指定索引位置的元素。

10.6.3 Iterator 接口

Iterator 接口是对旧的 Enumeration 接口的改进，提供一致方法来访问集合对象的元素或删除

元素。

　　集合对象因为都已经实现 Iterator 接口，换句话说，我们只需使用 Collection、Set 和 List 接口的 iterator()方法，就可以取得 Iterator<E>接口对象。其说明如表 10-9 所示。

　　表 10-9

接口方法	说　　明
Iterator<E> iterator()	取得集合对象实现 Iterator<E>接口的对象

　　例如，HashSet<String>对象 hset 可以使用表 10-9 表示的方法取得 Iterator 接口对象，如下所示：

```
Iterator<String> iterator = hset.iterator();
```

　　上述程序代码表示将 HashSet 对象的元素转换成 Iterator<E>接口对象，泛型类型为 String，现在我们只需调用接口方法，就可以依次访问和删除元素。Iterator 接口方法及其说明如表 10-10 所示。

　　表 10-10

Iterator 接口方法	说　　明
boolean hasNext()	判断是否有下一个元素，如果有，返回 true
E next()	取得集合对象的下一个元素
void remove()	删除最后一个取得的元素

　　在取得 Iterator<E>接口对象后，可以配合 while 循环访问集合对象的元素，如下所示：

```
while (iterator.hasNext())
    System.out.print(" "+iterator.next());
```

　　上述程序代码先使用 hasNext()方法检查是否有下一个元素，如果有，使用 next()方法取得此元素。

 Java 项目：Ch10_6_3

　　在 Java 程序 Ch10_6_3.java 创建 HashSet 对象后，使用 Iterator 接口方法访问得到集合对象的元素，其执行结果如下所示：

```
HashSet 内容：[江小鱼, 陈会安, 陈允杰]
HashSet 集合(iterator)：江小鱼 陈会安 陈允杰
```

◀))　程序内容

```
01: import java.util.*;
02: public class Ch10_6_3 {
03:     // 主程序
04:     public static void main(String[] args) {
05:         // 集合对象 HashSet 声明
06:         HashSet<String> hset = new HashSet<String>();
07:         hset.add("陈会安");
08:         hset.add("江小鱼");
09:         hset.add("陈允杰");
10:         System.out.println("HashSet 内容：" + hset);
11:         // 使用 Iterator 接口显示 HashSet 元素
12:         Iterator<String> iterator = hset.iterator();
```

```
13:        System.out.print("HashSet 集合(iterator):");
14:        while (iterator.hasNext())
15:          System.out.print(" "+iterator.next());
16:        System.out.println();
17:    }
18: }
```

🔊 程序说明

第 6～9 行：创建拥有 3 个元素的 HashSet 对象。

第 12～16 行：使用 Iterator 接口走访 HashSet 对象的元素，在第 14～15 行是走访的 while 循环。

10.6.4　ListIterator 接口

实现 List 接口的集合对象除了可以使用 Iterator 接口外，还可以使用 ListIterator 接口，这是 Iterator 接口的子接口。ListIterator 接口除了提供一致访问方法外，还可以双向访问集合对象的元素，即从头到尾，或从尾到头依次访问元素。

可使用 listIterator()方法来取得 ListIterator<E>接口对象，其说明如表 10-11 所示。

表 10-11

接口方法	说　　明
ListIterator<E> listIterator()	取得集合对象实现 ListIterator<E>接口的对象，相当于是 listIterator(0)
ListIterator<E> listIterator(int)	取得集合对象实现 ListIterator<E>接口的对象，参数 int 是第 1 个元素的索引位置

例如，ArrayList<String>对象 alist 可以使用此方法来取得 ListIterator 接口对象，如下所示：

```
ListIterator<String> iterator = alist.listItcrator(0);
```

上述程序代码将 ArrayList 对象的元素转换成 ListIterator<E>接口对象，泛型类型为 String，然后就可以使用接口方法来双向走访、新增、取代和删除元素，其说明如表 10-12 所示。

表 10-12

ListIterator 接口方法	说　　明
void add(E)	插入参数 E 元素
boolean hasNext()	判断是否有下一个元素，如果有，返回 true
boolean hasPrevious()	判断是否有前一个元素，如果有，返回 true
E next()	取得集合对象的下一个元素
int nextIndex()	取得集合对象下一个元素的索引
E previous()	取得集合对象的前一个元素
int previousIndex()	取得集合对象前一个元素的索引
void remove()	删除最后一个取得的元素
void set(E)	设置最后一个元素为 E

 Java 项目：Ch10_6_4

在 Java 程序 Ch10_6_4.java 创建 ArrayList 对象后，使用 ListIterator 接口方法分别从头到尾和

从尾到头走访集合对象的元素，其执行结果如下所示：

```
ArrayList 元素: [陈会安, 江小鱼, 小龙女, 陈允杰]
List 元素(ListIterator)：陈会安 江小鱼 小龙女 陈允杰
反向显示元素(ListIterator)：陈允杰 小龙女 江小鱼 陈会安
```

◀)) 程序内容

```
01: import java.util.*;
02: public class Ch10_6_4 {
03:    // 主程序
04:    public static void main(String[] args) {
05:       // 集合对象 ArrayList 声明
06:       ArrayList<String> alist = new ArrayList<String>(4);
07:       alist.add("陈会安");  // 新增元素
08:       alist.add("江小鱼");
09:       alist.add("小龙女");
10:       alist.add("陈允杰");
11:       System.out.println("ArrayList 元素: " + alist);
12:       // 使用 ListIterator 接口显示 List 元素
13:       System.out.print("List 元素(ListIterator):");
14:       ListIterator<String> iterator =
15:                      alist.listIterator(0);
16:       while (iterator.hasNext() )
17:         System.out.print(" " + iterator.next());
18:       System.out.println();
19:       // 使用 ListIterator 接口反向显示 List 元素
20:       System.out.print("反向显示元素(ListIterator):");
21:       ListIterator<String> iterator1 =
22:                      alist.listIterator(alist.size());
23:       while (iterator1.hasPrevious() )
24:         System.out.print(" "+iterator1.previous());
25:       System.out.println();
26:    }
27: }
```

◀)) 程序说明

第 6～10 行：创建 ArrayList 对象并向其添加元素。

第 14～18 行：从头到尾使用 ListIterator 接口走访 ArrayList 对象的元素。

第 21～25 行：从尾到头反向使用 ListIterator 接口走访 ArrayList 对象的元素。

习题

1. 请使用图例说明 Java 异常的体系结构。

2. 为什么 Java 程序在发生错误时，是抛出异常对象，而不是终止程序的执行？

3. Java 的异常处理语句可分为＿＿＿＿＿＿＿＿、＿＿＿＿＿＿＿＿和＿＿＿＿＿＿＿＿ 3 个程序块，在＿＿＿＿＿＿＿＿区块可以检查是否产生异常对象，＿＿＿＿＿＿＿＿区块可以处理不同类型的异常。

4. 请问下列异常处理代码可以处理哪些异常对象？

```
catch( ArithmeticException e1 ) { …… }
catch( ArrayStoreException e2 ) { …… }
catch( IllegalArgumentException e3 ) { …… }
```

5．请使用图例说明什么是 Java 的线程。

6．创建 Java 多线程应用程序有哪两种方式？如果类已经继承其他类，就只能实现_____接口来创建多线程应用程序。在 Thread 对象是使用_____方法来启动线程。

7．请写出下列 Java 线程的执行结果。

```java
public class MyThread extends Thread {
    public void run() {
        int total = 0;
        for (int i = 1; i < 100; i++) {
            System.out.println(i);
            total += i;
        }
        System.out.println(total);
    }
    public static void main(String[] args) {
        MyThread mt = new MyThread();
        mt.start();
    }
}
```

8．请问什么是 Java 的集合对象？Java Collections Framework 是由_____、_____和_____组成。

9．集合对象的访问接口有：_____和_____。双向访问接口是：_____。

10．在其 Java 程序的 test()方法会产生 IllegalArgumentException 异常对象，请写出 main()方法的异常处理语句来调用 test()方法。参考如下：

```java
static double test(double a)
        throws IllegalArgumentException
```

11．如果 eval()方法会产生 ArithmeticException 异常对象，请写出 main()方法的异常处理语句来调用 eval()方法。参考如下所示：

```java
static double eval(double a, double b)
        throws ArithmeticException
```

12．请写出 printNum(int)方法来显示 2n+1 的数列，例如，1、3、5、7…., 其参数是整数 int 且实现抛出下列异常对象：

● IllegalArgumentException，当参数小于 0。
● ArithmeticException，当参数大于 100。

13．请使用 Java 集合对象实现栈（Stacks）数据结构，程序需要符合栈的两种特性，如下所示：

● 只允许从栈的顶端存取数据。
● 数据存取的顺序是先进后出（First In,Last Out），也就是后存入栈的数据，反而先行取出。

14．请使用 Java 集合对象实现队列（Queues）数据结构，程序需要符合队列的两种特性，如下所示：

● 从队列的一端存入数据，从另一端读取数据。
● 访问数据的顺序是先进先出（First In, First Out），也就是先存入队列的数据，先行取出。

第 11 章　Android 与 XML 基础

XML 基础

XML（extensible Markup Language，可扩展标记语言）也是一种标签语言和 HTML 一样，两者都是使用标签和属性来建立文件内容。不过，XML 的结构比 HTML 更多样化，且 XML 能够自定义标签和文件结构。

11.1.1　XML 标记语言

XML 1.0 规范于 1998 年 2 月正式推出，其写法十分类似 HTML，但继承了 SGML 自定标签的优点，并且删除一些 SGML 的复杂部分，在功能上能够弥补 HTML 标签的不足，而且拥有更多的扩充性。

不过，与 HTML 不同，XML 并不是用来编排内容，而是用来描述数据的，因此，XML 没有 HTML 的默认标签，用户需要自行定义描述数据所需的各种标签。例如，在 XML 文件使用自定义标签定义计算机图书的数据，如下所示：

```
01: <?xml version="1.0" encoding="utf-8"?>
02: <!-- 程序语言学习系列 -->
03: <library>
04:   <book>
05:     <id>J123</id>
06:     <title>Java SE 7 与 Android 程序设计范例教材</title>
07:     <author>陈会安</author>
08:     <price>650</price>
09:   </book>
10:   <book>
11:     <id>V222</id>
12:     <title>用实例学 Visual Basic 程序设计</title>
13:     <author>陈会安</author>
14:     <price>600</price>
15:   </book>
16: </library>
```

上述 XML 文件的基本结构可以分为几个部分，其说明如下。

● 文件声明：第 1 行是 XML 文件声明，定义 XML 文件的版本和使用的编码（即字符集），本例为 1.0 版，使用 utf-8 字符集。

- 根标签：第 3 行和第 16 行是 XML 文件根元素的开始标签<library>和结束标签</library>。
- 子元素：第 4～15 行是根元素的两个子元素 book，而第 5～8 行和第 11～14 行是 book 元素的子元素 id、title、author 和 price。

11.1.2　XML 的组成元素

XML 文件由标签和内容组成，其组成元素有：元素、属性、实体引用、注释、CDATA 块、PCDATA、PI 和 DTD。

1. 元素与属性

XML 文件由元素（Element）组成，XML 元素和标签不同，其意义如下所示。

- 标签（Tag）：XML 能够自己定义标签，一个标签是用来标记文件的部分内容。例如，<id>、<title>和<price>等，标签分为开始标签<id>和结尾标签</id>。
- 元素（Element）：XML 元素是整个文件的主要架构，元素包括标签加上其中的文字内容，在元素内可包含其他元素，元素是一个完整项目，包含开始标签、属性、标签内的文字内容和结尾标签。

XML 元素需要由开始标签和结束标签构成，在其中包含文字内容，例如，XML 元素 id，内含值 J123，如下所示：

```
<id>J123</id>
```

除了文字内容外，XML 元素还可以包含其他子元素。例如，在图书 book 元素拥有 id、title、author 和 price 子元素，如下所示：

```
<book>
  <id>J123</id>
  <title>Java SE 7 与 Android 程序设计范例教材</title>
  <author>陈会安</author>
  <price>650</price>
</book>
```

在 XML 开始标签的标签名称后，可以添加属性（Attributes）列表，各属性只空格符分开。每一个属性都拥有属性名称和值，属性值需要使用双引号括起，如下所示：

```
<book id="J123">
```

上述<book>标签拥有 id 属性，其值为 J123。如果在开始标签和结束标签之间没有任何内容，称为空元素标签，其写法有两种，如下所示：

```
<Button/>
<Button></Button>
```

上述两种写法都是空元素标签，如果空元素标签没有结尾标签，标签需要使用"/>"符号结束。

2. 实体引用

XML 语言本身拥有一些保留符号。例如，标签中的"<"符号，如果文件内容需要使用这些符

号，请使用实体引用（Entity Reference）。在 XML 提供 5 个默认保留的实体引用，如表 11-1 所示。

表 11-1

实体引用	符　　号
&lt;	<
&gt;	>
&amp;	&
&apos;	'
&quot;	"

表 11-1 中的每一个实体引用都是由 "&" 符号开始，以 ";" 结束。在 XML 元素的文字内容中不允许有 "<" 符号，如下所示：

```
<order>书价 < 650</order>
```

此时就需要使用实体引用，如下所示：

```
<order>书价 &lt; 650</order>
```

3. 注释

XML 中的注释（Comment）和 HTML 一样都是由 "<!—" 符号开始，以 "-->" 符号结尾，如下所示：

```
<!-- 程序语言学习系列 -->
```

4. CDATA 与 PCDATA

在 XML 文件的文字内容是 PCDATA。例如，处理 XML 元素 title 时，标签包含的文字内容 "Java SE 7 与 Android 程序设计范例教材" 就是 PCDATA，如下所示：

```
<title> Java SE 7 与 Android 程序设计范例教材</title>
```

CDATA 和 PCDATA 不同，如果 XML 文件拥有 CDATA 块（CDATA Section），表示 XML 解析器在处理文件时，不用解析此块的内容。CDATA 块是位于 "<![CDATA[" 字符串和 "]]>" 字符串间的文字内容，如下所示：

```
<script>
<![CDATA[
  function add(a, b) {
    return a+b;
  }
]]>
</script>
```

CDATA 块中内容通常是程序代码，例如上面即是 JavaScript 函数。

5. PI

PI（Processing Instruction）允许在 XML 文件包含传送给应用程序的命令。例如，在 XML 文件的开头声明就是 PI，这些信息可以告诉 XML 解析器如何处理 XML 文件，如下所示：

```
<?xml version="1.0" encoding="utf-8"?>
```

上述 PI 如同注释并不属于 XML 文件，PI 的基本格式是以 "<?name" 字符串开始，"?>" 符串结束，如下所示：

```
<?name pi_data?>
```

name 是 "PI 目标"（PI Target）名称，其中 xml 和 XML 保留给 XML 使用，名称是一个 PI 标识符，应用程序可以依照此名称处理所需的 PI，而不处理其他 PI。

6. DTD

DTD（Document Type Declaration）是 XML 文件的验证机制，可以检查 XML 文件结构是否正确，XML 元素是否符合标签定义，这是 SGML 默认的文件验证方式，也被 XML 采用。

在 XML 文件可以包含检查 XML 元素的 DTD 命令。例如，验证上一节 XML 文件的 DTD 命令，如下所示：

```
<!ELEMENT library (book+)>
<!ELEMENT book (id, title, author, price)>
<!ELEMENT id (#PCDATA)>
<!ELEMENT title (#PCDATA)>
<!ELEMENT author (#PCDATA)>
<!ELEMENT price (#PCDATA)>
```

11.2　Android 移动操作系统

Android 是时下移动设备和网络上的一个热门名词，它是由 Google 开发的一个针对移动设备的免费操作系统平台。目前 Android 并没有统一的中文名称，在台湾直接使用英文名称 Android（发音：['ændrɔid]），在大陆地区的译名为安卓或安致。

11.2.1　Android 基础

Android 是以 Linux 操作系统为基础而开发的开源（Open Source）操作系统，最初主要是针对手机等移动设备，现在 Android 已经逐渐扩充到平板计算机、笔记本电脑和其他领域，例如电子书阅读器、MP4 播放器和 Internet 电视等。

Android 操作系统最初是 Andy Rubin 创办的同名公司 Android.Inc 开发的，2005 年 7 月 Google 收购此公司，之后 Google 拉拢多家通信系统厂商、硬件制造商等在 2007 年 11 月 5 日组成 "开放手持设备联盟"（Open Handset Alliance），Android 正式成为一个开源操作系统。

换句话说，目前拥有 Android 操作系统的是非营利组织开放式持设备联盟，Google 公司则在幕后全力支持 Android 系统的开发计划，并且 Google 在 Android 系统上整合了其 Gmail、Youtube、Google 地图和 Android Market 等服务，作为主要的获利来源。

2010 年 1 月 5 日 Google 正式贩卖自有品牌的智能手机 Nexus One，在此期间，Android 快速成长。到 2010 年末，仅仅推出两年的 Android 操作系统，已超越称霸十数年的诺基亚 Symbian 系统，跃居成为世界最受欢迎的智能手机平台。2011 年初更针对平板计算机推出专属的 3.x 版，而且快速成为最广泛使用的平板计算机操作系统之一。

2011 年 10 月 19 日推出 4.0 版（代号 Ice Cream Sandwich，冰淇淋三明治），一套整合手机和平板计算机 2.x 和 3.x 版本的全新操作系统平台，换句话说，之后的 Android 就只有一个版本，不再区分手机和平板计算机两种专属版本。

对于程序开发者来说，Android 提供完整开发工具和框架，可以让开发者快速建立移动设备执行的应用程序，其专属开发工具 Android SDK 更提供模拟器来模拟移动设备，换句话说，就算没有实体移动设备，我们也一样可以进行 Android 应用程序的开发。

11.2.2　Android 的版本

Android 操作系统每一个版本的代号都是使用一种甜点来命名，其中 1.x 版和 2.x 版主要针对智能型手机；3.x 版针对平板计算机；目前最新版本为 4.x 版。其版本的演进过程如表 11-2 所示。

表 11-2

Android 版本	发布日期	代　　号
1.5	2009/4/30	Cupcake（纸杯蛋糕）
1.6	2009/9/15	Donut（甜甜圈）
2.0/2.1	2009/10/26	Eclair（闪电泡芙，法式奶油夹心甜点）
2.2	2010/5/20	Froyo（冷冻奶酪）
2.3	2010/12/6	Gingerbread（姜饼）
3.0/3.1/3.2	2011/2/22	Honeycomb（蜂窝）
4.x	2011/10/19	Ice Cream Sandwich（冰淇淋三明治）

11.2.3　Android 的特点

Android 是一个免费开源的操作系统，所以没有固定搭配的硬件设备或软件，制造厂商完全可以针对自己的移动设备来定制系统，根据成本、市场定位和功能搭配所需软硬件。其特点如下所示。

* 硬件：支持摄像头、GPS、数字罗盘、加速传感器、重力传感器、趋近传感器、陀螺仪和环境光线传感器等（请注意，不是每一种移动设备都具备完整的硬件支持，可能只有其中几项）。
* 通信与网络：支持 GSM/EDGE、IDEN、GPRS、CDMA、EV-DO、UMTS、蓝牙、WiFi、LTE 和 WiMAX 等。
* 短信：支持 SMS 和 MMS 短信。
* 浏览器：集成了开源的 WebKit 浏览器，支持 Chrome 的 JavaScript 引擎。
* 多媒体：支持常用音频、视频和图形格式，包括 MPEG4、H.264、AMR、AAC、MP3、MIDI、Ogg Vorbis、WAV、JPEG、PNG、GIF 和 BMP 等。
* 数据存储：支持 SQLite 数据库，一种轻量型的关系数据库。
* 绘图：优化绘图支持 2D 函数库和 3D 绘图 OpenGL ES 规范。
* 其他：支持多点触控、Flash、多任务和便携式无线宽带上网等。

11.3 Android 的系统架构

Android 操作系统的系统架构像是在蛋糕店购买的一个多层蛋糕，在移动设备的硬件和用户之间是 Android 软件堆栈（Android Software Stack），如图 11-1 所示。

上述 Android 软件堆栈可以分成很多层，各层的说明如下所示。

1. 应用程序层

用户在 Android 操作系统上执行的是应用程序，这也是用户直接接触的 Android 操作系统。基本上，Android 默认内置一些核心应用程序，包含浏览器、日历、通信录和打电话等，所有 Android 应用程序都是使用 Java 语言开发的。

2. 应用程序框架层

位于应用程序层之下的是应用程序框架层，这一层提供 ▲图 11-1
高级的建构组件，即用于创建 Android 应用程序的一组类集合换句话说，应用程序框架代表 Android 操作系统实现的众多 Java 类，我们只需调用适当对象的方法，或继承指定类来扩展其功能，就可以快速创建 Android 应用程序。

3. 函数库

在应用程序框架之下的是函数库，负责支持应用程序框架各组件的执行，这是一些使用 C/C++ 语言编写的函数库，包括浏览器引擎的 WebKit、3D 绘图的 OpenGL、数据库的 SQLite 和支持多种媒体播放的函数库。

4. Android 运行时环境

Android 运行时环境由 Dalvik 虚拟机和核心 Java 函数库组成，其说明如下所示。

● Dalvik 虚拟机：Dalvik VM 是 Google 针对移动设备所实现的 Java 虚拟机，Andriod 应用程序是使用 Java 语言编写和编译，在 Dalvik VM 上执行，换句话说，Java 程序代码在编译成 Java 类文件后，还需转换成 Dalvik 的 Dex 格式，才能在 Dalvik 虚拟机上执行。

● 核心 Java 函数库：核心 Java 函数库，Android 支持的 Java API 是 Java SE 5 API 的子集，其中删除了一些不需要的包，例如打印、窗口 Swing 或 AWT。

5. Linux 内核层

Android 操作系统是架构在 Linux 操作系统之上的，此前使用的 Linux 内核版本为 2.6 版，4.X 版是 3.0 版。Linux 内核负责提供系统的核心服务，包括线程、低级的内存管理、网络、进程管理、电源管理（Power management）和硬件的驱动程序。

11.4　Android 应用程序的组成组件

Android 应用程序由多种组件（Components）组成，这些组件是一些 Android 框架的 Java 类，我们只需继承这些类，重写和扩充其功能，就可以创建 Android 应用程序，其方法类似附录 A 的 Java Applet。

Android 应用程序的组成包括四大组件：活动（Activities）、内容提供程序（Content Providers）、广播接收器（Broadcase Receivers）和服务（Services）。

Android 应用程序不一定 4 种组件都拥有，如果有多个活动、广播接收器或服务，我们可以使用意图（Intents）来启动各组件，创建更复杂的 Android 应用程序。

1. 活动

活动是 Android 应用程序与用户互动的组件，它也是唯一可以让用户看到的组件，即用户界面。在 Android 应用程序可以创建一至多个活动来处理应用程序所需的互动。

一般来说，一个活动就是用户在移动设备上看到的屏幕画面（大多是占满整个屏幕，不过也有可能是对话框），而一个 Android 应用程序通常拥有一到多个活动，如同 Web 网站拥有多页网页。

2. 意图

意图（Intents）是一个启动其他 Andriod 活动、服务和广播接收器的异步信息，异步（Asynchronous）是指信息的送出和接收是相互独立的。意图可以告诉 Andriod 操作系统我想做什么，执行什么动作，此时，操作系统使用意图过滤器（Intent Filters）来找出可以处理的组件，例如：启动其他活动、告诉指定服务可以启动或停止与送出广播。

事实上，意图是一个描述特定操作的机制，例如寄送电子邮件、浏览网页和打电话回家等特定操作或动作。当 Android 应用程序需要寄送电子邮件时，就可以使用意图来启动系统内置的默认电子邮件工具，或自行编写一个邮件工具来处理此意图。

3. 内容提供程序

内容提供程序是在不同 Andriod 应用程序之间分享数据的接口，它是一组封装的数据，提供客户定制化 API 来进行读写。例如，通信录应用程序实际并没有存储任何通信录数据，它通过内容提供程序取得通信录信息：姓名、地址和电话等。而其他需要使用通信录数据的 Andriod 应用程序，都可以通过该内容提供程序来访问通信录数据。

事实上，内容提供程序的主要目的是将存储数据和实际使用数据的应用程序隔离开来，以便增加 Andriod 操作系统的弹性，这样使得任何人都可以自行编写电话簿应用程序来访问相同的通信录数据。

4. 广播接收器

广播接收器顾名思义用来接收广播并且做出回应，这是 Andriod 实现系统层级的广播与响应机制，事实上，Andriod 系统自身常常就会发出广播，例如接到来电、收到短信、启用摄像头、时区改变、系统开机、电池剩余量过低或用户选择偏好语言时，Andriod 系统都会发出广播。

在 Andriod 应用程序可以使用广播接收器来接收有兴趣的广播，即响应广播，或自行送出广播让其他应用程序知道你的应用程序有状态改变。

5. 服务

服务是在幕后执行的进程，可以执行和活动一样的工作，只是不提供可视化的用户界面。例如：播放背景音乐时，之所以不会打断我们发送短信或收发电子邮件，因为它是一个在幕后执行的服务，这样也使得我们在进行操作时音乐播放不会中断。

Andriod 操作系统内置有许多系统服务，我们可以直接使用 API 来使用这些服务，例如定位服务。

11.5　下载与安装 Android 开发环境

Android 开发环境（Android Development Environment）由 3 个主要组件组成：JDK、Eclipse IDE 和 Android SDK。搭建完整的 Android 开发环境分为几个步骤，如下所示：

　下载和安装 JDK。

　下载和安装 Eclipse IDE。

　下载和安装 Android SDK。

　下载和安装用来开发 Android 应用程序的 Eclipse ADT 插件。

　更新安装 Android SDK 平台包。

上述步骤 1 和步骤 2 已经在第 1 章说明，本节将一一说明步骤 3～5：下载与安装 Android SDK、ADT 与平台包。

11.5.1　下载和安装 Android SDK

Android 应用程序开发工具包（Android SDK）内容十分丰富，包含 Debug 工具、Andriod 模拟器（Android Virtual Device）、函数库、文件、范例和教材，可以帮助我们创建 Android 应用程序。

1. 下载 Android SDK

我们可以在官方网站免费下载最新版本的 Andriod SDK，其网址如下所示：

● http://developer.android.com/sdk/index.html

在上述网页点选 Windows 操作系统的超链接，就可以下载 ZIP 格式（开发 Android 4.0 应用需要 r14 以上版本，文件名为 android-sdk_r14-windows.zip）或是 Windows 安装程序的 Andriod SDK（安装程序版本有时无法正确判断是否已经安装 JDK）。

2. 安装 Android SDK

这里使用 ZIP 格式的压缩文件为例来说明如何安装 Android SDK，文件名为 android-sdk_r14-windows.zip，我们只需解压缩到指定文件夹"C:\Java_IDE\android-sdk-windows"即可完成安装，如图 11-2 所示。

▲图 11-2

现在，我们已经安装 Android SDK，因为它是在 Eclipse IDE 中执行 Android SDK，所以，我们需要进一步安装 ADT，即 Eclipse IDE 插件，如此才可以让 Eclipse 知道 Andriod SDK 在哪里，以及如何使用它。

11.5.2　安装 ADT

ADT（Android Development Tools Plugin）是支持 Eclipse 的 Android 扩展包插件，安装此插件，就可以让 Eclipse 转换成一套开发 Android 应用程序的集成开发环境。

1. 安装 ADT

ADT 是一个 Eclipse 插件，我们需要在 Eclipse 进行安装（请建立 Internet 联机），其步骤如下所示：

 启动 Eclipse IDE，稍等一下，可以看到"Workspace Lanucher"选取工作空间对话框。

 输入工作空间（Workspace）为"C:\JavaEx\Android"，单击【OK】按钮，进入 Eclipse 主界面。

 执行 Help>Install New Software 命令，可以看到"Install"安装对话框。单击 Work with 栏后的 Add 按钮，可以看到"Add Repository"（新增软件仓库）对话框，如图 11-3 所示。

 在 Name 栏输入 ADT，Location 栏输入下载网址 http://dl-ssl.google.com/android/eclipse/，单击 OK 按钮回到"Install"安装对话框，稍等一下，可以在下方"Name"框看到安装列表，如图 11-4 所示。

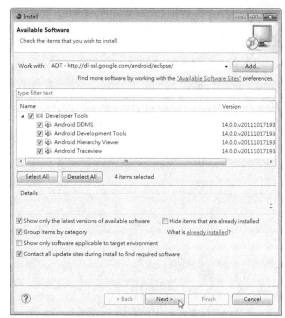

▲图 11-3　　　　　　　　　　　　　　　▲图 11-4

 勾选全部组件，单击 Next 按钮，稍等一下，将看到安装的详细列表。

 继续单击 Next 按钮，出现 Apache License 许可协议的内容，如图 11-5 所示。

选择 I accept the terms of the license agreements，单击 Finish 按钮即开始下载和安装 ADT，可以看到一个安装进度对话框。如果在安装过程中，看到一个安全警告窗口，如图 11-6 所示。

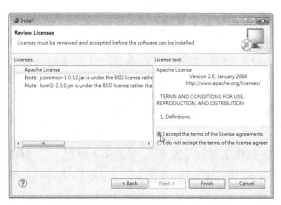

▲图 11-5　　　　　　　　　　　　　　　▲图 11-6

 不用理会，单击【OK】按钮继续。等到安装完成，就可以看到 "Software Updates"（软件更新）信息窗口，如图 11-7 所示。

单击【Restart Now】按钮重新启动 Eclipse IDE，以便让安装变更生效。

2. 设置 ADT

在 Eclipse IDE 安装 ADT 后，接着我们需要设置 ADT，即指定 Andriod SDK 的安装路径。请继续上面的步骤。

 重新启动 Eclipse IDE 后，执行 Window>Preferences 命令，打开"Preferences"（偏好设置）对话框，如图 11-8 所示。

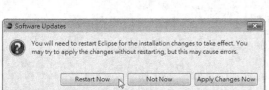

▲图 11-7　　　　　　　　　　　　　　　　▲图 11-8

 选择左侧窗格中的 Android（有时可看到 Google 使用统计的对话框，单击【Process】按钮继续），就可以在右边查看 Android 的偏好设置。

单击右边【SDK Location】栏后方的【Browse】按钮，选择 Andriod SDK 的安装路径"C:\Java_IDE\android-sdk-windows"，单击【OK】按钮即完成 ADT 设置，可以看到一个警告信息，如图 11-9 所示。

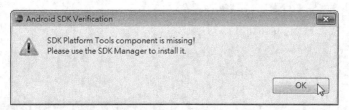

▲图 11-9

 信息指出尚未安装 SDK 平台工具，单击【OK】按钮继续下一节步骤来更新安装 SDK 平台包，包含平台工具。

11.5.3　安装 Android SDK 平台包

在安装 ADT 后，我们再来安装 Android SDK 包，安装开发各版本 Andriod 应用程序所需的 SDK 平台包和其他厂商 API。

3. 安装 Android SDK 平台包

Android 平台有多种版本，在本书使用的版本是 4.0 版，安装步骤（请建立 Internet 联机）如下所示。

 在 Eclipse 执行 "Window>Andriod SDK Manager" 命令，可以看到 "Android SDK Manager" 对话框，如图 11-10 所示。

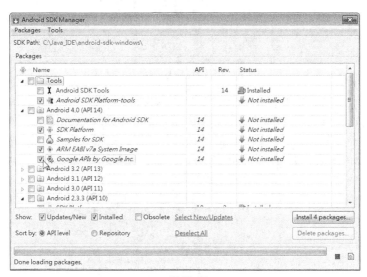

▲图 11-10

📝 Memo : 　　　如果看到警告信息，请确认 Eclipse 已经设置 Andriod SDK 安装路径，也有可能是 Eclipse 尚未完成启动设置，请稍后再试一次。

 稍等一下，将加载可用的包列表，即每一版本 Andriod 操作系统开发的 SDK 平台，勾选【Tools】下的【Android SDK Platform-tools】。

选择一个对应平台版本的 Android API（建议选两个），以 4.0 版为例，展开【Android 4.0】，至少勾选之下的【SDK Platform】、【ARM EABI v7a System Image】和【Google APIs by Google Inc.】3 个项目（之前版本的平台没有 System Image，直接勾选 SDK Platform 即可）。

单击右下角的【Install ? packages】按钮（"?"号是选择的包数），可以看到 "Choose Packages to Install"（选择安装包列表）对话框，如图 11-11 所示。

上述对话框左边是所选的安装包列表，右边是授权书，选择【Accept All】同意全部授权，然后单击【Install】按钮开始下载和安装选择包。

请稍等一下，其时间需视选择的包数目而定，在安装过程如果出现 "ADB Restart" 对话框，如图 11-12 所示。

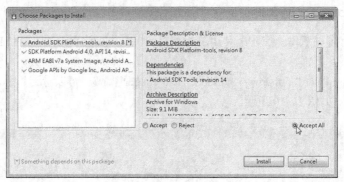

▲图 11-11

step 07　该对话框提示是否重启 ADB 服务，单击【Yes】按钮继续安装，完成后显示已安装包数，单击【Close】按钮完成 Andriod SDK 的更新。

在 "Android SDK Manager" 对话框可以看到我们已经安装的包列表，状态显示为 Installed；Not installed 就是没有安装，如图 11-13 所示。

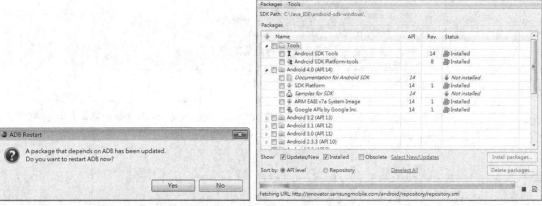

▲图 11-12　　　　　　　　　　　　　　　　▲图 11-13

如果读者需要，我们可以回到上述对话框，更新或安装其他 Andriod SDK 包。

4. 更新与升级 Android SDK 平台包

在第 11.5.1 小节我们安装的是 Android SDKr14 版本，当 SDK 有更新时，我们可以在 "Andriod SDK Manager" 对话框更新与升级 Android SDK 平台包，其步骤如下所示：

step 01　启动 Eclipse 进入 "Andriod SDK Manager" 对话框，如图 11-14 所示。

step 02　可以看到 Android SDK Tools 和 Android SDK Platform-tools 有更新，勾选此两项，单击【Install 2 packages】按钮，进入 "Choose Packages to Install" 对话框。

与先前一样，对话框左边是安装包列表，右边是授权书，选【Accept All】同意全部授权，单击【Install】按钮下载和更新选择的包。

 在完成平台包更新后，执行"Help>Check for Updates"命令，稍等一下，如果有的话，可以看到找到更新的 ADT，如图 11-15 所示。

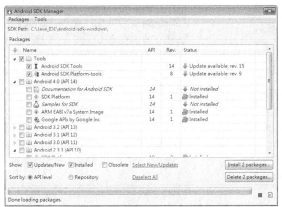

▲图 11-14

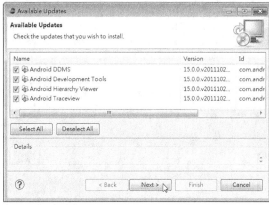

▲图 11-15

 勾选更新的 ADT，单击【Next】按钮，选同意授权后，单击【Finish】按钮更新 ADT。

11.6　Android 模拟器的基本使用

Android 模拟器（Android Virtual Devices，英文简称 AVD）是一个非常有用的工具，它可以在 Windows 操作系统模拟一台运行 Android 系统的移动设备，帮助我们测试所开发的 Android 应用程序，而不必去购买一台实机智能手机或平板计算机。

11.6.1　创建与启动 Android 模拟器

在开发第一个 Andriod 应用程序之前，我们需要先建立 Android 模拟器，如果需要，我们可以同时建立多个不同配备的 Android 模拟器来帮助我们测试在不同移动设备上的执行结果，其步骤如下所示：

 启动 Eclipse 执行"Window>AVD Manager"命令，打开"Andriod Virtual Device Manager"对话框，如图 11-16 所示。

 单击右边【New】按钮，打开"Create new Andriod Virtual Device(AVD)"（建立新模拟器）对话框，如图 11-17 所示。

 在【Name】栏输入模拟器名称如【GPhone】，【Target】栏选择支持的 Andriod 操作系统版本，这里选择 4.0，在"SD Card"框的 Size 栏输入设备的 SD 卡容量，例如输入 256MB。

 "Skin"框可选择移动设备的分辨率，这里在【Built-in】栏选择手机常用的 HVGA，即 480×320。

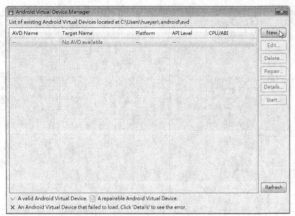

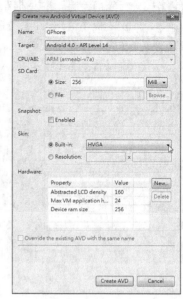

▲图 11-16　　　　　　　　　　　　　　　　　　　　　　　　▲图 11-17

05 "Hardware" 框可以选择移动设备支持的硬件功能，例如 GPS 等，可单击【New】按钮来进行添加。

06 完成后，单击【Create AVD】按钮，稍等一下，就可以看到建立的模拟器，如图 11-18 所示。

07 同样方式，我们可以建立多个支持不同 Android 系统和硬件的模拟器。选择一个模拟器，单击【Start】按钮，可以看到 "Launch Options"（启动选项）对话框，如图 11-19 所示。

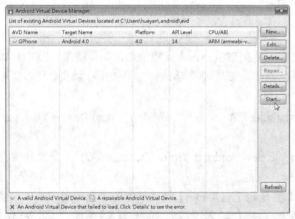

▲图 11-18　　　　　　　　　　　　　　　　　　　　　　　　▲图 11-19

 单击【Launch】按钮，等待约数十秒（视硬件而定）后，就可以看到启动的 Android 模拟器，并显示原生的 Android 操作系统外观，如图 11-20 所示（图显示为 Android 4.0

原生界面）。

▲图 11-20

单击【OK】按钮，就可以开始使用 Android 4.0 操作系统。

11.6.2 Android 的基本操作界面

与惯常的 Windows 操作界面不同，由于 Android 是移动设备的操作系统，通常设备屏幕尺寸比较小，其操作界面比较像是使用 Web 浏览器浏览网站的多页网页。

1. 主画面（Home Screen）

在启动 Android 操作系统后首先进入的是主画面，这是一个特殊应用程序，作为使用 Android 系统服务的接口，类似 Windows 操作系统的桌面，可以将常用程序的快捷方式添加至主画面，如图 11-21 所示。

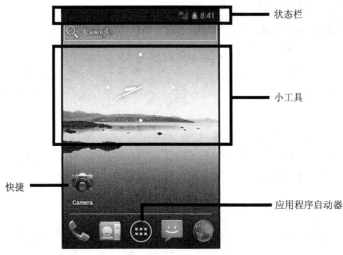

▲图 11-21

在首页面之外有很多分页，原生 Android 系统（指没有定制界面的 Android 操作系统，HTC Sense 即是一种定制化用户界面）拥有 5 页，可以左右滑动来切换显示不同的分页。在每一页分页可以添加快捷方式（例如：相机）和小工具（Widget），小工具是在画面指定区域执行的小程序，例如图 11-21 的时钟程序上方的 Google 搜索工具栏。

在下方是应用程序启动器（App Launcher），内含 5 个图标可以启动常用的拨号、通信录、短信和浏览器程序，选择中间圆形的【启动器】图标，则可以显示所有已安装的应用程序，如图 11-22 所示。

在画面上方有两个标签，分成两个群组，Apps 是应用程序；Widgets 是小工具。按住上述应用程序的图标，就可以将它们添加到桌面快捷方式。

2. 活动（Activity）

Android 应用程序的功能主要由一或多个活动所组成，每一个活动可以建立与用户互动的操作接口，类似 Web 网站的窗体网页，如图 11-23 所示。

▲图 11-22

▲图 11-23

在主画面单击快捷方式，就可以运行程序来显示活动（每个屏幕可以理解为一个活动），在活动画面的上方是标题栏，内容是使用接口的按钮、文字和图形等，在 Andriod 称为视图（View），本书称它们为接口组件。

当输入数据，单击按钮，可以显示另一个活动画面，如同在网站浏览另一页网页，执行的活动被其他活动覆盖后，活动并不会自动删除，仍然存储在内存中，以便你再次使用，如果内存不足，Andriod 操作系统会自动依内存的使用状况来关闭活动。

11.6.3　使用 Android 模拟器

Android 模拟器可以理解为一个在 Windows 操作系统执行的移动设备，本节准备说明其基本使用，在之后章节就可以用它来测试我们创建的 Android 应用程序。

1. 解锁屏幕

在启动 Android 模拟器后需解锁屏幕，使用鼠标光标按住下方中间圆形上锁的图标，如图 11-24 所示。

将锁从中间拖曳至右边解锁区域，即可解锁，如图 11-25 所示。

▲图 11-24

▲图 11-25

若在一段时间没有操作，或单击键盘右上角的【电源】键，就会返回锁定画面。

2. 操作键说明

Android 模拟器的相关键及其对应的键盘按键如表 11-3 所示。

表 11-3

模拟器按键	键盘按键	模拟器按键	键盘按键
主页面	Home	电源	F7
菜单	F2 或 Page Up	音量调大	Ctrl-F5
返回	Esc	音量调小	Ctrl-F6
搜索	F5	旋转屏幕	Ctrl-F11
打电话	F3	切换启用电信网络	F8
挂断电话	F4	切换全屏幕	Alt-Enter

3. 设置简体中文界面

在 Android 模拟器默认的是英文使用界面，我们可以将它设置成中文界面打开主页面，单击右边的【MENU】键，在下方将显示菜单，如图 11-26 所示。

执行【System settings】（之前版本是 Settings）命令，打开"设置"画面，滚动窗口找到【Language & Input】（之前版本是 Language & Keyboard），然后选择【Language】（之前版本是 Select Language），在语言列表选择【中文（简体）】，即可切换成简体中文界面。

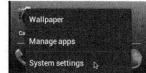

▲图 11-26

> ✎ Memo　如果在操作 Android 模拟器的过程中，一直出现谷歌拼音输入法已停止的信息，
> 可回到主页面，单击右边的【MENU】键，执行下方菜单的【管理应用程序】命令，

然后滚动窗口找到并选择【谷歌拼音输入法】，可以看到应用程序详细信息，如图
11-27 所示。

▲图 11-27

　　单击【停用】按钮，可以看到一个警告信息，单击【确定】按钮即可停用此输
入法。

习题

1．请说明什么是 XML。

2．请举例说明 XML 的组成元素。

3．什么是 Android？Android 的特点是什么。

4．请使用图例说明 Android 操作系统的系统架构。

5．请简单说明 Android 应用程序的四大组成组件。

6．请简单说明什么是意图，什么是活动。

7．请问 Android 应用程序的主要开发工具有哪些？

8．参考第 11.5 节的说明，在读者的 Eclipse IDE 中安装 Android 开发环境。

9．请问什么是 Android 模拟器（AVD）？

10．试着自行创建名为 MyPhone 的 Android 模拟器，目标平台可使用 Google APIs (Google Inc.) -
API Level 14，SD 卡为 512，屏幕是 QVGA 且支持 GPS。

第 12 章 布局与使用界面控件

创建第一个 Android 应用程序

在安装好 Android 开发环境后，就可以启动 Eclipse IDE 来建立第一个 Android 应用程序。

12.1.1 建立 Android 应用程序

在我们的第一个 Android 应用程序中我们将修改 XML 文件内容来显示一段"第一个 Android 应用程序"文字，主要目的是熟悉 Android 项目的目录结构和 Eclipse IDE 关于 Android 文件的编辑界面。

步骤一：为 Android 项目建立工作空间

在 Eclipse IDE 建立 Android 工作空间需要指定 Android SDK 安装目录，以便将它设置成 Android 开发环境的工作空间。例如，本书规划建立的 Android 项目是位在"C:\JavaEx\AndroidEx"文件夹，作者准备将此文件夹建立成工作空间的步骤，如下所示：

 启动 Eclipse IDE，稍等一下，可以看到"Workspace Launcher"选取工作空间对话框，如图 12-1 所示。

 输入工作空间文件夹"C:\JavaEx\AndroidEx"，单击【OK】按钮，进入 Eclipse 工作界面。

step 03 执行"Window>Preferences"命令，打开"Preferences"偏好设置对话框，如图 12-2 所示。

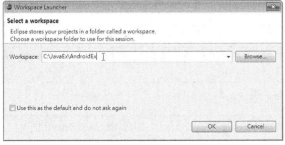

▲图 12-1

▲图 12-2

选择左侧列表框中的【Android】，单击"SDK Location"栏后方的【Browse】按钮，选择 Android SDK 安装路径"C:\Java_IDE\android-sdk-windows"，单击【OK】按钮即完成工作空间的设置。

步骤二：创建 Android 项目

建立工作空间后，就可以来创建 Android 项目，Android 项目通常由 Java 程序代码文件、XML 文件文件、图标和图形等资源文件组成。请继续上面步骤。

 执行"File>New>Project"命令，可以看到"New Project"（新项目）向导对话框，在此可以选择要创建项目的类别，如图 12-3 所示。

单击【Android】，选择【Android Project】，然后单击【Next】输入要创建 Android 项目的基本信息，如图 12-4 所示。

▲图 12-3

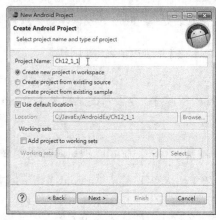

▲图 12-4

> **Memo**　　如果在 Eclipse IDE 已经建立过 Android 项目，可以直接执行"File>New>Android Project"命令来新增 Android 项目。

 在此向导步骤可以输入 Android 项目名称和存储目录的相关信息，对话框中字段说明和输入内容如表 12-1 所示。

表 12-1

字　　段	说　　明
Project vame（项目名称）	项目的目录名称，在此目录下是项目的目录架构、程序文件、资源文件和相关文件。以此例是【Ch12_1_1】
Create new project in workspace（在工作空间建立新项目）	选择此项，表示在此工作空间之中新建项目
Use default location（使用默认位置）	勾选此项，使用项目名称为之下的目录，即"C:\JavaEx\AndroidEx\Ch12_1_1"路径

单击【Next】按钮，选择 Build Target 的平台版本，如图 12-5 所示。

 在此向导步骤是选择建构目标的版本，字段说明和输入内容如表 12-2 所示。

表 12-2

字　　段	说　　明
Build Target（建构目标）	选择应用程序支持的 Android 系统版本，这里选【Android 4.0】

 单击 Next 按钮，输入 Android 应用程序的相关信息，如图 12-6 所示。

▲图 12-5

▲图 12-6

 在此向导步骤可输入 Android 应用程序、包的名称，并可选择是否建立活动及最低 SDK 版本，字段说明和输入内容如表 12-3 所示。

表 12-3

字　　段	说　　明
Application Name（应用程序名称）	这是出现在应用程序标题栏的名称，这里设置与项目同名【Ch12_1_1】
Package Name（包名称）	指定此项目 Java 类文件所属的包，一般来说，会以逆域名作为包名称，而且都使用小写的英文字母开头，此例中即为【androidEx.ch12】
Create Activity（建立活动）	勾选此选项可创建活动的 Java 类文件，默认名称是项目名称加上 Activity，以此例是 Ch12_1_1Activity
Min SDK Version（最低 SDK 版本）	移动设备需要支持最低的 Android SDK 版本，才可以顺利执行此 Android 应用程序，此版本值需要和 Build Target 的 API 层级相同，4.0 版的 API 层级是 14，所以默认输入【14】

 单击【Finish】按钮，就可以在 "Package Explorer" 窗口看到【Ch12_1_1】项目的目录结构，如图 12-7 所示。

可以看到，Ch12_1_1】项目下拥有多个文件和子文件夹，进一步说明请参阅第 12.2 节。

步骤三：查看与编辑 Android 应用程序文件

在"Package Explorer"窗口，可以让我们查看与编辑 Java 类文件和 XML 文件文件，主要文件有：Ch12_1_1Activity.java、main.xml 和 strings.xml 3 个。请继续上面步骤，如下所示：

step 3 在"Package Explorer"窗口，展开"src"目录，双击【Ch12_1_1Activity.java】，或执行右键快捷菜单的中【Open】命令，在程序代码编辑器打开 Java 类，如图 12-8 所示。

▲图 12-7　　　　　　　　　　　　　　　　　　▲图 12-8

上述代码中的 Ch12_1_1Activity 类继承自 Activity 类，Eclipse 自动设置了 Activity 要显示的布局文件为 main.xml，通过 setConterntView()方法。

step 4 展开"res\layout"目录，双击【main.xml】，或执行右键快捷菜单的【Open】命令，默认使用 Layout Editor（布局编辑器）来打开该布局文件，选择下方的【main.xml】标签可切换至代码编辑器中查看，如图 12-9 所示。

Eclipse 默认对 Android 项目使用了线性布局（LinearLayout），其中包含一个 TextView 控件，显示字符串内容，即 android:text 属性值@string/hello，表示此值是定义在 strings.xml 文件。

step 5 展开"res\values"目录，双击【strings.xml】，或执行右键快捷菜单中的【Open】命令，默认使用 Resource Editor 资源编辑器来打开字符串资源的 XML 文件，选择下方【strings.xml】标签切换到源码查看，如图 12-10 所示。

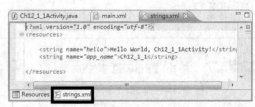

▲图 12-9　　　　　　　　　　　　　　　　　　▲图 12-10

上述 XML 文件使用 string 标签定义应用程序使用的字符串资源，属性 name 是引用名称，Eclipse 自动定义了名为 hello 和 app_name 的两个字符串内容，其说明如下所示。

- app_name：显示在标题栏的应用程序名称。
- hello：在 main.xml 中，TextView 控件即使用 @string/hello 引用 strings.xml 文件中名为 hello 的字符串。

step 6 现在我们准备更改应用程序名称和显示的字符串，第一种方式是在上述编辑器直接编辑代码，另一种方式是使用资源编辑器，请选择下方【Resources】标签切换到资源编辑器，如图 12-11 所示。

▲图 12-11

step 7 选择左边的【hello】字段，然后在右边的【Value】栏输入新值【第一个 Android 应用程序】，同样方式，请将 app_name 的值改为【Android 范例】。

step 8 选择下方【strings.xml】标签查看源码，可以看到当前 strings.xml 的内容，如下所示：

```xml
<?xml version="1.0" encoding="utf-8"?>
<resources>
    <string name="hello">第一个 Android 应用程序</string>
    <string name="app_name"> Android 范例</string>
</resources>
```

step 9 执行 "File>Save All" 命令，保存项目中所有编辑过的更改内容。

步骤四：编译与执行 Android 应用程序

完成 Android 应用程序文件的编辑后，就可以来编译项目的程序文件，并用第 11.6 节建立的模拟器执行程序。请继续上面步骤，如下所示：

step 10 执行 "Run>Run" 命令或按【Ctrl+F11】组合键，如果是第一次执行，可以看到 "Run As" 对话框，如图 12-12 所示。

▲图 12-12

Memo

如果在上述对话框选错执行方式，可能会一直产生错误，此时，请在 Android 项目文件夹上，执行右键快捷菜单的【Properties】命令，打开 "Properties" 对话框。

在右边选【Run/Debug Settings】，左边选设置，单击【Delete】按钮删除运行和调试配置，即可重新编译 Android 应用程序。

step **21** 选择【Android Application】，单击【OK】按钮启动 Android 模拟器（第 1 次启动模拟器需花费一些时间，第 2 次会直接执行），可以看到执行结果，如图 12-13 所示。

12.1.2　在模拟器执行 Android 应用程序

除了可以在 Eclipse 运行 Android 应用程序，因为程序已经安装到模拟器，所以，我们也可以直接在模拟器执行。

1．在模拟器运行 Android 应用程序

当在 Eclipse 运行 Android 项目后，我们建立的应用程序就会安装到 Android 模拟器，在模拟器运行 Android 应用程序步骤如下所示：

step **01** 解锁 Android 模拟器，单击【主页】键进入模拟系统的主画面，如图 12-14 所示。

▲图 12-13

▲图 12-14

 选择中间的圆形启动器图标，可以看到模拟器安装的程序列表，如图 12-15 所示。

在【应用程序】中找到安装的【Android 范例】程序，单击程序图标，就可以运行程序。

 按住图标，就会新增成为首页画面的快捷方式，请将【Android 范例】新增成为首页画面的快捷方式，单击快捷方式，也可以启动应用程序，如图 12-16 所示。

2．卸载 Android 应用程序

安装可以卸载 Android 应用程序，步骤如下：

单击模拟器的【MENU】键打开菜单，在下方选项菜单选择【管理应用程序】命令，可以看到运行与安装的所有应用程序列表，如图 12-17 所示。

▲图 12-15　　　　　　▲图 12-16　　　　　　▲图 12-17

选择想要卸载的程序，可以看到此程序的详细信息，单击【卸载】按钮，然后单击【确定】按钮，就可以卸载此 Android 应用。

12.1.3　导入 Android 项目的常见问题

读者可参考第 2.2.3 小节通过导入方式来使用书的 Android 项目（建议勾选"复制到工作空间目录"），不过，因为 Android 开发环境的版本变动很快，导入 Android 项目可能会产生一些常见问题和解决方法，如下所示：

1. 修复 Android 项目

当导入旧版 Android 项目时，在"Package Explorer"窗口的项目前可能出现红色错误小图标，鼠标移到其上显示项目属性错误的信息。此时请在项目上，执行右键快捷菜单的"Android Tools>Fix Project Properties"命令来修复 Android 项目。

2. 更改 Android 平台版本

Android 项目可以更改默认的平台版本，例如，将 2.3.3 版升级成 4.0 版，有些项目错误也可以通过更改平台版本来解决。选择项目，执行右键快捷菜单的【Properties】命令，可以看到属性对话框，如图 12-18 所示。

在左边选【Android】，然后在右边上方勾选要变更的平台版本，单击【OK】按钮。然后双击项目的 AndroidManifest.xml，打开此文件来更改平台的 API 版号，例如，4.0 版是 14，如图 12-19

所示。

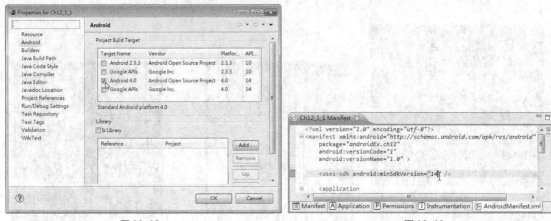

▲图 12-18　　　　　　　　　　　　　　▲图 12-19

选择下方的【AndroidManifest.xml】切换到代码编辑器，找到<uses-sdk>元素，将 android:minSdkVersion 属性值改成与平台相同的 API 版号，即 14。

3. 更改 Android 文件的默认编辑器

在导入 Android 项目（没有复制）时，项目资源 XML 文件的默认编辑器可能会更改成 XML Editor 编辑器，此时在 XML 资源文件上，执行右键快捷菜单的【Open With】命令指定打开的默认编辑器，如图 12-20 所示。

上述菜单列出了 Android 支持的一些编辑器，main.xml 默认是使用 Android Layout Editor，strings.xml 是 Android Resource Editor。

4. JDK 版本不同

如若 Eclipse 项目默认的 JDK 版本和安装版本不一致，执行"Window>Preferences" 命令打开 "Preferences" 对话框，在【Java】下的【Compiler】中就可以更改 Eclipse IDE 使用的 JDK 版本，选择右上方【Configure Project Specific Settings…】超链接，可以更改特定项目的 JDK 版本设置。

▲图 12-20

12.2　Android 项目目录结构

使用 Eclipse+IDE 工具创建的 Android 项目，默认将建立多个目录、子目录和文件，以 Ch12_1_1 项目为例，其目录结构如图 12-21 所示。

说明如下：

1. \src 目录

此目录中内容是 Java 类的源代码文件（.java），它位于包对应的路径之下，展开包可以看到之下的文件列表，例如上面的 Ch12_1_1Acitivity.java。

2. \gen 目录

在此目录包含一个 R.java 文件，它是 Eclipse 自动根据项目资源（位于\res 目录）建立的索引类文件，Edipse 会自动更新此文件，用户不允许自行更改文件内容。

3. \Android 4.0 目录

此目录名称视选择的 Build Target（建构目标）而定，4.0 版的目录名称就为【Android 4.0】，在目录下有一个 android.jar 包，其内容就是建立 Android 应用程序所需的类函数库。

4. \assets 目录

▲图 12-21

此目录的内容默认是空的，主要是用来存放应用程序使用到的一些不需要编译处理的原始资料，例如 HTML 文件、文本文件和 SQLite 数据库等。

5. \res 目录

此目录下内容包含 Android 应用程序使用到的所有资源，包括一些常用的子目录，如表 12-4 所示。

表 12-4

子 目 录	内容说明
drawable-????	分别包含 JPEG 或 PNG 格式的不同尺寸的图形文件，可以用在具有高、中、低不同分辨率的移动设备屏幕上
layout	包含布局 XML 文件，例如 main.xml
menu	包含定义菜单的 XML 文件
values	包含定义程序使用的数组、字符串、尺寸、色彩或样式的 XML 文件，例如 strings.xml

6. AndroidManifest.xml 文件

位于项目根目录下的 AndroidManifest.xml 文件是一个十分重要的文件，它提供 Android 操作系统所有应用程序的基本信息，可以说是一个功能列表。

与 Windows 操作系统不同，Android 系统需要通过 AndroidManifest.xml 文件先认识这个应用程序，才会知道如何执行它。AndroidManifest.xml 提供的主要信息有：

● 应用程序的完整名称（包括 Java 包名称），它是一个唯一的识别名称，可以让 Android 系统和 Android Market 找到应用程序。

● 应用程序包含的活动、内容供应商、广播接收器和服务控件。

● 声明应用程序运行时需要的权限，例如访问网络和 GPS 等。

● 应用程序最小需求的 API 级别，即项目的【Min SDK Version】字段值。

12.3 布局

布局（Layout）对于 Android 程序设计来说是一件十分重要的工作，因为它是建立用户界面的基础，可以帮助我们编排漂亮的用户界面。

12.3.1　布局的基础

布局通常使用 android.widget 包下的类，一些看不见的容器对象（ViewGroup 对象），可以用来组织与编排界面控件（View 对象，也属于 android.widget 包），如图 12-22 所示。

图 12-22 所示的 ViewGroup1 对象是一个容器，在之中编排有 4 个 View 对象。实现上，我们并不用编写程序代码来创建 ViewGroup 布局和 View 界面对象，而是在 Eclipse 建立 XML 格式的布局资源文件，使用声明方式来定义用户界面拥有哪些控件和如何编排。

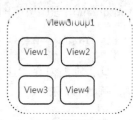

▲图 12-22

1. \res\layout 目录下的布局资源

布局资源简单说是一个使用户界面的模板，定义控件如何在屏幕上显示；它是位于 "\res\layout" 目录的一个 XML 文件。我们使用声明方式来定义使用界面拥有哪些控件，Eclipse 会自动根据 XML 文件来产生 Java 类文件。

2. ViewGroup 布局类

Android 提供多种布局对象，各拥有不同的默认编排方式，我们只需按照需求选择来编排子界面组件（Views），就可以快速编排出所需的用户界面，常见的几种布局类如下所示（ViewGroup 是所有布局的基类）：

● LinearLayout 类：使用该类布局的子界面控件是一个接着一个排列成水平或垂直一条直线，在 main.xml 使用<LinearLayout>标签。

● RelativeLayout 类：允许子界面控件指定相对于其他子界面控件的位置，或贴齐父布局的边线，我们可以指定一个界面控件在另一个界面控件的上方、下方、左边或右边等相对位置，在 main.xml 使用<RelativeLayout>标签。

● FrameLayout 类：如同堆栈来编排多个子界面控件，所有子控件起始位置都是在左上角的同一个位置，每一个控件如同一页图层，通过标签来进行选择。在 main.xml 使用<FrameLayout>标签。

● TableLayout 类：使用表格来编排子界面控件，每一个界面控件都有对应的行与列，在 main.xml 使用<TableLayout>和<TableRow>标签。

12.3.2　LinearLayout 布局

LinearLayout（线性布局）是最常使用的布局方式，它可以将子界面控件排列成一列（垂直），或一行（水平），一个接着一个排列成一直线，取其线性含义，如图 12-23 所示。

在布局资源的 XML 文件是使用 LinearLayout 元素来包含子元素的 View 控件，如下所示：

```
<LinearLayout
    android:orientation="vertical"
    android:layout_width="fill_parent"
    android:layout_height="fill_parent">
    ......
</LinearLayout>
```

▲图 12-23

LinearLayout 的常用属性及其说明如表 12-5 所示。

表 12-5

属　　性	说　　明
Orientation	指定布局的方向，vertical（垂直）或 horizontal（水平）
Gravity	在包含的子控件加上此属性，可以指定对齐方式是 right、center 或 left 等
layout_weight	在包含子控件加上此属性，可以指定控件的重要性，值的总和为 1，例如，3 个 Button 分别是 0.25、0.5 和 0.25，表示中间控件是其他的两倍大
layout_width	设定容器的宽度，属性值 fill_parent 表示填满上一层容器的可用宽度或高度；wrap_content 表示刚好足够显示控件内容
layout_height	设定容器的高度，属性值同 layout_width

Memo　在 Android 2.2 版的 fill_parent 属性值已经更名为 match_parent，不过为了后向兼容，本书仍然使用 fill_parent。

Android 项目：Ch12_3_2

在 Android 应用程序使用两个 LinearLayout 编排 5 个 Button 控件，其执行结果如 12-24 所示。

图 12-24 所示的前 3 个 Button 是垂直排列，后两个是水平排列，因为分别指定 layout_weight 属性值为 0.25 和 0.75，所以按钮五是按钮四约 3 倍宽。

XML 文件：\res\layout\main.xml

```
01: <?xml version="1.0" encoding="utf-8"?>
02: <LinearLayout xmlns:android=
      "http://schemas.android.com/apk/res/android"
03:     android:orientation="vertical"
04:     android:layout_width="fill_parent"
05:     android:layout_height="fill_parent">
06:     <Button android:text ="按钮一"
07:         android:layout_width="fill_parent"
08:         android:layout_height="wrap_content"
09:         android:gravity ="left"/>
10:     <Button android:text ="按钮二"
11:         android:layout_width="fill_parent"
12:         android:layout_height="wrap_content"
13:         android:gravity ="center"/>
14:     <Button android:text ="按钮三"
15:         android:layout_width="fill_parent"
16:         android:layout_height="wrap_content"
17:         android:gravity ="right"/>
18:     <LinearLayout android:orientation="horizontal"
```

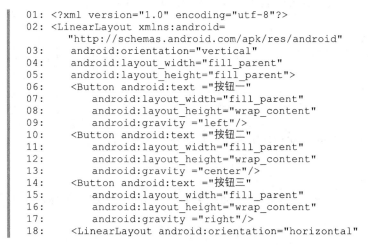
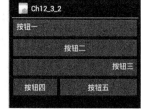

▲图 12-24

```
19:                     android:layout_width="fill_parent"
20:                     android:layout_height="wrap_content">
21:         <Button android:text ="按钮四"
22:             android:layout_width="wrap_content"
23:             android:layout_height="wrap_content"
24:             android:layout_weight="0.25"/>
25:         <Button android:text="按钮五"
26:             android:layout_width="wrap_content"
27:             android:layout_height="wrap_content"
28:             android:layout_weight="0.75"/>
29:     </LinearLayout>
30: </LinearLayout>
```

◀) 文件说明

　　第 2～30 行：第一个 LinearLayout 元素是垂直排列，在之中有 3 个子 Button 控件（指定 gravity 属性对齐左、中和右）和另一个 LinearLayout，换句话说，我们可以使用嵌套布局元素来建立复杂的用户界面。

　　第 18～29 行：使用另一个 LinearLayout 元素编排两个 Button 控件，并且指定 layout_weight 属性值分别为 0.25 和 0.75。

> Memo
>
> 　　请注意，LinearLayout 的垂直或水平编排会影响子控件的 layout_wight 和 layout_height 属性值设置。例如，上例 LinearLayout 根元素的 4 个子元素，其 layout_height 属性值是 wrap_content；不能是 fill_parent，因为是垂直排列，如果高设为 fill_parent，就只会显示第 1 个 Button 控件，因为它将占满所有可用的高度。
>
> 　　同理，在第 2 层 LinearLayout 元素是水平排列，所以子控件的 layout_width 属性只能是 wrap_content；不能是 fill_parent，如果宽是 fill_parent，也只会显示第 4 个 Button 控件。

12.3.3　TableLayout 布局

　　TableLayout 布局使用表格方式来编排子界面控件，如图 12-25 所示。

　　在布局资源的 XML 文件是使用 TableLayout 元素来包含子元素，如下所示：

```
< TableLayout
    android:layout_width="fill_parent"
    android:layout_height="fill_parent">
    <TableRow …>
        …
    </TableRow>
        …
</TableLayout >
```

▲图 12-25

　　上述 TableLayout 元素之中使用 TableRow 元素来定义每一行的界面控件。

 Android 项目：Ch12_3_3

　　在 Android 应用程序使用 TableLayout 布局编排 6 个 Button 控件，类似 2 行 3 列的表格，其执行结果如图 12-26 所示。

🔊 XML 文件：\res\layout\main.xml

▲图 12-26

```
01: <?xml version="1.0" encoding="utf-8"?>
02: <TableLayout xmlns:android=
        "http://schemas.android.com/apk/res/android"
03:     android:layout_width="fill_parent"
04:     android:layout_height="fill_parent">
05:     <TableRow>
06:         <Button android:text ="按钮一"
07:             android:layout_width="wrap_content"
08:             android:layout_height="wrap_content"/>
09:         <Button android:text ="按钮二"
10:             android:layout_width="wrap_content"
11:             android:layout_height="wrap_content"/>
12:         <Button android:text ="按钮三"
13:             android:layout_width="wrap_content"
14:             android:layout_height="wrap_content"/>
15:     </TableRow>
16:     <TableRow>
17:         <Button android:text ="按钮四"
18:             android:layout_width="wrap_content"
19:             android:layout_height="wrap_content"/>
20:         <Button android:text ="按钮五"
21:             android:layout_width="wrap_content"
22:             android:layout_height="wrap_content"/>
23:         <Button android:text ="按钮六"
24:             android:layout_width="wrap_content"
25:             android:layout_height="wrap_content"/>
26:     </TableRow>
27: </TableLayout>
```

🔊 文件说明

第 2～27 行：TableLayout 元素之中有两个 TableRow 子元素，各有 3 个 Button 控件，每一个 TableRow 元素就是表格的一行。

12.4 界面控件的基础知识

View 类是 Android SDK 构建用户界面的基础，每一个 View 对象占用屏幕上一个长方形区域，负责绘出用户界面的图形与事件处理。

12.4.1 View 与 ViewGroup 类

View 类是所有用户界面控件的基础类（直接或间接父类），其继承子类分成两大类，说明如下。

● 界面控件（Widgets，可称为 View 对象）：正确地说，Android 的界面控件是 Widget，不是 View；Widget 是 View 的子类，就是一些与用户互动的图形界面控件，例如，Button 和 EditText 控件等。

● 布局类（Layout Class，可称为 ViewGroup 对象）：ViewGroup 抽象类是 View 的子类，它是布局类的父类，一种看不见的容器类，用来组织其他界面控件和 ViewGroup 对象。

以程序代码的角度来看，在活动窗口的用户界面的结构是一棵 View 和 ViewGroup 对象组成的树，如图 12-27 所示。

　在面向对象的类架构中，声明成父类的对象变量，一样可以引用子类的对象，换句话说，我们可以将所有 Widget 类建立的对象通称为 View 对象；LinearLayout、FrameLayout 和 TableLayout 等布局类建立的对象称为是一种 ViewGroup 对象。

上述树状结构代表屏幕上显示界面控件的层次结构，在根 ViewGroup 对象之中可以包含多个 View 对象，或另一个 ViewGroup 对象，其中可以编排另一组 View 对象。例如，第 12.3.1 小节的 Android 项目，其用户界面的树状层次结构，如图 12-28 所示。

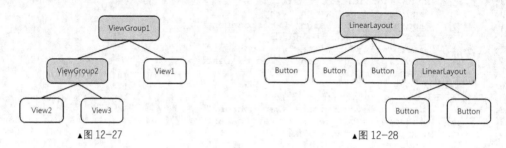

▲图 12-27　　　　　　　　　　　　　▲图 12-28

12.4.2　Android 使用的尺寸单位

在 Android 界面控件的 XML 属性指定尺寸时，除了 fill_parent 和 wrap_content 常量外，我们还可以指定实际的尺寸，可以使用的单位及说明如表 12-6 所示。

表 12-6

单　　位	说　　　明
dp 或 dip	Desity-independent Pixel 的简称，一英寸实际的屏幕尺寸相当于 160dp，这是 Android 建议使用的尺寸单位
sp	Scale-independent Pixel，类似 dp，建议使用在字型尺寸
pt	即 point，点，一点等于 1/72 英吋
px	实际屏幕上的点，Android 不建议使用此尺寸单位

12.5　用户界面控件

如同布局，我们并不需要使用 Java 程序代码来建立界面控件，而是在布局资源文件使用 XML 标签来创建用户界面控件。

12.5.1　文字输入的用户界面控件

Android 用户界面的文字控件主要有两种：TextView 和 EditText 控件，一个可以显示文字内容；一个是用来输入文字内容。对比应用程序的输出/输入，TextView 是程序输出；EditText 是程序输入。

1. TextView 控件

TextView 控件就是 Windows 操作系统的标签控件，它是一种数据输出控件，可以显示消息正文或程序的执行结果。在布局资源的 XML 文件使用<TextView>标签来声明，如下所示：

```
<TextView
  android:layout_width="wrap_content"
  android:layout_height="wrap_content"
  android:text="摄氏"/>
```

上述 TextView 控件可以显示 android:text 属性值的字符串。TextView 控件的常用属性及说明如下表所示。

属　　性	说　　明
android:text	控件显示的字符串内容，其值可以是字符串，或定义在 strings.xml 的字符串资源，请参阅第 12.1.1 小节步骤三

2.　EditText 控件

EditText 控件是 TextView 控件的子类，可以让用户以键盘输入程序所需的数据。例如，姓名、账号和电话等，在布局资源的 XML 文件是使用<EditText>标签来声明，如下所示：

```
<EditText
  android:layout_width="100dp"
  android:layout_height="wrap_content"
  android:inputType="number"/>
```

上述代码即创建一个宽度为 100dp 的 EditText 控件，输入类型为数字。EditText 控件常用属性及说明如表 12-7 所示。

表 12-7

属　　性	说　　明
android:inputType	此属性值可以决定控件允许输入的内容，例如，number，数字；如果允许多个类型，请使用"|"隔开，例如：number	phone

android:inputType 属性值中常用的输入类型及其说明如表 12-8 所示。

表 12-8

属 性 值	说　　明	属 性 值	说　　明
none	只读，表示不能输入	text	一般文字
textUri	URL 网址	number	整数
numberSigned	有符号整数	numberDecimal	浮点数
phone	电话号码	datetime	日期/时间
date	日期	time	时间
textMultiLine	多行文字	textEmailAddress	电子邮件地址
textPassword	密码	textVisiblePassword	可见密码

3.　Button 控件

Button 按钮控件可以触发 Click 事件（即执行 onClick 事件处理方法），例如，在输入数据后，单击按钮显示计算结果或执行更改属性等操作，关于事件处理的进一步说明请参阅第 13 章。

在布局资源的 XML 文件是使用<Button>标签声明在用户界面创建 Button 控件，如下所示：

```
<Button android:text ="转换"
  android:layout_width="wrap_content"
  android:layout_height="wrap_content"/>
```

Button 控件常用属性及其说明如表 12-9 所示。

表 12-9

属　　性	说　　明
android:text	设置 Button 控件上显示的标题文字
android:onClick	指定 Button 控件的事件处理方法，在第 13 章有进一步说明

  Android 项目：Ch12_5_1

在 Android 应用程序使用 TableLayout 布局编排 3 个 TextView、两个 EditText 和 1 个 Button 控件，创建温度转换程序的用户界面，其执行结果如图 12-29 所示。

上述两个 EditText 控件可以输入文字内容，左边可以输入整数；右边可以输入浮点数。

🔊　XML 文件：\res\layout\main.xml

▲图 12-29

```
01: <?xml version="1.0" encoding="utf-8"?>
02: <TableLayout xmlns:android=
       "http://schemas.android.com/apk/res/android"
03:    android:layout_width="fill_parent"
04:    android:layout_height="fill_parent">
05:    <TableRow>
06:       <TextView
07:          android:layout_width="wrap_content"
08:          android:layout_height="wrap_content"
09:          android:text="摄氏"/>
10:       <TextView
11:          android:layout_width="wrap_content"
12:          android:layout_height="wrap_content"
13:          android:text="===>"/>
14:       <TextView
15:          android:layout_width="wrap_content"
16:          android:layout_height="wrap_content"
17:          android:text="华氏"/>
18:    </TableRow>
19:    <TableRow>
20:       <EditText
21:          android:layout_width="100dp"
22:          android:layout_height="wrap_content"
23:          android:inputType="number"/>
24:       <Button android:text ="转换"
25:          android:layout_width="wrap_content"
26:          android:layout_height="wrap_content"/>
27:       <EditText
28:          android:layout_width="100dp"
29:          android:layout_height="wrap_content"
30:          android:inputType="numberDecimal"/>
31:    </TableRow>
```

```
32: </TableLayout>
```

🔊 文件说明

第 2～32 行：TableLayout 元素之中有两个 TableRow 子元素，在第 5～18 行是第一个 TableRow 元素，内含 3 个 TextView 控件，第 19～31 行是第 2 个 TableRow 元素，拥有两个 EditText 和 1 个 Button 控件。

第 21 行和第 28 行：android:layout_width 属性值使用的是实际尺寸，均指定控件宽度为 100dp。

第 23 行和第 30 行：使用 android:inputType 属性指定两 EditText 控件输入的数据分别为整数和浮点数。

12.5.2　选择功能的用户界面控件

Android 的选择控件主要有 CheckBox 复选框控件和 RadioButton 单选按钮控件，它们都是 CompoundButton 控件的子类。

1. CheckBox 控件

CheckBox 控件是一个开关，可以让用户选择是否打开功能或设置某些参数，因为每一个控件都是独立选项，所以 CheckBox 控件允许复选。

在布局资源的 XML 文件可使用<CheckBox>标签声明在用户界面建立CheckBox控件，如下所示：

```
<CheckBox android:text="整数除法"
  android:checked="true"
  android:layout_width="wrap_content"
  android:layout_height="wrap_content"/>
```

<CheckBox>标签的常用属性及其说明如表 12-10 所示。

表 12-10

属　　性	说　　明
android:text	设置在 CheckBox 控件显示的文字内容
android:checked	设置默认是否勾选，值 true 是；false 没有勾选

2. RadioGroup 和 RadioButton 控件

RadioButton 控件用于构建二选一或多选一的选择题，用户可以在一组 RadioButton 控件（使用 RadioGroup 包围）中选取一个选项，这是一种单选题。

因为 RadioButton 控件常以一组多个形式出现，在布局资源的 XML 文件需要同时使用<RadioGroup>和<RadioButton>标签来创建 RadioButton 控件，如下所示：

```
<RadioGroup android:layout_width="fill_parent"
  android:layout_height="wrap_content"
  android:orientation="horizontal">
  <RadioButton android:text="+ "
    android:layout_width="wrap_content"
    android:layout_height="wrap_content"/>
  …
```

```
    <RadioButton android:text="/ "
        android:layout_width="wrap_content"
        android:layout_height="wrap_content"/>
</RadioGroup>
```

上述 RadioGroup 元素拥有多个子 RadioButton 元素，表示它们是同一组单选按钮。<RadioGroup>标签的常用属性及说明如表 12-11 所示。

表 12-11

属　性	说　明
android:orientation	指定显示方向为垂直（vertical）或水平（horizontal）

<RadioButton>的常用属性和<CheckBox>标签相同。

 Android 项目：Ch12_5_2

在 Android 应用程序使用 3 个 LinearLayout，垂直或水平编排两个 TextView、两个 EditText、1 个 CheckBox、1 个 RadioGroup、4 个 RadioButton 和 1 个 Button 控件，来创建一个简单的四则计算器的使用界面，其执行结果如图 12-30 所示。

◀》 XML 文件：\res\layout\main.xml

```
01: <?xml version="1.0" encoding="utf-8"?>
02: <LinearLayout xmlns:android=
        "http://schemas.android.com/apk/res/android"
03:     android:orientation="vertical"
04:     android:layout_width="fill_parent"
05:     android:layout_height="fill_parent">
06:     <LinearLayout

07:         android:orientation="horizontal"
08:         android:layout_width="fill_parent"
09:         android:layout_height="wrap_content">
10:         <TextView android:text="数字(一)："
11:           android:layout_width="wrap_content"
12:           android:layout_height="wrap_content"/>
13:         <EditText
14:           android:layout_width="fill_parent"
15:           android:layout_height="wrap_content"
16:           android:inputType="number"/>
17:     </LinearLayout>
18:     <RadioGroup android:layout_width="fill_parent"
19:         android:layout_height="wrap_content"
20:         android:orientation="horizontal">
21:         <RadioButton android:text="+ "
22:           android:layout_width="wrap_content"
23:           android:layout_height="wrap_content"/>
24:         <RadioButton android:text="- "
25:           android:layout_width="wrap_content"
26:           android:layout_height="wrap_content"/>
27:         <RadioButton android:text="* "
28:           android:layout_width="wrap_content"
29:           android:layout_height="wrap_content"/>
30:         <RadioButton android:text="/ "
31:           android:layout_width="wrap_content"
32:           android:layout_height="wrap_content"/>
```

Ch12_5_2

数字(一)：

○ + ○ - ○ * ○ /

数字(二)：

☑ 整数除法

计算

▲图 12-30

```
33:    </RadioGroup>
34:    <LinearLayout
35:      android:orientation="horizontal"
36:      android:layout_width="fill_parent"
37:      android:layout_height="wrap_content">
38:      <TextView android:text="数字(二)："
39:        android:layout_width="wrap_content"
40:        android:layout_height="wrap_content"/>
41:      <EditText
42:        android:layout_width="fill_parent"
43:        android:layout_height="wrap_content"
44:        android:inputType="number"/>
45:    </LinearLayout>
46:    <CheckBox android:text="整数除法"
47:      android:checked="true"
48:      android:layout_width="wrap_content"
49:      android:layout_height="wrap_content"/>
50:    <Button android:text="计算"
51:      android:layout_width="wrap_content"
52:      android:layout_height="wrap_content"/>
53: </LinearLayout>
```

◀)) 文件说明

第 2～53 行：LinearLayout 元素是垂直排列，在之中有两个子 LinearLayout，1 个 RadioGroup、1 个 CheckBox 和 Button 控件。

第 6～17 行和第 34～45 行：使用两个 LinearLayout 水平编排 TextView 和 EditText 控件。

第 18～33 行：创建 RadioGroup 控件，其中有水平放置的 4 个 RadioButton 控件。

第 46～49 行：创建 ChecdkBox 控件。

习题

1. 请创建一个名为 MyBookTitle 的 Android 4.0 项目，在其中可以显示本书的书名。

2. 请问在布局 main.xml 文件是如何访问得到保存在 strings.xml 的字符串数据的？

3. 简单说明 Android 项目的目录结构。

4. 什么是布局？ViewGroup 布局类有哪几种？LinearLayout 布局是如何显示界面控件的？

5. 请问什么是 View 与 ViewGroup 类？并且试着绘出第 12.3.3 小节 Andrioid 项目的用户界面的树状结构，类似第 12.4.1 小节的说明。

6. 请简单说明 Android 可使用的尺寸单位有哪几种。

7. ＿＿＿＿＿＿界面控件可以显示文字内容；＿＿＿＿＿＿界面控件可以输入文字内容。＿＿＿＿＿＿和＿＿＿＿＿控件是选择功能的界面控件。

8. 请修改第 12.3.2 小节的项目，改为编排 TextView 界面控件，标题文字就是按钮的选项文字。

9. 在 Eclipse 创建 Android 项目，然后在项目创建 BMI 计算器的用户界面，要求可以输入身高和体重，再加上一个名为【计算】的按钮。

10. 请在 Android 项目中创建快餐店儿童餐的点餐系统界面，其中可以选择主餐、薯条和饮料，然后有一个【点餐】按钮。

第 13 章　活动与事件处理

13.1　活动类

活动类（Activity）是 Android 应用程序的核心，它是用户唯一会注意到的控件，因为大部分活动都会与用户互动，所以，我们开发 Android 应用程序的大部分时间其实是在定义和实现每一个屏幕画面的活动类。

1. 活动类的类架构

活动类是 Android 应用程序的重要类，其类架构如图 13-1 所示。

Activity 活动类是 Context 抽象类的子类（并非直接子类），中间的两个包装类可以让开发者更改 Context 对象的行为和布景，事实上，Context 类的抽象方法都是在 ContextWrapper 子类实现。

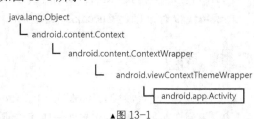

▲图 13-1

2. 创建活动（Activity）

基本上，在 Android 应用程序创建活动就是建立 Activity 类，因为 Activity 类只是一个空窗口的原型，我们需要继承 Activity 类来扩充窗口的功能，例如创建用户接口和建立菜单等，如下所示：

```
public class helloActivity extends Activity {
    // 覆盖相关方法
    …
}
```

上述 helloActivity 类即继承 Activity 类，换句话说，我们通过扩充空窗口原型的 Activity 类来建立所需的用户接口 helloActivity 类，即通过覆盖 Activity 类的方法（正确的说是 ContextWrapper 类的方法）来建立自己的窗口。

3. 启动活动

Android 应用程序有多种方法来启动活动，其简单说明如下：
- 在 Manifest 文件声明 Android 应用程序第一个进入的活动（相当于程序的进入点，即 Java

语言的 main()主程序）。
- 使用覆盖 ContentWrapper 对象的 startActivity()方法启动活动。
- 使用 Activity 对象的 startActivityForResult()方法启动活动。

后两种方法需要使用 Intent 意图来启动活动，进一步说明请参阅第 14 章。

4. 在 Android 应用程序声明活动

在 AndroidManifest.xml 文件中是使用 application 子元素声明应用程序拥有的活动，例如第 12 章 Ch12_1_1 项目的 AndroidManifest.xml 文件，代码如下所示：

```
<application android:icon="@drawable/icon"
        android:label="@string/app_name">
 <activity android:name=".Ch12_1_1Activity"
        android:label="@string/app_name">
   <intent-filter>
     <action android:name="android.intent.action.MAIN" />
     <category android:name="android.intent.category.LAUNCHER" />
   </intent-filter>
 </activity>
</application>
```

activity 子元素声明应用程序拥有的活动为 Ch12_1_1Activity，在 intent-filter 子元素定义此活动需要响应哪些操作或动作，其中有两个子元素，简单说明如下。
- action 元素：属性值 android.intent.action.MAIN 表示此活动是 Android 应用程序的进入点，也就是说，当用户运行应用程序，响应的操作就是执行此活动。
- category 元素：属性值 android.intent.category.LAUNCHER 表示将程序置于启动器的安装程序列表中，所以，我们可以在列表中看到安装的程序图标。

5. 活动类处理界面控件的相关方法

Activity 活动类处理界面控件的相关方法如表 13-1 所示。

表 13-1

方　法	说　明
setContentView(int)	指定活动显示的界面，参数为布局文件的资源索引值，例如：R.layout.main
findViewById(int)	根据 ID 查找控件

13.2 活动的生命周期

对于 Android 应用程序的整个生命周期来说，活动是最主要部分，事实上，Android 应用程序的生命周期几乎就等于是活动的生命周期。

13.2.1 活动堆栈

Android 操作系统启动着众多活动，通过使用一个活动堆栈（Activity Stack）来管理这些活动。

堆栈行为如同餐厅厨房的工人清洗餐盘，将洗好的餐盘迭在一起，每洗好一个餐盘就放在这迭餐盘的顶端，如图 13-2 所示。

图 13-2 的堆栈可以表示为一叠餐盘，每一个餐盘是一个活动，为了避免餐盘倒下来，厨师取用餐盘一定是从一迭餐盘的最顶端取出。同理，洗盘工一定是将餐盘放置在一迭餐盘的最顶端。

回到 Android 操作系统，当系统启动一个新活动，就会将其置于活动堆栈的最上方使其成为执行中活动（即与用户互动的活动，也就是我们可以看到的活动），前一个活动则置于新活动之下，直到新活动结束后，前一个活动才会再次成为执行中的活动。

13.2.2　活动的生命周期

活动的生命周期简单地说就是活动的状态管理，属于活动管理员（Activity Manager）的工作，负责建立、释放和管理众多的活动。

基本上，Android 程序设计的主要工作是编写程序代码来响应应用程序产生的状态改变，而不是改变状态。换句话说，对于活动的生命周期来说，我们重视的是不同状态之间的转换，而不是目前位于哪一个状态，如图 13-3 所示。

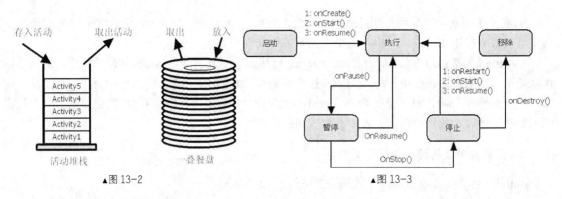

▲图 13-2　　　　　　　　　　　　　　　　　▲图 13-3

上述图例的活动共有五个状态：启动、执行、暂停、停止和移除，说明如下。

● 启动状态：运行 Android 应用程序后首先进入的就是启动状态，在依序调用 onCreate()、onStart()和 onResume()方法后，就进入执行状态。这 3 个方法称为"回调方法"（Callback Methods），开发者可以在回调方法编写程序代码以响应启动到执行状态的改变，换句话说，我们就是使用这些方法来管理活动的状态。

Memo　　Android 操作系统并不会主动删除内存中的活动，除非内存已经低到一定程度，因为从启动状态转换至执行状态的这段时间是最花费 CPU 计算的，也是最耗电的时候，再加上，用户可能随时会再回到此活动，为了减少电量消耗，所以不会自动删除活动。

● 执行状态：位于执行状态表示活动在当前屏幕上显示且可与用户进行互动，对比 Windows 操作系统，就是窗口取得焦点（Focus）。Android 操作系统在任何时间都只会有一个位于执行状态的活动，而且执行状态的活动拥有使用内存与资源的最高权限以便提升程序的执行效率，更快响应用户的操作。

● 暂停状态：当活动失去焦点，没有与用户互动，但是仍然显示在屏幕上时即处于暂停状态，这并非活动的正常情况，通常是因为显示对话框，对话框不会占用整个屏幕，所以背后的活动仍然看得见，此时就会调用 onPause()方法，从执行状态转换至暂停状态。

● 停止状态：停止状态的活动仍然保留在内存之中，只是用户看不到它。Android 操作系统之所以将活动保留在内存，因为用户有可能不久就会再返回此活动，而且从停止状态回到执行状态，比起从启动状态转换至执行状态耗费较少的资源。停止状态活动的下一步有两种情况，如表 13-2 所示。

表 13-2

状态变更	说　明
转换到执行状态	用户再次返回此活动，所以调用 onRestart()、onStart()和 onResume()3 个方法转换到执行状态
转换到移除状态	当内存太低或运行内存清理程序，就会调用 onDestroy()方法转换到移除状态

● 移除状态：活动位于移除状态表示已经释放占用的资源，活动已经删除且不存在内存之中。活动管理员会根据内存的使用情况，决定是否需要删除已停止的活动，以便空出更多内存空间让执行状态的活动能够正常地操作。

Memo　　　请注意！不是只有活动位于停止状态才会被删除，如果内存严重不足，就连暂停状态的活动都会删除，换句话说，程序的重要数据应该在 onPause()方法中存储，而不是等到 onStop()或 onDestroy()方法。

13.2.3　管理活动状态与 Log 类

从用户角度来说，活动的状态只有 3 种：可见（执行与暂停）、取得焦点（执行）和不可见（停止与移除）。当活动发生状态转换时，我们可以在回调方法（Callback Methods）编写程序代码来响应状态的改变，从而实现管理活动。

1. 调用方法管理活动的状态

在活动整个生命周期中共有 7 个方法会在活动状态转换时调用，这就是开发者响应状态改变，编写所需 Java 程序代码的地方，如图 13-4 所示。

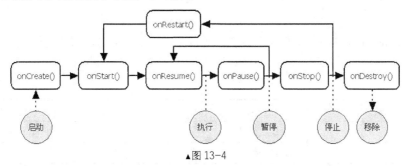

▲图 13-4

上述各方法的简单说明如表 13-3 所示。

表 13-3

方　法	说　明
onCreate()	此方法会在活动建立时调用，可以在此方法执行静态活动的初始化，即建立活动的使用接口控件，我们可以将此方法视为是活动的进入点
onStart()	此方法在应用可被用户看见时调用
onResume()	此方法会在与用户互动时调用
onPause()	此方法在暂停当前活动时调用，例如，应用要显示一个对话框时，通常我们会在此方法存储尚未存储和用户变更的任何数据
onStop()	此方法在用户看不见时调用，可能情况有 3 种：启动新活动、返回屏幕或活动将被删除
onRestart()	此方法在活动重新返回屏幕时调用，例如，在收到一条短信时会停止目前的活动，等阅读完短信后，调用此方法返回之前的活动
onDestroy()	此方法在删除活动前调用

在实现上，大部分活动都会覆盖 onCreate()和 onPause()方法：在 onCreate()方法显示使用接口；onPause()方法存储用户变更的数据。

2. onCreate()回调方法

在活动类的 7 种回调方法之中，只有 onCreate()方法有参数，笔者准备使用此方法为例来进一步说明回调方法的基本结构，如下所示：

```
public void onCreate(Bundle savedInstanceState) {
    super.onCreate(savedInstanceState);
    setContentView(R.layout.main);
    ......
}
```

方法参数是一个 Bundle 对象，它是一个存储键和值成对数据的对象，主要目的是在不同活动之间传递数据，以便保留目前活动的状态。

在方法第 1 行程序代码一定是使用 super 关键词调用父类的构造函数，可以用来设置与建立父类的活动原型，第 2 行程序代码指定布局资源索引值 R.layout.main 来显示自定义使用接口的 main.xml 文件，R.java 的进一步说明请参阅第 13.3.2 节。

3. 调试与 Log 类

Android 在 android.util 包下提供了 Log 类，可以用它来记录信息，帮助进行程序调试。Log 类的常用方法如表 13-4 所示。

表 13-4

方　法	说　明
Log.e()	记录错误信息
Log.w()	记录警告信息

续表

方　　法	说　　明
Log.i()	记录一般提示性的信息
Log.d()	记录调试信息
Log.v()	记录详细的信息

比如我们可以使用 Log.d()方法来显示调用各活动方法的信息，使用代码如下：

```
Log.d(TAG, "ActivityCh13_2_3:onCreate");
```

上述方法有两个参数，第 1 个参数是标签，用来识别是谁产生此信息，第 2 个参数是信息内容。一般来说，我们会使用一个类常量来指定第 1 个参数，如下所示：

```
private static final String TAG = "Ch13_2_3";
```

请注意！使用 Log 类方法输出信息会降低 Android 应用程序的运行效能，所以，通常只在程序开发和调阶段使用，正式发布版本就会删除。

4. 在 Java 程序导入 Android SDK 类

为了 Java 程序使用 Android SDK 现成的 API 类，我们就需要将其导入应包含类的完整名称（包括所属包），以本节 Ch13_2_3Activity.java 为例，在程序开头导入 3 个类，如下所示：

```
import android.app.Activity;
import android.os.Bundle;
import android.util.Log;
```

使用 import 关键词导入指定的类，上述这些都是 Android API 提供的类，一些马上可以使用的现成类，其说明如下。

- 导入第 1 个类：因为要创建的类继承自 Activity 类。
- 导入第 2 个类：因为 onCreate()方法的参数是 Bundle 对象。
- 导入第 3 个类：因为要使用 Log 类方法显示信息。

当在 Eclipse 代码编辑器调用 Log 类时，若在 Log 之下出现红色锯齿线，表示它不认识此类（因为没有导入此类），如图 13-5 所示。

此时将光标移到错误上，可以在浮动窗口看到显示的解决方法，选择第 1 个选项【Import 'Log'】，让 Eclipse 自动导入此类。同样方式，可以导入其他缺失的类。

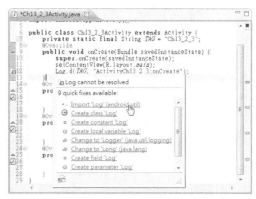

▲图 13-5

 Android 项目：Ch13_2_3

在 Android 应用程序重写（覆盖）活动的 7 个状态方法来测试活动的生命周期，使用类方法

Log.d()输出日志信息，需要在 Eclipse 切换至 DDMS 工作界面，才能在下方 "LogCat" 窗口看到输出的信息。

运行 Ch13_2_3 项目的程序，可以在模拟器看到执行结果，然后单击【返回】键离开程序，此时程序已经在模拟器的安装程序列表，我们准备直接从模拟器运行 Android 程序（在第 12.1.2 小节有说明）。

● 测试一：请在首页画面选下方中间图标打开安装程序列表，选择并运行【Ch13_2_3】程序，然后单击【返回】键离开程序，可以在 "LogCat" 窗口看到此活动的生命周期，如图 13-6 所示。

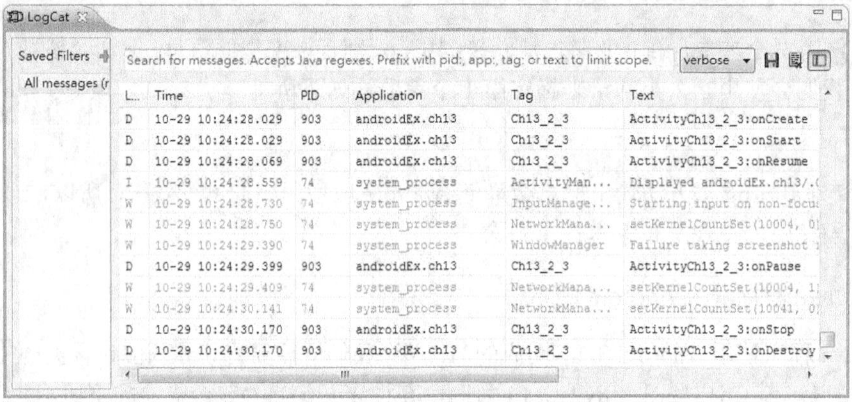

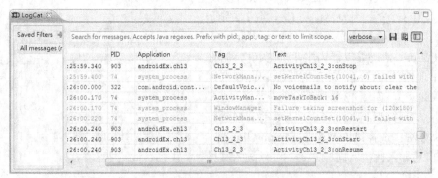

▲图 13-6

【Tag】值为 Ch13_2_3 的行是我们需要的信息，在上方可以看到系统依序调用 3 种方法建立活动，在单击返回键离开后，又调用 onPause、onStop、onDestroy 3 个方法结束活动。

● 测试二：在模拟器启动 Ch13_2_3 程序，然后单击右边的 "拨号" 键打电话，单击【返回】键离开通话程序，可以再度看到 Ch13_2_3 程序，此时在 "LogCat" 窗口可以看到 Activity Ch13_2_3 活动的停止和再度启动，如图 13-7 所示。

▲图 13-7

当运行通话程序时，就停止 Ch13_2_3 调用 onStop()，当停止活动再度呈现至屏幕时，依序调用 onRestart()、onStart()和 onResume()3 种方法重新启动 Ch13_2_3 程序。

Java 程序：Ch13_2_3Activity.java

在 Eclipse IDE 新增项目默认就会建立 onCreate()覆盖方法，至于新增 Activity 类其他覆盖方法的步骤，如下所示：

 打开 Ch13_2_3Activity.java 文件，执行"Sources>Override/Implement Methods"命令，可以看到"Override/Implement Methods"对话框，如图 13-8 所示。

在上面的列表框找到 onStart()方法，勾选此方法，然后在下方选择插入位置为【After 'onCreate(Bundle)'】，表示插入 onCreate()方法之后，单击【OK】按钮，可以看到创建的覆盖方法 onStart()，如图 13-9 所示。

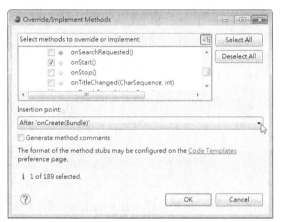

▲图 13-8

▲图 13-9

 同样方式，我们可以实现其他几个方法的覆盖，并在其中添加 Log 类方法 Log.d()。Ch13_2_3Activity 类的程序代码如下所示：

```
01: public class Ch13_2_3Activity extends Activity {
02:     private static final String TAG = "Ch13_2_3";
03:     @Override
04:     public void onCreate(Bundle savedInstanceState) {
05:         super.onCreate(savedInstanceState);
06:         setContentView(R.layout.main);
07:         Log.d(TAG, "ActivityCh13_2_3:onCreate");
08:     }
09:     @Override
10:     protected void onStart() {
11:         super.onStart();
12:         Log.d(TAG, "ActivityCh13_2_3:onStart");
13:     }
14:     @Override
15:     protected void onResume() {
16:         super.onResume();
17:         Log.d(TAG, "ActivityCh13_2_3:onResume");
18:     }
19:     @Override
20:     protected void onStop() {
21:         super.onStop();
22:         Log.d(TAG, "ActivityCh13_2_3:onStop");
23:     }
```

```
24:      @Override
25:      protected void onPause() {
26:          super.onPause();
27:          Log.d(TAG, "ActivityCh13_2_3:onPause");
28:      }
29:      @Override
30:      protected void onRestart() {
31:          super.onRestart();
32:          Log.d(TAG, "ActivityCh13_2_3:onRestart");
33:      }
34:      @Override
35:      protected void onDestroy() {
36:          super.onDestroy();
37:          Log.d(TAG, "ActivityCh13_2_3:onDestroy");
38:      }
39: }
```

◀) 程序说明

第 1～39 行：Ch13_2_3Activity 类的声明，这是一个继承 Activity 类的子类。

第 2 行：声明常量 TAG。

第 4～38 行：覆盖的 7 个方法，每个方法在使用 super 调用父类的方法后，使用 Log.d()方法来输出调用此方法的消息正文。

13.3 Android 的事件处理

单纯的控件只是在屏幕上显示对话接口，为了实现 Andorid 应用程序与用户的互动，需要编写 Java 代码来建立事件处理程序。

13.3.1 事件处理的基础

"事件"（Event）是在执行 Android 应用程序时，手指操作控件或键盘时所触发的一些动作。Android 事件处理是一种"委托事件处理模型"（Delegation Event Model），分为"事件来源"（Event Source）和处理事件的"监听器"（Listener）对象，如图 13-10 所示。

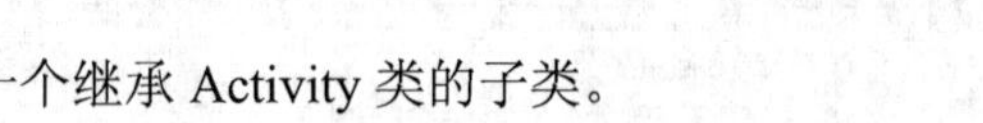

▲图 13-10

图 13-10 的事件可能是单击、长按和键盘事件，或控件产生的选取或文字输入事件，当事件产生时，注册的监听器对象可以接收事件然后调用相关方法进行处理，监听器是一个委托处理指定事件的对象。

当用户单击用户界面上的 Button 控件，就会产生 Click 事件，因为我们已经注册 Button 控件的监听器对象（例如：btnListener 对象）且实现 onClick()方法，此时，应用程序就会对这一操作进行响应处理。

13.3.2 控件的 android:id 属性

android:id 属性是找到指定界面控件的索引，如果需要编写 Java 程序代码更改控件的属性，或进行事件处理，例如创建 Button 控件的事件处理方法、取得 EditText 控件输入的内容和在 TextView 控件显示输出结果，记得一定要指定些属性值。

1. android:id 属性值的命名原则

在 XML 标签指定的 android:id 属性值，Eclipse 会自动编译成 Java 语言的类常量，换句话说，它就是 Java 语言的变量，需要遵守变量的命名原则，例如，第 13.4.1 节的 main.xml，我们替 EditText 控件命名为 txtC，如下所示：

```
<EditText android:id="@+id/txtC"
  android:layout_width="100dp"
  android:layout_height="wrap_content"
  android:inputType="number"/>
```

上面的 android:id 属性值由"@+id"开头，表示在当前 Android 应用程序的命名空间中添加（因为有"+"加号）一个"/"符号之后的识别名称 txtC，在习惯上，我们都是以小写字母开头来命名。在 Android 项目引用此控件的写法如下所示。

● XML 文件：使用@id/txtC 或@android:id/txtC 来引用此控件。

● Java 程序代码：使用 R.id.txtC 引用此控件，Android:id 属性值中的@代表 R.java 类，Eclipse 会自动编译生成该类。

2. android:id 属性与 R.java

R.java 文件位于 Android 项目的"gen"目录下，它是 Eclipse 自动根据项目资源（位于\res 目录）建立的索引类文件。下面我们进一步说明如何在 Java 程序代码找到 EditText 控件，以便取得用户输入的数据。

进入 Android 项目打开 Eclipse 自动建立的 R.java 文件，将看到如下所示代码（这里只列出 id 内层类）：

```
public final class R {
  ......
  public static final class id {
    ….
    public static final int txtC=0x7f050000;
    ….
  }
  …
}
```

可以看到类 R 中有一个嵌套内层类 id，其中包含所有 android:id 属性值转换成的类常量，这里只显示了 txtC 常量。现在可以在 Java 程序代码使用该常量来找出 EditText 控件 txtC，如下所示：

```
EditText txtC = (EditText) findViewById(R.id.txtC);
```

findViewById()方法的参数是 R.id.txtC，表示从资源索引文件 R.java 取得 txtC。txtC 的常量值为 0x7f050000，换句话说，findViewBgId 方法的参数也可以直接使用数值 0x7f050000，如下所示：

```
EditText txtC = (EditText) findViewById(0x7f050000);
```

程序代码可以直接使用此值来找出用户界面中的 EditText 控件。

13.4 创建事件处理程序

在 Activity 类有多种写法来创建事件处理方法，我们常用的是使用 android:onClick 属性来指定；另一种方式是使用匿名内层类创建监听器对象。

13.4.1 使用 andorid:onClick 属性

我们可以在布局文件的<Button>标签中，使用 andorid:onClick 属性指定事件处理方法的名称，如下所示：

```
<Button android:id="@+id/button1"
  android:text ="转换"
  android:layout_width="wrap_content"
  android:layout_height="wrap_content"
  android:onClick="button1_Click"/>
```

上述代码指定 Button 控件的名称为 button1，其事件处理方法因而指定为 button1_Click()。

现在在 Ch13_4_1Activity 活动类可以创建 button1_Click()事件处理方法，如下所示：

```
public void button1_Click(View view) {
  int c;
  double f;
  EditText txtC = (EditText) findViewById(R.id.txtC);
  EditText txtF = (EditText) findViewById(R.id.txtF);
  c = Integer.parseInt(txtC.getText().toString());
  f = (9.0 * c) / 5.0 + 32.0;
  txtF.setText(String.valueOf(f));
}
```

上述方法实现的是将 EditText 控件中输入的摄氏温度值转换成华氏温度。首先使用 findViewById()方法取得 EditText 对象，参数是资源索引，在取得 EditText 对象后，就可以使用 getText()方法取得其中的输入字符串，然后使用 Integer.parseInt()类方法将它转换成整数来计算转换的华氏温度，setText()方法可以指定 EditText 对象 txt 下的内容。

如果输入的温度是小数，我们可以使用 Double.parseDouble()方法来将 EditText 控件的输入值转换成浮点数，如下所示：

```
f = Double.parseDouble(txtC.getText().toString());
```

 Android 项目：Ch13_4_1

在 Android 应用程序创建温度转换程序，仍使用第 12.5.1 节的程序界面，只进行简单修改即可在左边 EditText 控件输入摄氏温度值，单击"转换"按钮，就可以在另一个 EditText 控件显示华氏温度，其执行结果如图 13-11 所示。

🔊 XML 文件：\res\layout\main.xml

▲图 13-11

```
01: <?xml version="1.0" encoding="utf-8"?>
02: <TableLayout xmlns:android=
```

```
            "http://schemas.android.com/apk/res/android"
03:         android:layout_width="fill_parent"
04:         android:layout_height="fill_parent">
05:         <TableRow>
06:             <TextView
07:                 android:layout_width="wrap_content"
08:                 android:layout_height="wrap_content"
09:                 android:text="摄氏"/>
10:             <TextView
11:                 android:layout_width="wrap_content"
12:                 android:layout_height="wrap_content"
13:                 android:text="===>"/>
14:             <TextView
15:                 android:layout_width="wrap_content"
16:                 android:layout_height="wrap_content"
17:                 android:text="华氏"/>
18:         </TableRow>
19:         <TableRow>
20:             <EditText android:id="@+id/txtC"
21:                 android:layout_width="100dp"
22:                 android:layout_height="wrap_content"
23:                 android:inputType="number"/>
24:             <Button android:id="@+id/button1"
25:                 android:text ="转换"
26:                 android:layout_width="wrap_content"
27:                 android:layout_height="wrap_content"
28:                 android:onClick="button1_Click"/>
29:             <EditText android:id="@+id/txtF"
30:                 android:layout_width="100dp"
31:                 android:layout_height="wrap_content"
32:                 android:inputType="numberDecimal"/>
33:         </TableRow>
34: </TableLayout>
```

◀)) 文件说明

第 20、24 和 29 行：使用 android:id 属性替 EditText 和 Button 控件命名。

第 28 行：使用 android:onClick 属性指定 Button 控件 button1 的事件处理方法为 button1_Clcik()。

◀)) Java 程序：Ch13_4_1Activity.java

```
01: public class Ch13_4_1Activity extends Activity {
02:     @Override
03:     public void onCreate(Bundle savedInstanceState) {
04:         super.onCreate(savedInstanceState);
05:         setContentView(R.layout.main);
06:     }
07:     // button1 控件的事件处理方法
08:     public void button1_Click(View view) {
09:         int c;
10:         double f;
11:         // 取得 EditText 控件
12:         EditText txtC=(EditText) findViewById(R.id.txtC);
13:         EditText txtF=(EditText) findViewById(R.id.txtF);
14:         // 取得输入值
15:         c = Integer.parseInt(txtC.getText().toString());
16:         // 摄氏转华氏的公式
17:         f = (9.0 * c) / 5.0 + 32.0;
18:         txtF.setText(String.valueOf(f));
19:     }
20: }
```

◀) 程序说明

第 3~6 行：覆盖 onCreate()方法，其中调用 setContentView()方法指定活动使用的布局资源，即显示 main.xml 定义的用户界面。

第 8~19 行：定义 button1_Click()事件处理方法，在第 12~13 行取得 EditText 控件，第 15 行取得输入的摄氏温度值，在第 17 行计算转换的华氏温度，然后在第 18 行将所求结果显示在 EditText 控件 txe 下。

13.4.2　使用匿名内层类

在 Android 也可以使用匿名内层类实现事件监听器接口的方法来进行事件处理。以按钮的 Click 事件来说，我们可以通过实现 OnClickListener 接口的 onClick()方法来处理该事件。

1. 指定 Button 控件的监听器对象

首先在 Acitvity 类的 onCreate()方法需要指定 Button 控件的监听器对象，如下所示：

```
Button btn1 = (Button) findViewById(R.id.button1);
btn1.setOnClickListener(btn1Listener);
```

上述程序代码先使用 findViewById()方法取得名为 button1（即 android:id 属性值）的 Button 控件，然后使用 setOnClickListener()方法注册监听器对象为 btn1Listener。

2. 创建监听器对象

然后可以使用匿名内层类来创建监听器对象，此对象的 onClick()方法负责处理 Button 控件产生的 Click 事件，如下所示：

```
View.OnClickListener btn1Listener = new View.OnClickListener() {
    public void onClick(View v) {
        …
    }
};
```

在 OnClickListener 接口只有一个 onClick()方法，我们需要实现此方法来进行 Click 的事件处理。

Memo　因为 View.OnClickListener 是接口不是类，可以使用 new 运算符隐式声明一个匿名内层类来实现 OnClickListener 接口，监听器对象就是此匿名类创建的对象。

3. 取得用户的选择

CheckBox 控件拥有两个状态：选取和未选取，选取的 CheckBox 控件，在小方块中会显示小勾号。可以调用方法检查是否勾选 CheckBox 控件，如下所示：

```
if (chkDivide.isChecked())
    result = opd1 / opd2; // 整数除法
else
    result = opd1 / (double) opd2;
```

通过调用 isChecked()方法来检查 CheckBox 控件 chkDivide 是否被选取，返回 true 表示选取；反之为未选取。

RadioButton 控件的各选项是互斥的，只能选取其中一个选项。如果选取，在小圆圈中显示实心圆，没有选取是空心。如同 CheckBox 控件，我们可以调用 isChecked()方法来判断是否选取该单选按钮。

 Android 项目：Ch13_4_2

在 Android 应用程序创建四则计算器程序，程序界面源于第 12.5.2 节的项目并作简单修改。在 EditText 控件输入两个数字，并选择所需运算符，单击【计算】按钮，就可以在下方 TextView 显示计算结果，其执行结果如图 13-12 所示。

🔊 XML 文件：\res\layout\main.xml

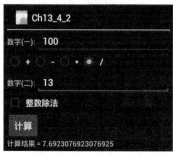

▲图 13-12

```
01: <?xml version="1.0" encoding="utf-8"?>
02: <LinearLayout xmlns:android=
      "http://schemas.android.com/apk/res/android"
03:   android:orientation="vertical"
04:   android:layout_width="fill_parent"
05:   android:layout_height="fill_parent">
06:   <LinearLayout
07:     android:orientation="horizontal"
08:     android:layout_width="fill_parent"
09:     android:layout_height="wrap_content">
10:     <TextView android:text="数字(一): "
11:       android:layout_width="wrap_content"
12:       android:layout_height="wrap_content"/>
13:     <EditText android:id="@+id/txtOpd1"
14:       android:layout_width="fill_parent"
15:       android:layout_height="wrap_content"
16:       android:inputType="number"/>
17:   </LinearLayout>
18:   <RadioGroup android:id="@+id/rdgOp"
19:     android:layout_width="fill_parent"
20:     android:layout_height="wrap_content"
21:     android:orientation="horizontal">
22:     <RadioButton android:id="@+id/rdbAdd"
23:       android:text="+ "
24:       android:layout_width="wrap_content"
25:       android:layout_height="wrap_content"/>
26:     <RadioButton android:id="@+id/rdbSubtract"
27:       android:text="- "
28:       android:layout_width="wrap_content"
29:       android:layout_height="wrap_content"/>
30:     <RadioButton android:id="@+id/rdbMultiply"
31:       android:text="* "
32:       android:layout_width="wrap_content"
33:       android:layout_height="wrap_content"/>
34:     <RadioButton android:id="@+id/rdbDivide"
35:       android:text="/ "
36:       android:layout_width="wrap_content"
37:       android:layout_height="wrap_content"/>
38:   </RadioGroup>
39:   <LinearLayout
40:     android:orientation="horizontal"
41:     android:layout_width="fill_parent"
```

```
42:           android:layout_height="wrap_content">
43:           <TextView android:text="数字(二): "
44:             android:layout_width="wrap_content"
45:             android:layout_height="wrap_content"/>
46:           <EditText android:id="@+id/txtOpd2"
47:             android:layout_width="fill_parent"
48:             android:layout_height="wrap_content"
49:             android:inputType="number"/>
50:       </LinearLayout>
51:       <CheckBox android:id="@+id/chkDivide"
52:           android:text="整数除法"
53:           android:checked="true"
54:           android:layout_width="wrap_content"
55:           android:layout_height="wrap_content"/>
56:       <Button android:id="@+id/button1"
57:           android:text="计算"
58:           android:layout_width="wrap_content"
59:           android:layout_height="wrap_content"/>
60:       <TextView android:id="@+id/lblOutput"
61:           android:layout_width="wrap_content"
62:           android:layout_height="wrap_content"/>
63:   </LinearLayout>
```

🔊 文件说明

第 13 和 46 行: 使用 android:id 属性替 EditText 控件命名。

第 18、22、26、30、34 和 51 行: 使用 android:id 属性替 RadioGroup、RadioButton 和 CheckBox 控件命名。

第 56 行和第 60～62 行: 使用 android:id 属性替 Button 控件命名,在第 60～62 行添加输出计算结果的 TextView 控件。

🔊 Java 程序: Ch13_4_2Activity.java

```
01: public class Ch13_4_2Activity extends Activity {
02:     private TextView output;
03:     @Override
04:     public void onCreate(Bundle savedInstanceState) {
05:         super.onCreate(savedInstanceState);
06:         setContentView(R.layout.main);
07:         // 取得 Button 控件
08:         Button btn1 = (Button)
                          findViewById(R.id.button1);
09:         // 注册 Button 的监听器对象
10:         btn1.setOnClickListener(btn1Listener);
11:         // 取得 TextView 控件
12:         output = (TextView) findViewById(R.id.lblOutput);
13:     }
14:     View.OnClickListener btn1Listener =
                            new View.OnClickListener() {
15:         public void onClick(View v) {
16:             int opd1, opd2;
17:             double result = 0.0;
18:             EditText txtOpd1, txtOpd2;
19:             RadioButton rdbAdd, rdbSubtract,
20:                 rdbMultiply, rdbDivide;
21:             CheckBox chkDivide;
22:             // 取得 EditText 控件
23:             txtOpd1=(EditText) findViewById(R.id.txtOpd1);
24:             txtOpd2=(EditText) findViewById(R.id.txtOpd2);
```

```
25:            // 取得输入值
26:            opd1 = Integer.parseInt(
                       txtOpd1.getText().toString());
27:            opd2 = Integer.parseInt(
                       txtOpd2.getText().toString());
28:            // 取得选取的运算符
29:            rdbAdd=(RadioButton) findViewById(R.id.rdbAdd);
30:            if (rdbAdd.isChecked()) {
31:                result = opd1 + opd2; // 加
32:            }
33:            rdbSubtract=(RadioButton) findViewById(R.id.rdbSubtract);
34:            if (rdbSubtract.isChecked()) {
35:                result = opd1 - opd2;  // 减
36:            }
37:            rdbMultiply=(RadioButton) findViewById(R.id.rdbMultiply);
38:            if (rdbMultiply.isChecked()) {
39:                result = opd1 * opd2; // 乘
40:            }
41:            rdbDivide=(RadioButton) findViewById(R.id.rdbDivide);
42:            chkDivide=(CheckBox) findViewById(R.id.chkDivide);
43:            if (rdbDivide.isChecked()) {
44:                if (chkDivide.isChecked())
45:                    result = opd1 / opd2;  // 整数除法
46:                else
47:                    result = opd1 / (double) opd2;
48:            }
49:            output.setText("计算结果 = " + result);
50:        }
51:    };
52: }
```

◀)) 程序说明

第 4～13 行：覆盖 onCreate()方法，其中找到 Button 控件 button1 后，第 10 行注册监听器对象，在第 12 行取得 TextView 控件。

第 14～51 行：创建监听器对象并实现 onClick()方法，在第 23～27 行取得输入值，因为输入的是字符串，所以使用 Integer.parseInt()方法转换成整数。

第 29～48 行：依序取得 RadioButton 控件后，使用 if 语句判断是否有选取行为，如果有，就计算指定的四则运算结果，在第 44～47 行的 if 语句用于判断 CheckBox 控件是否被选中，以决定是否执行整数除法。

第 49 行：在 TextView 控件 lblOutput 输出运算结果。

13.5 更多的事件处理

第 13.4 节主要介绍的是界面控件的 Click 事件处理，本节进一步说明更多常用的 Android 事件的处理。

13.5.1 长按事件

长按事件（LongClick Event）在用户触摸屏幕且停留超过一秒钟时触发，相当于 Windows 操作系统按下鼠标右键触发的事件。基本上，长按事件的事件处理是实现 OnLongClickListener 监听器接口的 onLongClick()方法，如下所示：

```
public boolean onLongClick(View v) {
    // 处理 LongClick 事件的程序代码
    return false;
}
```

上述方法参数是 View 对象，返回值是一个布尔值，true 表示此事件就由我全权处理；false 会继续传递事件到下一个监听器对象。

LongClick 事件若返回 false，相当于是按较久的 Click 事件，事件会继续传递给 OnClickListener 对象调用 onClick()方法；返回 true 就不再继续传递。

 Android 项目：　Ch13_5_1

在 Android 应用程序创建一个按钮，同时注册 OnClickListener 和 OnLongClickListener 监听器对象，以测试 LongClick 和 Click 事件处理，其执行结果如图 13-13 所示。

当触摸 Button 控件且停留超过一秒钟，可以看到触发 LongClick 事件，放开后，可以看到触发 Click 事件，如图 13-14 所示。

▲图 13-13

▲图 13-14

如果修改 Java 程序代码让 onLongClick()方法返回 true，长按就只会触发 LongClick 事件。

◀ XML 文件：\res\layout\main.xml

```
01: <?xml version="1.0" encoding="utf-8"?>
02: <LinearLayout xmlns:android=
       "http://schemas.android.com/apk/res/android"
03:    android:orientation="vertical"
04:    android:layout_width="fill_parent"
05:    android:layout_height="fill_parent">
06:    <TextView android:id="@+id/label"
07:      android:layout_width="fill_parent"
08:      android:layout_height="wrap_content"/>
09:    <Button android:id="@+id/button"
10:      android:text="长按事件"
11:      android:layout_width="fill_parent"
12:      android:layout_height="wrap_content"/>
13: </LinearLayout>
```

◀ 文件说明

第 9～12 行：准备用于测试 LongClick 和 Click 事件的 Button 控件 button。

◀ Java 程序：Ch13_5_1Activity.java

```
01: public class Ch13_5_1Activity extends Activity {
02:    private TextView label;
03:    @Override
```

```
04:    public void onCreate(Bundle savedInstanceState) {
05:       super.onCreate(savedInstanceState);
06:       setContentView(R.layout.main);
07:       label = (TextView) findViewById(R.id.label);
08:       Button btn1=(Button) findViewById(R.id.button1);
09:       // 注册监听器对象
10:       btn1.setOnClickListener(listener);
11:       btn1.setOnLongClickListener(longListener);
12:    }
13:    // 创建长按事件的监听器对象
14:    View.OnLongClickListener longListener =
                        new View.OnLongClickListener() {
15:       public boolean onLongClick(View v) {
16:          label.setText("触发 LongClick 事件...");
17:          return false; // 触发 LongClick 后再触发 Click 事件
18:          // return true;  // 只触发 LongClick 事件
19:       }
20:    };
21:    // 创建 Click 事件的监听器对象
22:    View.OnClickListener listener =
                        new View.OnClickListener() {
23:       public void onClick(View v) {
24:          label.setText("触发 Click 事件...");
25:       }
26:    };
27: }
```

◀) 程序说明

第 4～12 行：覆盖 onCreate()方法，其中找到 Button 控件 button1 后，在第 10～11 行注册监听器对象。

第 14～26 行：创建监听器对象并实现 onClick()和 onLongClick()接口方法。

13.5.2　键盘事件与 Toast 类

键盘事件（Keyboard Event）包括按下键盘按键时的 KeyDown 和放开按键的 KeyUp 事件。因为 Activity 类实现 KeyEvent.Callback 接口，所以，我们只需在继承类覆盖 onKeyDown()和 onKeyUp()方法就可以处理这两种事件。

1．创建键盘事件处理方法

以 KeyDown 事件的 onKeyDown()方法为例，程序的基本结构如下所示：

```
public boolean onKeyDown(int keyCode, KeyEvent event) {
   if (keyCode == KeyEvent.KEYCODE_DEL) {
      // 按下的是 DEL 键
      return true;
   }
   return super.onKeyDown(keyCode, event);
}
```

方法的第 1 个参数 keyCode 是键盘的按键码，例如 KeyEvent.KEYCODE_DEL 代表 Del 键。返回值是一个布尔值，方法可以处理此事件就返回 true，如果希望下一个接收的监听器对象也可以处理，就返回 false。

2. Toast 类

Toast 类位于 android.widget 包，它可以提供相关方法来在移动设备显示一个弹出信息框，我们可以在此信息框显示一段消息正文。例如，使用 Toast 类的 makeText()方法来建立一段信息，如下所示：

```
Toast.makeText(this, "按下 DEL 键...",
        Toast.LENGTH_SHORT).show();
```

makeText()方法的第 1 个参数是 Context 对象，在 Activity 类就是 this，如果在匿名内层类则所使用 Ch13_5_2Activity.this；第 2 个参数是要显示的字符串，或者为 strings.xml 字符串资源的索引，例如 R.string.hello；最后 1 个参数是显示时间，Toast.LENGTH.SHORT 表示较短，Toast.LENGTH.LONG 代表较长。

上面代码使用了流调用方法，即最后调用 show()方法显示 makeText()建立的消息正文。

 Android 项目： Ch13_5_2

在 Android 应用程序测试 KeyDown 和 KeyUp 事件处理，当按下 $\boxed{\text{Del}}$ 键或 $\boxed{\text{MENU}}$ 键，就可以在下方看到所按下的键，其执行结果如图 13-15 所示。

🔊　Java 程序： Ch13_5_2Activity.java

```
01: public class Ch13_5_2Activity extends Activity {
02:     @Override
03:     public void onCreate(Bundle savedInstanceState) {
04:         super.onCreate(savedInstanceState);
05:         setContentView(R.layout.main);
06:     }
07:     @Override
08:     public boolean onKeyDown(int keyCode,KeyEvent event) {
09:         if (keyCode == KeyEvent.KEYCODE_DEL) {
10:             Toast.makeText(this, "按下 DEL 键...",
11:                     Toast.LENGTH_SHORT).show();
12:             return true;
13:         }
14:         return super.onKeyDown(keyCode, event);
15:     }
16:     @Override
17:     public boolean onKeyUp(int keyCode, KeyEvent event) {
18:         if (keyCode == KeyEvent.KEYCODE_MENU) {
19:             Toast.makeText(this, "按下 MENU 键...",
20:                     Toast.LENGTH_SHORT).show();
21:             return true;
22:         }
23:         return super.onKeyUp(keyCode, event);
24:     }
25: }
```

▲图 13-15

🔊　程序说明

第 8～24 行：覆盖 onKeyDown()和 onKeyUp()方法，分别使用 if 语句判断 keyCode 是否是 $\boxed{\text{Del}}$ 键或 $\boxed{\text{MENU}}$ 键，如果是，就使用 Toast 类方法显示消息正文，不是，就使用 super 关键字调用父类的同名方法来处理。

习题

1. 请说明什么是活动类。

2. 请问 Android 应用程序有哪几种方法来启动活动？

3. 请使用图例说明活动堆栈以及活动的生命周期。

4. 请使用图例说明什么是 Android 的事件处理。

5. 请问 android:id 属性值的命名原则有哪些？android:id 属性与 R.java 文件之间的关系是什么？

6. 请问 Activity 类有哪两种不同写法来建立事件处理方法？试举例说明。

7. 请问什么是 Log 类？Toast 类起什么作用？

8. 请继续第 12 章习题 9，完成 BMI 计算器，其公式是：体重/(身高*身高)，身高单位为公尺（米）。

9. 请继续第 12 章习题 10，完成点餐系统，可以显示点餐的总价。

10. 试开发一个汇率换算的 Android 应用程序，指定汇率可使用常量，你需要实现：在勾选"兑换成人民币"后，输入外币金额，即可换算并显示对应的人民币金额。

第 14 章　意图与意图筛选

14.1 意图的基础知识

意图（Intent）是 Andriod 中的一个消息传递机制，它提供了一种通用的消息系统，使用它可以激活 Andriod 应用的三个核心组件：活动、服务和广播接收器。一个意图是对希望执行操作的抽象描述，可以告诉 Andriod 操作系统我想做什么，执行什么动作，例如启动一个活动，发起一个服务给服务递交新指令，以及广播事件。

1. 意图与意图过滤器

Android 应用程序送出的意图信息需要经过系统来判断接收者是谁，系统使用意图过滤器（Intent Filter）找出有能力处理的活动或内置应用程序，然后才将信息送给接收者，如图 14-1 所示

图 14-1 在【活动 1】创建并送出两个意图（虚线），其中一个意图指明是启动【活动 2】，操作系统可以依据指明类找到此活动来转送信息，并且启动此活动。另一个意图是描述特定动作，即浏览网页，操作系统依据此动作意图筛选找出可用的应用程序浏览器，然后启动它。

Android 操作系统的意图与意图筛选机制，可以让我们开发 Andriod 应用程序来取代系统内置的程序。例如，编写一个新的浏览器后，通过意图筛选就可以找出两个处理网页浏览的程序（一个是内置的，一个是我们自建的），此时，操作系统会

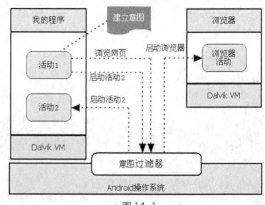

▲图 14-1

显示一个选单让用户选择使用哪一个工具，我们可以将新建的浏览器指定为默认浏览工具，从而取代内建浏览器。

2. 意图的种类

在 Android 操作系统的意图可以分为两种，如下所示。

● 显式意图（Explicit Intent）：指明目标活动接收者名称，即明确指明是送给谁，通常用在连

接同一个应用程序内部的多个活动，前述"启动活动 2"和后面第 14.2～第 14.4 节将创建的意图都是显式意图。

- 隐式意图（Implicit Intent）：隐式意图只指出执行的动作、类型和目录，并没有目标接收者的确实名称，Android 操作系统中任何可以完成此工作的应用程序都可以是接收者，如前面介绍的浏览网页就是隐式意图。

3. 使用意图启动的活动类型

Android 应用程序的活动通常展现为一个可视化的用户界面，一个应用程序可以拥有多个活动。基本上，Android 应用程序的活动可以分成两大类型，如下所示。

- 独立的活动：这是一种没有数据交换的活动，单纯只是从一个屏幕窗口转换到下一个屏幕窗口，在第 14.2 节使用意图启动的就是这种活动。
- 相依的活动：这是一种类似 Web 网页之间可进行数据传递的活动，在活动之间有数据交换，我们需要将数据传递至下一个活动，并且取得返回数据，在第 14.3 和第 14.4 节启动的是这种活动。

4. 启动与关闭活动

Activity 活动类处理启动（其参数就是 Intent 意图对象）与关闭活动的相关方法如表 14-1 所示。

表 14-1

方　　　法	说　　　明
startActivity(Intent)	启动新活动，其中参数是意图，此方法是重写 ContextWrapper 类实作的原始版本
startActivityForResult(Intent , int)	启动新活动，并且可以取得活动的返回值，参数中还包括一个请求码
finish()	关闭活动

14.2　使用意图来启动活动

通常我们使用意图来启动同一个应用程序中的其他活动，这是一个显式意图。使用意图启动活动主要工作有 3 项，如下所示：

- 定义继承 Activity 类的新类，它就是一个新活动。
- 在 AndroidManifest.xml 注册新活动。
- 创建意图来启动新活动，如果需要可以在活动之间传递数据。

 Android 项目：Ch14_2

在 Android 应用程序拥有两个活动，按下第一个活动中的按钮 button1 可以打开第 2 个活动，其执行结果如图 14-2 所示。

按下 Button 控件，可以启动 No2Activity 的活动 2，如图 14-3 所示。

按下活动 2 的 Button 控件，则关闭当前活动，返回主活动。

▲图 14-2　　　　　　　　　　　　　　　　▲图 14-3

1. 步骤一：创建主活动的 Activity 类

启动 Eclipse 创建 Android 项目【Ch14_2】，然后建立活动的使用接口，其步骤如下所示：

 在主活动的 main.xml 添加一个 Button 控件 button1，并指定 button_Click 事件处理方法，如下所示：

```
<Button android:id="@+id/button1"
  android:text="启动活动 2"
  android:layout_width="fill_parent"
  android:layout_height="wrap_content"
  android:onClick="button1_Click"/>
```

2. 步骤二：创建启动的活动 2 类

接着，我们可以创建活动 2 的 Activity 类，请继续上面的步骤，如下所示：

 选择【Ch14_2】项目，执行 "File>New>Class" 命令，打开 "New Java Class" 对话框，如图 14-4 所示。

▲图 14-4

 单击【Package】字段后的【Browse】按钮，选择【androidEx.ch14】包名称，单击 OK
在【Name】栏输入类名称【No2Activity】，【Superclass】栏输入父类名称

【android.app.Activity】，单击【Finish】按钮，可以看到建立新的 Java 类文件 No2Activity.java。

 执行"File>New>Other"命令，添加 No2Activity 类使用的布局配置资源文件 activity2.xml，在 New 对话框展开【Android】，选择之下的【Android XML File】，单击【Next】按钮，如图 14-5 所示。

 在【Resource Type】栏选择【Layout】类型，【File】栏输入文件名【activity2】，下方是默认根元素 LinearLayout，单击【Finish】按钮建立此 XML 文件。

▲图 14-5

在 activity2.xml 添加一个 TextView 控件显示活动 2，和 Button 控件 button1，并且指定 button1_Click 事件处理，如下所示：

```xml
<?xml version="1.0" encoding="utf-8"?>
<LinearLayout
xmlns:android="http://schemas.android.com/apk/res/android"
  android:orientation="vertical"
  android:layout_width="match_parent"
  android:layout_height="match_parent">
  <TextView android:text="活动 2"
    android:layout_width="fill_parent"
    android:layout_height="wrap_content"/>
  <Button android:id="@+id/button1"
   android:text="关闭活动 2"
   android:layout_width="fill_parent"
   android:layout_height="wrap_content"
   android:onClick="button1_Click"/>
</LinearLayout>
```

 打开 No2Activity.java，执行"Source>Override/Implement Method"命令，勾选 Activity 类下的【onCreate(Bundle)】，单击【OK】按钮建立此方法。

 在 onCreate()方法中调用 setContentView()方法，然后定义 button1_Click()事件处理方法以关闭活动，如下所示：

```java
protected void onCreate(Bundle savedInstanceState) {
  super.onCreate(savedInstanceState);
  setContentView(R.layout.no2);
}
public void button1_Click(View view) {
  finish();
}
```

3. 步骤三：在 AndroidManifest.xml 注册活动 2

在步骤二建立名为 No2Activity.java 的新活动，现在我们需要在 AndroidManifest.xml 文件注册此活动，请继续上面步骤，如下所示：

 双击打开【AndroidManifest.xml】文件且切换至标签码检视，在 activity 元素之后新增

　　　　一个 activtiy 元素，如下所示：

```
<application android:icon="@drawable/icon"
        android:label="@string/app_name">
  <activity android:name=".Ch9_2_1Activity"
        android:label="@string/app_name">
    <intent-filter>
      …..
    </intent-filter>
  </activity>
  <activity android:name=".No2Activity"/>
</application>
```

　　上述 android:name 属性值加上包名就是活动类的完整名称，所以活动名称使用 "." 符号开头。

4.　步骤四：创建意图启动活动 2

　　最后，我们可以在 Ch14_2Activity.java 编写 button1_Click()事件处理程序创建意图来启动活动
2，步骤如下所示。

**step　　打开【Ch14_2Activity.java】类文件，编写 button1_Click()事件处理代码，其内容如下所
01　　示：**

```
public void button1_Click(View view) {
    Intent intent =
      new Intent(this, No2Activity.class);
    startActivity(intent);
}
```

　　在代码创建一个 Intent 对象，构造函数参数依序为来源 Context（匿名内层类请使用
Ch14_2Activity.this）和目标类名称，即 No2Activity.class，然后调用 startActivity()方法启动活动 2，
参数是 Intent 对象。

14.3　传递数据给其他活动

　　Intent 对象还可以携带附加数据，并且将这些数据一并传递给目标活动，例如，在活动输入摄
氏温度，然后输入值可被传递到目标活动用于计算转换成华氏温度。

1.　使用 Bundle 对象传递数据

　　在 Intent 对象携带传递数据可使用 Bundle 对象，它是一种目录对象（Dictionary Object，保存
键值对数据），可以存储各种数据类型数据。首先创建 Intent 对象，如下所示：

```
Intent intent = new Intent(this, FActivity.class);
```

　　然后就可以创建 Bundle 对象，它像是一个大包包，我们可以将数据直接放进去，如下所示：

```
Bundle bundle = new Bundle();
bundle.putString("TEMPC", txtC.getText().toString());
```

　　上述程序代码使用 putString()方法新增字符串数据，第 1 个参数是字符串键的值（之后我们需

要使用此键取出内容），第 2 个参数是值。常用的方法有 putInt()（放入整数）、putDouble()（放入浮点数）和 putByte()（放入字节数据）等，如果数据不只一项，请重复调用 put???()方法将数据一一放入 Bundle 对象。

接着就可以使用 Intent 对象的 putExtras()方法来附加 Bundle 对象，并启动活动，如下所示：

```
intent.putExtras(bundle);
startActivity(intent);
```

2. 取出 Bundle 对象数据

在目标活动可以调用 Activity 对象的 getIntent()方法来取得 Intent 对象，然后调用 Intent 对象的 getExtras()方法取得携带的 Bundle 对象，如下所示：

```
Bundle bundle = this.getIntent().getExtras();
if (bundle != null) {
  c = Integer.parseInt(bundle.getString("TEMPC"));
  ......
}
```

上述 if 条件判断是否有数据，如果有，就使用 getString()方法取出数据，参数是之前指定的键，与之前的 put????()方法对应，我们可以使用相应的 getInt()（取出整数）、getDouble()（取出浮点数）和 getByte()（取出字节数据）等方法。

 Android 项目：Ch14_3

这个 Android 应用程序修改自第 13.4.1 小节的温度转换程序，将它分割成两个活动，第 1 个活动输入摄氏温度，然后将数据传递给第 2 个活动计算转换的华氏温度，其执行结果如图 14-6 所示。

输入摄氏温度，单击"转换"按钮即可以显示转换成的华氏温度（第 2 个活动），如图 14-7 所示。

▲图 14-6　　　　　　　　　　　　　　　▲图 14-7

🔊　XML 文件：\res\layout\main.xml

Ch14_3Activity 活动的布局配置和第 13.4.1 小节相同，只是少了最后一行。

🔊　Java 程序：Ch14_3Activity.java

```
01: public class Ch14_3Activity extends Activity {
02:     @Override
03:     public void onCreate(Bundle savedInstanceState) {
04:         super.onCreate(savedInstanceState);
05:         setContentView(R.layout.main);
06:     }
07:     // Button 控件的事件处理
08:     public void button1_Click(View view) {
09:         // 取得 EditText 控件
```

```
10:        EditText txtC=(EditText) findViewById(R.id.txtC);
11:        // 创建 Intent 对象
12:        Intent intent=new Intent(this, FActivity.class);
13:        // 创建传递数据的 Bundle 对象
14:        Bundle bundle = new Bundle();
15:        bundle.putString("TEMPC",txtC.getText().toString());
16:        intent.putExtras(bundle);   // 加上数据
17:        startActivity(intent);       // 启动活动
18:    }
19: }
```

🔊 程序说明

　　第 8～18 行：Button 控件的事件处理方法，在第 12 行创建 Intent 对象，在第 14～16 行给 Intent 对象加上传递的数据，使用的是 Bundle 对象，第 17 行启动参数 Intent 对象的活动。

🔊 XML 文件：\res\layout\f.xml

```
01: <?xml version="1.0" encoding="utf-8"?>
02: <LinearLayout xmlns:android=
      "http://schemas.android.com/apk/res/android"
03:    android:orientation="vertical"
04:    android:layout_width="fill_parent"
05:    android:layout_height="fill_parent">
06:    <TextView android:id="@+id/lblOutput"
07:       android:layout_width="wrap_content"
08:       android:layout_height="wrap_content"/>
09: </LinearLayout>
```

🔊 文件说明

　　第 2～9 行：FActivity 活动的布局配置，在第 6～8 行添加 TextView 控件以显示转换的华氏温度。

🔊 Java 程序：FActivity.java

```
01: public class FActivity extends Activity {
02:    @Override
03:    protected void onCreate(Bundle savedInstanceState) {
04:        super.onCreate(savedInstanceState);
05:        setContentView(R.layout.f);
06:        convertTempture();
07:    }
08:    // 转换温度
09:    private void convertTempture() {
10:        int c;
11:        double f = 0.0;
12:        // 取得传递的数据
13:        Bundle bundle = this.getIntent().getExtras();
14:        if (bundle != null) {
15:            c=Integer.parseInt(bundle.getString("TEMPC"));
16:            // 摄氏转华氏的公式
17:            f = (9.0 * c) / 5.0 + 32.0;
18:            // 显示华氏温度
19:            TextView o = (TextView)
                        findViewById(R.id.lblOutput);
20:            o.setText("华氏温度: " + Double.toString(f));
21:        }
22:    }
23: }
```

🔊 程序说明

　　第 6 行：调用 convertTempture()方法计算与显示华氏温度。

第 9～22 行：convertTempture()方法定义，在第 13 行取得传递数据的 Bundle 对象，第 14～21 行的 if 条件判断是否有数据，如果有，在第 15 行取得传递的摄氏温度，因为数据是字符串，所以须转换成整数，在第 17 行计算转换的华氏温度，第 19～20 行显示华氏温度。

🔊 XML 文件：\AndroidManifest.xml

在 application 元素下新增另一个 activtiy 元素，android:name 属性值为".Factivity"，如下所示：

```
<activity android:name=".FActivity"/>
```

14.4 取得活动的返回数据

在第 14.2 和第 14.3 节的范例都是使用 startActivity()方法启动其他活动，不过，此方法并不能取得活动的返回数据，我们需要使用 startActivityForResult()方法启动活动，才能取得返回数据。

本节范例修改自第 13.4.2 小节的四则计算器程序，将整个用户操作分割成两个步骤，第一步输入两个数字，并将输入数据传递给第 2 个活动，第二步让用户选择运算符，计算出结果后，返回给第 1 个活动显示。

Android 项目实现步骤则如下：首先在 Ch14_4Activity 的 onClick()方法创建 Intent 对象，和附加两个数字，然后调用 startActivityForResult()方法启动 Operators 活动，传递的请求码（Request Code）如果大于 0，表示目标活动会返回数据（值 0 相当于调用 startActivity()方法），我们需要在来源活动重写 onActivityResult()方法来取得返回数据。

目标活动部分则在 button1_Click()方法计算结果，然后调用 setResult()方法指定返回和携带返回数据。

1. 传递数据给返回的目标活动

如同第 14.3 节，我们需要创建 Intent 对象来传递数据给目标活动，如下所示：

```
Intent intent = new Intent(
     Ch14_4Activity.this, Operators.class);
Bundle bundle = new Bundle();
bundle.putString("OPERAND01", txtOpd1.getText().toString());
bundle.putString("OPERAND02", txtOpd2.getText().toString());
intent.putExtras(bundle);
```

上述程序代码首先创建一个 Intent 对象，因为是在内层类，所以在第 1 个参数加上类名称即使用 Ch14_4Activity.this，然后创建 Bundle 对象用来传递两个字符串数据。接着可以启动活动，如下所示：

```
startActivityForResult(intent, SET_RESULT);
```

上述方法的第 1 个参数是 Intent 对象，第 2 个参数是请求码的整数值，这是用来在活动中识别是哪一个目标活动的返回数据（因为一个活动可能启动多个目标活动）。

目标活动在调用 getIntent()方法取得 Intent 对象后，就可以取出传递的数据，如下所示：

```
Bundle bundle = this.getIntent().getExtras();
opd1 = Integer.parseInt(
```

```
        bundle.getString("OPERAND01"));
opd2 = Integer.parseInt(
        bundle.getString("OPERAND02"));
```

上述程序代码在取得传递的两个字符串后，将它转换成整数。

2. 取得活动的返回数据

因为需要返回数据，所以也来创建一个意图，如下所示：

```
Intent rIntent = new Intent();
Bundle rbundle = new Bundle();
rbundle.putDouble("RESULT", result);
rIntent.putExtras(rbundle);
```

上述程序代码同时在意图附加了一个 Bundle 对象，然后就可以设置结果码（Result Code）来返回数据，如下所示：

```
setResult(RESULT_OK, rIntent);
```

setResult() 方法的第 1 个参数是执行结果状态的结果码，RESULT_OK 表示成功；RESULT_CANCELED 是取消。第 2 个参数是 Intent 对象。

在第 1 个活动中重写 onActivityResult() 方法来取得返回数据，3 个参数依序是请求码、结果码和 Intent 对象，如下所示：

```
protected void onActivityResult(int requestCode,
                int resultCode, Intent data) {
   super.onActivityResult(requestCode,resultCode,data);
   switch(requestCode) {
   case SET_RESULT:
     if (resultCode == RESULT_OK) {
        // 取得返回值
     }
     break;
   }
}
```

该方法在调用父类的同名方法后，使用 switch 语句判断是哪一个目标活动的请求码，然后判断结果码，如为 RESULT_OK 表示成功，就可以取得返回值。

 Android 项目：Ch14_4

此 Android 应用程序修改自第 13.4.2 小节的四则计算器程序，程序首先可输入两个数字，其执行结果如图 14-8 所示。

在输入两个数字后，单击【选择运算符】按钮，进入下一页选择执行运算的运算符，如图 14-9 所示。

选择除法运算符后，单击【计算】按钮，便可执行相应四则运算，并返回前一个页面并显示计算结果，如图 14-10 所示。

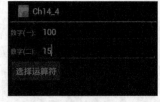

▲图 14-8

▲图 14-9

▲图 14-10

至此完成在活动中返回数据。

🔊 XML 文件：\res\layout\main.xml

```
01: <?xml version="1.0" encoding="utf-8"?>
02: <LinearLayout xmlns:android=
       "http://schemas.android.com/apk/res/android"
03:    android:orientation="vertical"
04:    android:layout_width="fill_parent"
05:    android:layout_height="fill_parent">
06:    <LinearLayout
07:      android:orientation="horizontal"
08:      android:layout_width="fill_parent"
09:      android:layout_height="wrap_content">
10:      <TextView android:text="数字(一)："
11:        android:layout_width="wrap_content"
12:        android:layout_height="wrap_content"/>
13:      <EditText android:id="@+id/txtOpd1"
14:        android:layout_width="fill_parent"
15:        android:layout_height="wrap_content"
16:        android:inputType="number"/>
17:    </LinearLayout>
18:    <LinearLayout
19:      android:orientation="horizontal"
20:      android:layout_width="fill_parent"
21:      android:layout_height="wrap_content">
22:      <TextView android:text="数字(二)："
23:        android:layout_width="wrap_content"
24:        android:layout_height="wrap_content"/>
25:      <EditText android:id="@+id/txtOpd2"
26:        android:layout_width="fill_parent"
27:        android:layout_height="wrap_content"
28:        android:inputType="number"/>
29:    </LinearLayout>
30:    <Button android:id="@+id/button1"
31:      android:text="选择运算符"
32:      android:layout_width="wrap_content"
33:      android:layout_height="wrap_content"/>
34:    <TextView android:id="@+id/lblOutput"
35:      android:layout_width="wrap_content"
36:      android:layout_height="wrap_content"/>
37: </LinearLayout>
```

🔊 文件说明

第 2～37 行：Ch14_4Activity 活动的布局配置，使用两个 LinearLayout 元素水平排列 TextView
和 EditText 控件以便输入数字，之后是 1 个 Button 控件和用于输出的 TextView 控件。

◀)) Java 程序：Ch14_4Activity.java

```
01: public class Ch14_4Activity extends Activity {
02:     private static final int SET_RESULT = 1;
03:     private TextView output;
04:     @Override
05:     public void onCreate(Bundle savedInstanceState) {
06:         super.onCreate(savedInstanceState);
07:         setContentView(R.layout.main);
08:         // 取得 Button 控件
09:         Button btn1=(Button) findViewById(R.id.button1);
10:         // 注册 Button 的监听器对象
11:         btn1.setOnClickListener(btn1Listener);
12:         // 取得 TextView 控件
13:         output = (TextView) findViewById(R.id.lblOutput);
14:     }
15:     View.OnClickListener btn1Listener =
                            new View.OnClickListener() {
16:         public void onClick(View v) {
17:             EditText txtOpd1, txtOpd2;
18:             // 取得 EditText 控件
19:             txtOpd1=(EditText) findViewById(R.id.txtOpd1);
20:             txtOpd2=(EditText) findViewById(R.id.txtOpd2);
21:             // 创建 Intent 对象
22:             Intent intent = new Intent(
                    Ch14_4Activity.this, Operators.class);
23:             // 创建传递数据的 Bundle 对象
24:             Bundle bundle = new Bundle();
25:             bundle.putString("OPERAND01",
                            txtOpd1.getText().toString());
26:             bundle.putString("OPERAND02",
                            txtOpd2.getText().toString());
27:             intent.putExtras(bundle);   // 加上数据
28:             // 启动活动且说明有返回数据
29:             startActivityForResult(intent, SET_RESULT);
30:         }
31:     };
32:     @Override
33:     protected void onActivityResult(int requestCode,
                        int resultCode, Intent data) {
34:       super.onActivityResult(requestCode,resultCode,data);
35:       switch(requestCode) {
36:         case SET_RESULT:
37:             if (resultCode == RESULT_OK) {
38:                 Bundle bundle = data.getExtras();
39:                 output.setText("计算结果: " +
                            bundle.getDouble("RESULT"));
40:             }
41:         break;
42:       }
43:     }
44: }
```

◀)) 程序说明

第 15～31 行：使用匿名内部类创建 Button 控件的监听器对象，在 on_Click() 接口方法的第 19～
20 和第 25～26 行取得输入的两个数字，第 22 行创建 Intent 对象，在第 24～27 行加入传递数据，
第 29 行启动 Operators 且指定请求码为 SET_RESULT 常量。

第 33～43 行：重写 onActivityResult()方法取得活动的返回数据，在第 34 行调用父类的同名方法，第 35～42 行使用 switch 语句依请求码判断是哪一个活动的返回数据，在第 37～40 行的 if 语句判断结果码是否成功，如果成功，就取得返回数据，因为是使用 Bundle 对象携带返回数据，所以第 39 行调用 getDouble()方法取得返回的计算结果。

🔊 XML 文件：\res\layout\operators.xml

```
01: <?xml version="1.0" encoding="utf-8"?>
02: <LinearLayout xmlns:android=
      "http://schemas.android.com/apk/res/android"
03:   android:orientation="vertical"
04:   android:layout_width="fill_parent"
05:   android:layout_height="fill_parent">
06:   <RadioGroup android:id="@+id/rdgOp"
07:     android:layout_width="fill_parent"
08:     android:layout_height="wrap_content"
09:     android:orientation="horizontal">
10:     <RadioButton android:id="@+id/rdbAdd"
11:       android:text="+ "
12:       android:layout_width="wrap_content"
13:       android:layout_height="wrap_content"/>
14:     <RadioButton android:id="@+id/rdbSubtract"
15:       android:text="- "
16:       android:layout_width="wrap_content"
17:       android:layout_height="wrap_content"/>
18:     <RadioButton android:id="@+id/rdbMultiply"
19:       android:text="* "
20:       android:layout_width="wrap_content"
21:       android:layout_height="wrap_content"/>
22:     <RadioButton android:id="@+id/rdbDivide"
23:       android:text="/ "
24:       android:layout_width="wrap_content"
25:       android:layout_height="wrap_content"/>
26:   </RadioGroup>
27:   <CheckBox android:id="@+id/chkDivide"
28:     android:text="整数除法"
29:     android:checked="true"
30:     android:layout_width="wrap_content"
31:     android:layout_height="wrap_content"/>
32:   <Button android:id="@+id/button1"
33:     android:text="计算"
34:     android:layout_width="wrap_content"
35:     android:layout_height="wrap_content"
36:     android:onClick="button1_Click"/>
37: </LinearLayout>
```

🔊 文件说明

第 2～37 行：Operators 活动的布局配置，在第 6～26 行是 RadioGroup 和 4 个 RadioButton 控件，用于选择运算符，第 27～31 行是 CheckBox 控件，最后是 Button 控件 button1，指定事件处理方法为 button1_Click()。

🔊 Java 程序：Operators.java

```
01: public class Operators extends Activity {
02:   @Override
03:   protected void onCreate(Bundle savedInstanceState) {
04:     super.onCreate(savedInstanceState);
```

```
05:            setContentView(R.layout.operators);
06:        }
07:    // button1 控件的事件处理方法
08:    public void button1_Click(View view) {
09:        int opd1, opd2;
10:        double result = 0.0;
11:        RadioButton rdbAdd, rdbSubtract,
12:                    rdbMultiply, rdbDivide;
13:        CheckBox chkDivide;
14:        // 取得传递的数据
15:        Bundle bundle = this.getIntent().getExtras();
16:        if (bundle == null) return;
17:        // 取得数字
18:        opd1 = Integer.parseInt(
                    bundle.getString("OPERAND01"));
19:        opd2 = Integer.parseInt(
                    bundle.getString("OPERAND02"));
20:        // 取得选取的运算符
21:        rdbAdd = (RadioButton) findViewById(R.id.rdbAdd);
22:        if (rdbAdd.isChecked()) {
23:            result = opd1 + opd2; // 加

24:        }
25:        rdbSubtract=(RadioButton) findViewById(R.id.rdbSubtract);
26:        if (rdbSubtract.isChecked()) {
27:            result = opd1 - opd2;  // 减
28:        }
29:        rdbMultiply=(RadioButton) findViewById(R.id.rdbMultiply);
30:        if (rdbMultiply.isChecked()) {
31:            result = opd1 * opd2;  // 乘
32:        }
33:        rdbDivide=(RadioButton) findViewById(R.id.rdbDivide);
34:        chkDivide=(CheckBox) findViewById(R.id.chkDivide);
35:        if (rdbDivide.isChecked()) {
36:            if (chkDivide.isChecked())
37:                result = opd1 / opd2;  // 整数除法
38:            else
39:                result = opd1 / (double) opd2;
40:        }
41:        Intent rIntent = new Intent();
42:        // 建立返回值
43:        Bundle rbundle = new Bundle();
44:        rbundle.putDouble("RESULT", result);
45:        rIntent.putExtras(rbundle);     // 加上数据
46:        setResult(RESULT_OK, rIntent); // 设定返回
47:        finish(); // 结束活动
48:    }
49: }
```

◀)) 程序说明

第 8～48 行：button1_Click()方法是 Button 控件的事件处理方法，在第 15 行取得 Intent 对象，第 18～19 行取得传递的数字，在第 21～40 行使用 4 个 if 语句条件判断是哪一种运算符，并且执行四则运算。

第 41～47 行：创建意图并使其携带返回数据，在第 41～45 行创建 Intent 对象和附加返回数据，第 46 行调用 setResult()方法设定返回，在第 47 行调用 finish()方法结束活动。

◀)) XML 文件：\AndroidManifest.xml

在 application 元素下新增另一个 activtiy 子元素，android:name 属性值为【.Operators】，如下所示：

```
<activity android:name=".Operators"/>
```

14.5 使用意图启动内置应用程序

第 14.2～第 14.4 节我们介绍了如何用 Android 应用程序启动活动，这些活动都属于 Android 应用的内部活动，比较像在 Windows 应用程序切换不同的窗口，而在实际应用中上，Android 意图另有一主要目，即启动其他应用程序的（活动）。

换句话说，对于移动设备内置的众多应用程序，我们可以使用意图来启动，例如，在 Android 应用程序中有一个网页链接，就可以使用意图启动系统内置的浏览器来浏览。

14.5.1 动作类型和 URI

实际上，在本节之前创建的意图都是显式意图，作为 startActivity()方法参数的 Intent 对象均指明目标活动的类名称。

基本上，启动内置应用程序是使用隐式意图，此时 Intent 意图对象提供的目标活动不是明确的类或控件名称，而是系统预先定义的一些动作，例如：ACTION_VIEW 等。

1. 动作类型

在意图类包含一些预先定义的动作类型，例如 ACTION_VIEW（即 Intent-filter 元素中 action 子元素下的 android.intent.action.VIEW 属性值），使用在隐式意图。

在 Intent 对象可以使用 setAction()方法来指定动作类型。活动常用的动作类型如表 14-2 所示。

表 14-2

动作类型	说　　明
ACTION_VIEW	显示数据给用户查看
ACTION_EDIT	显示数据给用户编辑
ACTION_DIAL	显示拨号
ACTION_CALL	打电话
ACTION_SENDTO	发送电子邮件
ACTION_WEB_SEARCH	Web 查找
ACTION_MAIN	启动应用主程序，即开始任务的初始活动

2. URI

URI（Universal Resource Identifier，统一资源标识符）是用来定位 Android 系统的资源，可帮助 Intent 对象的动作取得或找到操作数据。Android 常用的 URI，如下所示。

- URL 网址。URI 可以直接使用 URL 网址，如下所示：

http://www.google.com.hk/

- 地图位置。GPS 定位的坐标值（GeoPoint 格式），如下所示：

geo:25.04692437135412,121.5161783959678

- 电话号码。指定拨打的电话号码，如下所示：

tel:+1234567

- 发送邮件。发送邮件至指定的电子邮件地址，如下所示：

mailto:hueyan@10086.com

14.5.2　使用意图启动内置应用程序

在了解意图定义的一些动作类型和 URI 后，我们就可以在活动使用意图启动内置应用程序。

1.　启动浏览器

在活动启动内置浏览器可创建 ACTION_VIEW 动作，使用 URI 为 URL 网址的 Intent 对象，如下所示：

```
Intent i = new Intent(Intent.ACTION_VIEW,
    Uri.parse("http://www.google.com.hk"));
startActivity(i);
```

第 1 个参数是动作，第 2 个参数是 URI 对象，通过调用 URI 类的 parse()方法将字符串剖析成 URI 对象。

2.　启动地图

启动内置 Google 地图也是使用 ACTION_VIEW 动作，URI 为 GPS 坐标值，如下所示：

```
Intent i = new Intent(Intent.ACTION_VIEW,Uri.parse(
 "geo:25.04692437135412,121.5161783959678"));
startActivity(i);
```

3.　打电话

启动拨号程序则使用 ACTION_DIAL 动作，URI 为电话号码，如下所示：

```
Intent i = new Intent(Intent.ACTION_DIAL,
      Uri.parse("tel:+1234567"));
startActivity(i);
```

4.　发送电子邮件

在活动还可以启动内置电子邮件工具来发送邮件，它使用 ACTION_SENDTO 动作，URI 为收件者的电子邮件地址，如下所示：

```
Intent i = new Intent(Intent.ACTION_SENDTO,
      Uri.parse("mailto:hueyan@10086.com"));
startActivity(i);
```

 Android 项目：Ch14_5_2

在 Android 应用程序创建 4 个 Button 控件，实现单击按钮可以分别启动系统内置的浏览器、地图、拨号和电子邮件程序，其执行结果如图 14-11 所示。

例如，单击【启动浏览器】按钮，可以看到 Google 的首页，如图 14-12 所示。

▲图 14-11

▲图 14-12

> **Memo** 如果启动 Google 地图，在 Android 模拟器需要支持 Google API。请启动 Eclipse 打开 "Andriod Virtual Device" 对话框，选择建立的 AVD，单击右边的【Edit】按钮，在【Target】栏选择【Google API (Google Inc) API Level 14】（本书介绍的是 Android 4.0 程序的开发，所以选择 API 级别 14 来添加）。

◀)) XML 文件：\res\layout\main.xml

```
01: <?xml version="1.0" encoding="utf-8"?>
02: <LinearLayout xmlns:android=
       "http://schemas.android.com/apk/res/android"
03:    android:orientation="vertical"
04:    android:layout_width="fill_parent"
05:    android:layout_height="fill_parent">
06:    <Button android:id="@+id/btn1"
07:      android:text="启动浏览器"
08:      android:layout_width="fill_parent"
09:      android:layout_height="wrap_content"
10:      android:onClick="btn1_Click"/>
11:    <Button android:id="@+id/btn2"
12:      android:text="启动地图"
13:      android:layout_width="fill_parent"
14:      android:layout_height="wrap_content"
15:      android:onClick="btn2_Click"/>
16:    <Button android:id="@+id/btn3"
17:      android:text="打电话"
18:      android:layout_width="fill_parent"
19:      android:layout_height="wrap_content"
20:      android:onClick="btn3_Click"/>
21:    <Button android:id="@+id/btn4"
22:      android:text="发送电子邮件"
23:      android:layout_width="fill_parent"
24:      android:layout_height="wrap_content"
25:      android:onClick="btn4_Click"/>
26: </LinearLayout>
```

◀)) 文件说明

第 6~25 行：添加 4 个 Button 控件，名称分别为 btn1~4，指定事件处理方法为 btn1~4_Click()。

◀)) 　Java 程序：Ch14_5_2Activity.java

```
01: public class Ch14_5_2Activity extends Activity {
02:     @Override
03:     public void onCreate(Bundle savedInstanceState) {
04:         super.onCreate(savedInstanceState);
05:         setContentView(R.layout.main);
06:     }
07:     // 事件处理程序
08:     public void btn1_Click(View view) {
09:         Intent i = new Intent(Intent.ACTION_VIEW,
10:              Uri.parse("http://www.google.com.hk"));
11:         startActivity(i);
12:     }
13:     public void btn2_Click(View view) {
14:         Intent i = new Intent(Intent.ACTION_VIEW,
15:             Uri.parse(
16:             "geo:25.04692437135412,121.5161783959678"));
16:         startActivity(i);
17:     }
18:     public void btn3_Click(View view) {
19:         Intent i = new Intent(Intent.ACTION_DIAL,
20:             Uri.parse("tel:+1234567"));
21:         startActivity(i);
22:     }
23:     public void btn4_Click(View view) {
24:         Intent i = new Intent(Intent.ACTION_SENDTO,
25:             Uri.parse("mailto:hueyan@10086.com"));
26:         startActivity(i);
27:     }
28: }
```

◀)) 　程序说明

　　第 8～12 行：btn1_Click()事件处理方法，在第 9～10 行使用 Intent.ACTION_VIEW 动作，URI 是网址以实现启动浏览器。

　　第 13～17 行：btn2_Click()事件处理方法，在第 14～15 行使用 Intent.ACTION_VIEW 动作，URI 是 GPS 坐标值。

　　第 18～22 行：btn3_Click()事件处理方法，使用 Intent.ACTION_DIAL 动作，URI 是电话号码。

　　第 23～27 行：btn4_Click()事件处理方法，使用 Intent.ACTION_SENDTO 动作，URI 是电子邮件地址。

习题

1. 请使用图例说明什么是意图与意图筛选。
2. 请问意图的种类有哪两种？
3. 使用意图来启动活动时，请问在 Android 项目的主要工作有哪 3 项？
4. 请问什么是 Bundle 对象？如何在 Intent 对象使用 Bundle 对象？
5. 请修改第 13 章习题 8 的 Android 应用程序，创建第 2 个活动，然后改为在第 2 个活动计算和显示 BMI 值。

6．创建拥有两个活动的 Android 应用程序，在第 1 个活动有一个 TextView 和一个"取得英文月份"Button 控件，单击按钮可以启动第 2 个活动，其中包含一个 EditText 组件（可以输入数字 1～12）和一个按钮单击此可以取得输入数字所代表月份的英文名称，并且将它返回到第 1 个活动的 TextView 控件显示。

7．请简单说明意图的动作类型和 URI。

8．创建一个 Android 应用程序，在程序可开启系统内置浏览器，显示中国移动公司网站的首页：http://www.10086.com。

第15章　菜单、对话框与列表界面

15.1　选项菜单

Android 的选项菜单（Options Menu）是最常使用的 Android 应用程序列表，当用户按下移动设备的【MENU】键，就可以在下方显示选项菜单。

1. 创建 XML 菜单资源文件

Android 可以定义 XML 的菜单资源文件以便在活动 Activity 创建选项菜单，在菜单资源文件定义的就是菜单中显示的选项。

启动 Eclipse 执行 "File>New>Other…" 指令，打开 "New" 向导对话框，展开【Android】，选择之下的【Android XML File】，单击【Next】按钮，可以看到 "New Android XML File" 向导界面，如图 15-1 所示。

在【Resource Type】栏选择【Menu】类型，【File】栏输入文件名【menu】，单击【Finish】按钮，建立 "\res\menu\menu.xml" 菜单资源文件，然后就可以打开文件输入 item 子元素，如下所示：

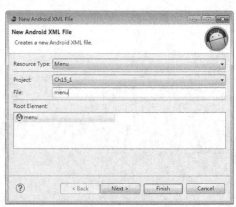

```xml
<?xml version="1.0" encoding="utf-8"?>
<menu xmlns:android=
"http://schemas.android.com/apk/res/android">
  <item android:id="@+id/toF"
    android:icon="@drawable/rightarrow"
    android:title="转华氏"/>
  <item android:id="@+id/toC"
    android:icon="@drawable/leftarrow"
    android:title="转摄氏"/>
</menu>
```

▲图 15-1

上述 menu 根元素下的 item 子元素就是每一个菜单选项，相关属性的说明如表 15-1 所示。

菜单图标是于 "res\drawable-???" 目录的同名图标文件，一般来说，我们都是使用 mdpi 中分辨率（即 160dpi，文件尺寸为 48×48）图片；ldpi 是低分辨率（120dpi，图标文件尺寸 36×36）；hdpi 是高分辨率（240dpi，图标文件尺寸 72×72），Android 操作系统会自动依据移动设备的屏幕分辨率来选择 "res\drawable-???" 目录下的图标文件，如图 15-2 所示。

表 15-1

属　性	说　明
android:id	指定选项的识别名称，其转换成的数据索引值，就是选项的唯一整数编号
android:icon	指定选项的图标，通过@drawable/可以取得位于"res\drawable-???"目录的同名图标文件，不过，Android 4.0 版并不会在选项显示图标，之前版本才能显示
android:title	指定选项显示的标题名称

图 15-2 所示的 leftarrow.png 图标文件的数据索引就是 R.drawable.leftarrow 类常量，在 XML 文件使用@drawable/leftarrow 引用此图标文件。

2. 将菜单数据实现成选项菜单

在 Android 项目建立菜单数据的 XML 文件后，我们就可以在 onCreateOptionsMenu()方法将菜单数据实现成选项菜单，如下所示：

▲图 15-2

```
public boolean onCreateOptionsMenu(Menu menu) {
    MenuInflater inflater = getMenuInflater();
    inflater.inflate(R.menu.menu, menu);
    return super.onCreateOptionsMenu(menu);
}
```

创建选项菜单，就是将 XML 格式的数据描述转换成 Java 对象的过程，称为"充气"（Inflating）。所以，对象名称为 MenuInflater，方法也名为 inflate()。

上述程序代码调用活动类的 getMenuInflater()方法取得 MenuInflater 对象，然后使用 inflate()方法创建选项菜单，第 1 个参数是菜单数据索引，第 2 个参数是参数 Menu 对象，即我们准备建立的选项菜单。

3. 响应菜单选项

在活动响应菜单选项的事件处理，就是重写 onOptionsItemSelected()方法，如下所示：

```
public boolean onOptionsItemSelected(MenuItem item) {
    switch(item.getItemId()) {
    case R.id.toF:
      …...
      break;
    case R.id.toC:
      …...
      break;
    }
    return super.onOptionsItemSelected(item);
}
```

上述方法的参数就是选取的选项，我们可以调用 getItemId()方法取得选项的唯一整数编号，然后使用 switch 条件判断选择哪一个选项来执行所需的功能。

最后，返回调用父类 onOptionsItemSelected(item)方法的返回值，在 Eclipse 中会自动产生此程序代码。

 Android 项目：Ch15_1

这个 Android 应用程序是修改自第 13.4.1 小节的温度转换程序，在程序将建立一个选项菜单，此菜单拥有 2 个选项，可以将输入温度转换成摄氏或华氏温度，其执行结果如图 15-3 所示。

在输入温度后，单击移动设备的【MENU】键，可以在下方显示选项菜单的两个选项（其显示方式与之前版本不同），选择【转华氏】，就可以显示转换成的华氏温度，如图 15-4 所示。

▲图 15-3

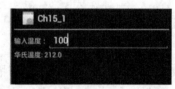

▲图 15-4

选择【转摄氏】，就可以将华氏温度转换成摄氏温度。

🔊 XML 文件：\res\layout\main.xml

```
01: <?xml version="1.0" encoding="utf-8"?>
02: <LinearLayout xmlns:android=
      "http://schemas.android.com/apk/res/android"
03:   android:orientation="vertical"
04:   android:layout_width="fill_parent"
05:   android:layout_height="fill_parent">
06:   <LinearLayout
07:     android:orientation="horizontal"
08:     android:layout_width="fill_parent"
09:     android:layout_height="wrap_content">
10:     <TextView android:text="输入温度: "
11:       android:layout_width="wrap_content"
12:       android:layout_height="wrap_content"/>
13:     <EditText android:id="@+id/txtTemp"
14:       android:layout_width="fill_parent"
15:       android:layout_height="wrap_content"
16:       android:inputType="number"/>
17:   </LinearLayout>
18:   <TextView android:id="@+id/lblOutput"
19:     android:layout_width="wrap_content"
20:     android:layout_height="wrap_content"/>
21: </LinearLayout>
```

🔊 文件说明

第 2～21 行：这里使用了 LinearLayout 方式布局，在第 2 层的 LinearLayout 水平编排 1 个

TextView 和 EditText 控件，最后是用于输出的 TextView 控件。

◀) XML 文件：\res\menu\menu.xml

```
01: <?xml version="1.0" encoding="utf-8"?>
02: <menu xmlns:android=
       "http://schemas.android.com/apk/res/android">
03:    <item android:id="@+id/toF"
04:       android:icon="@drawable/rightarrow"
05:       android:title="转华氏"/>
06:    <item android:id="@+id/toC"
07:       android:icon="@drawable/leftarrow"
08:       android:title="转摄氏"/>
09: </menu>
```

◀) 文件说明

第 2～9 行：在 menu 根元素下使用 item 子元素定义菜单的两个选项。

◀) Java 程序：Ch15_1Activity.java

```
01: public class Ch15_1Activity extends Activity {
02:    private TextView output;
03:    @Override
04:    public void onCreate(Bundle savedInstanceState) {
05:        super.onCreate(savedInstanceState);
06:        setContentView(R.layout.main);
07:        // 取得 TextView 控件
08:        output = (TextView) findViewById(R.id.lblOutput);
09:    }
10:    @Override
11:    public boolean onCreateOptionsMenu(Menu menu) {
12:        MenuInflater inflater = getMenuInflater();
13:        inflater.inflate(R.menu.menu, menu);
14:        return super.onCreateOptionsMenu(menu);
15:    }
16:    @Override
17:    public boolean onOptionsItemSelected(MenuItem item) {
18:        int tmp;
19:        double result;
20:        // 取得 EditText 控件
21:        EditText txtTemp = (EditText)
                             findViewById(R.id.txtTemp);
22:        // 取得输入值
23:        tmp = Integer.parseInt(txtTemp.getText().toString());
24:        switch(item.getItemId()) {
25:        case R.id.toF:
26:            // 摄氏转华氏的公式
27:            result = (9.0 * tmp) / 5.0 + 32.0;
28:            output.setText("华氏温度: " + result);
29:            break;
30:        case R.id.toC:
31:            // 华氏转摄氏的公式
32:            result = (5.0 / 9.0 ) * (tmp - 32);
33:            output.setText("摄氏温度: " + result);
34:            break;
35:        }
36:        return super.onOptionsItemSelected(item);
37:    }
38: }
```

◀)) 程序说明

第 12～14 行：在取得 MenuInflater 对象后，调用 inflate()方法将菜单选项数据添加至 Menu 对象 menu。

第 17～37 行：在 onOptionsItemSelected()方法使用 switch 条件判断用户选择哪一个选项，使用参数 MenuItem 对象 item 的 getItemId()方法取得选项常量，它就是定义在 menu.xml 的选项数据索引，然后使用公式来计算转换后的温度。

15.2　信息与确认对话框

在活动建立对话框最简单的方法是通过 AlertDialog.Builder 类创建并显示一个警告对话框（AlertDialog），这是一个简单的弹出式窗口。

15.2.1　创建信息对话框

信息对话框就是在对话框显示一段信息，例如，在 Android 应用程序常有的"关于"对话框。

1. AlertDialog 类

AlertDialog 类提供内置的对话框元素，例如标题、消息正文和最多 3 个按钮等，可以让我们创建不同功能的信息和确认等对话框。事实上，我们就是通过 AlertDialog.Builder 对象来创建 AlertDialog 对话框，如下所示：

```
AlertDialog.Builder builder =
            new AlertDialog.Builder(this);
```

上述程序代码的构造函数参数是 Context 对象，我们可以用 this 取得活动的 Context 对象，然后使用相关方法来指定对话框的内容，如下所示：

```
builder.setTitle("关于");
builder.setMessage("版本: 1.0 版\n 作者：陈会安");
```

上述程序代码指定对话框的标题文字和信息内容，常用的相关方法及其说明如表 15-2 所示。

表 15-2

方　　法	说　　明
setTitle()	指定对话框的标题文字为参数的字符串
setMessage()	指定对话框的信息内容为参数的字符串，内容如需换行请使用 "\n" 符号
setCancelable()	指定对话框是否可取消，参数 true 表示可以；false 为不可以
create()	返回 AlertDialog.Builder 对象建立的 AlertDialog 对象
show()	显示 AlertDialog.Builder 对象建立的 AlertDialog 对话框
setPositiveButton()	指定"确定"按钮的标题文字和监听器对象
setNeutralButton()	指定"放弃"按钮的标题文字和监听器对象
setNagtiveButton()	指定"取消"按钮的标题文字和监听器对象

2. 在对话框添加按钮与事件处理

AlertDialog.Builder 对象只需使用表 15-2 最后 3 个方法，就可以在对话框建立 "确定"、"放弃" 和 "取消" 按钮，以确定按钮为例，方法如下：

```
builder.setPositiveButton("确定", null);
```

第 1 个参数设置标题名称，第 2 个参数是实现 DialogInterface.OnClickListener 界面的监听器对象，按钮的事件处理是 onClick()方法，如果 onClick()方法并没有做什么事，我们可以直接使用 null 指定监听器对象的参数值。

 Android 项目：Ch15_2_1

在 Android 应用程序运用 AlertDialog，单击上方按钮，可以显示程序的 "关于" 对话框，其执行结果如图 15-5 所示。

🔊 XML 文件：\res\layout\main.xml

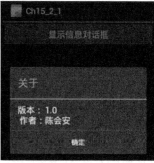

▲图 15-5

```
01: <?xml version="1.0" encoding="utf-8"?>
02: <LinearLayout xmlns:android=
        "http://schemas.android.com/apk/res/android"
03:     android:orientation="vertical"
04:     android:layout_width="fill_parent"
05:     android:layout_height="fill_parent">
06:     <Button android:id="@+id/button1"
07:         android:text="显示信息对话框"
08:         android:layout_width="fill_parent"
09:         android:layout_height="wrap_content"
10:         android:onClick="button1_Click"/>
11: </LinearLayout>
```

🔊 文件说明

第 6~10 行：添加一个 Button 元素 button1，事件处理方法设为 button1_Click()。

🔊 Java 程序：Ch15_2_1Activity.java

```
01: public class Ch15_2_1Activity extends Activity {
02:     @Override
03:     public void onCreate(Bundle savedInstanceState) {
04:         super.onCreate(savedInstanceState);
05:         setContentView(R.layout.main);
06:     }
07:     // 事件处理程序
08:     public void button1_Click(View view) {
09:         AlertDialog.Builder builder =
                        new AlertDialog.Builder(this);
10:         builder.setTitle("关于");  // 标题文字
11:         // 指定对话框消息正文
12:         builder.setMessage("版本：1.0 版 \n 作者：陈会安");
13:         // 设置按钮和事件处理程序
14:         builder.setPositiveButton("确定", null);
15:         builder.show();  // 显示对话框
16:     }
17: }
```

◀)) 程序说明

第 8～16 行：定义 Button 控件 button1 的事件处理方法。

第 9～12 行：创建 AlertDialog.Builder 对象，第 10 行使用 setTitle()方法指定对话框的标题名称，在第 12 行调用 setMessage()方法指定显示的信息内容。

第 14～15 行：使用 setPositiveButton()方法指定对话框的按钮，然后调用 show()方法显示对话框。

15.2.2　创建确认对话框

一般来说，确认对话框至少有两个按钮，一个是确认；另一个是取消，例如，在离开 Android 应用程序时通常会弹出的对话框。换句话说，我们需要在信息对话框新增一个"取消"按钮，而且我们准备改用流调用方法来创建确认对话框，如下所示：

```
builder.setTitle("确认")
    .setMessage("确认结束本程序?")
    .setPositiveButton("确定",
        new DialogInterface.OnClickListener() {
        public void onClick(DialogInterface
                    dialoginterface, int i) {
            finish();
        } })
    .setNegativeButton("取消", null)
    .show();
```

setPositiveButton()方法用于设置对话框的确认按钮，第 1 个参数是按钮标题文字，第 2 个参数是按下按钮处理事件的监听器对象，在上面使用匿名内层类来创建（没有将它指定给对象变量），我们需要实现 onClick()方法，这里是调用 finish()方法结束活动，setNegativeButton()方法可以在对话框新增"取消"按钮。

因为类方法的返回值都是 AlertDialog.Builder 对象，所以，可以直接使用流调用方法（Method Chaining，方法链接），如同项链的一串珠子一般依序调用各方法，直到 show()方法显示对话框。

 Android 项目：Ch15_2_2

在 Android 应用程序创建对话框来确认结束程序，单击【结束活动】按钮，可以显示确认对话框，其执行结果如图 15-6 所示。

单击【确定】按钮结束程序，或单击【取消】按钮返回 Android 应用程序。

◀)) XML 文件：\res\layout\main.xml

▲图 15-6

```
01: <?xml version="1.0" encoding="utf-8"?>
02: <LinearLayout xmlns:android=
        "http://schemas.android.com/apk/res/android"
03:     android:orientation="vertical"
04:     android:layout_width="fill_parent"
05:     android:layout_height="fill_parent">
06:     <Button android:id="@+id/button1"
07:         android:text="结束活动"
08:         android:layout_width="fill_parent"
09:         android:layout_height="wrap_content"
10:         android:onClick="button1_Click"/>
```

🔊 ░ 11: </LinearLayout>

🔊 文件说明

第 6～10 行：Button 元素 button1 的事件处理方法为 button1_Click()。

🔊 Java 程序：Ch15_2_2Activity.java

```
01: public class Ch15_2_2Activity extends Activity {
02:     @Override
03:     public void onCreate(Bundle savedInstanceState) {
04:         super.onCreate(savedInstanceState);
05:         setContentView(R.layout.main);
06:     }
07:     // 事件处理程序
08:     public void button1_Click(View view) {
09:         AlertDialog.Builder builder =
                        new AlertDialog.Builder(this);
10:         builder.setTitle("确认")
11:           .setMessage("确认结束本程序?")
12:           .setPositiveButton("确定",)
13:                 new DialogInterface.OnClickListener() {
14:                 public void onClick(DialogInterface
15:                         dialoginterface, int i) {
16:                     finish();  // 结束活动
17:                 }
18:         })
19:           .setNegativeButton("取消", null)
20:           .show();
21:     }
22: }
```

🔊 程序说明

第 8～21 行：Button 控件 button1 的事件处理方法。

第 9～20 行：在创建 AlertDialog.Builder 对象后，使用流调用方法，依序调用 setTitle()、setMessage()、setPositiveButton()、setNegativeButton()和 show()五个方法。

第 12～19 行：创建确认对话框的 2 个按钮，在第 12～18 行的 setPostiveButton()方法创建第 1 个确定按钮，其第 2 个参数是实现 DialogInterface.OnClickListener 界面的监听器对象，按钮的事件处理是响应 onClick()方法，它在第 16 行调用 finish()方法结束活动，第 19 行添加第 2 个取消按钮，因为不必做什么事，所以第 2 个参数值为 null。

15.3 Spinner 列表控件

Android 提供两种列表控件：Spinner 和 ListView 控件，可以显示一长串的列表项目来供用户选择。本节集中介绍 Spinner 控件，下一节再说明 ListView 控件。

1. Spinner 控件

Spinner 控件类似 Windows 操作系统的下拉列表框，它是一个单选的列表控件，在布局文件可使用<Spinner>标签来创建 Spinner 控件，如下所示：

░ `<Spinner android:id="@+id/operators"`

```
      android:layout_width="fill_parent"
      android:layout_height="wrap_content"
      android:prompt="@string/hello"/>
```

<Spinner>标签的常用属性说明如表 15-3 所示。

表 15-3

属　　性	说　　明
android:prompt	显示在列表上方的提示说明文字，属性值只能使用字符串数据，如上面的@string/hello
android:entries	列表项目的字符串数组（详见下一节的说明，例如：@array/portal_sites），如果没有指定，我们需要在代码创建适配器（Adapter）对象来建立项目

2. 创建适配器（Adapter）

适配器（Adapter）是一种接口对象，作为列表控件和数据源之间的桥梁，也就是说，我们可以通过适配器从不同数据源创建 Spinner（和下一节的 ListView）控件的项目。Android 默认提供 3 种适配器：ArrayAdapter 是数组的数据源；SimpleAdapter 是 XML 文件；CursorAdapter 是内容供应者。

在这一节我们使用 ArrayAdapter 和字符串数组来创建一个列表项目。首先声明 Java 字符串数组 operators[]，如下所示：

```
String[] operators = {"+", "-", "*", "/"};
```

然后，就可以取得 Spinner 控件和创建适配器的泛型对象，如下所示：

```
opSpin = (Spinner) findViewById(R.id.operators);
ArrayAdapter<String> a = new ArrayAdapter<String>(
 this,android.R.layout.simple_spinner_item, operators);
```

上述程序代码在取得 Spinner 控件 opSpin 后，就使用之前的字符串数组来创建 ArrayAdapter 对象，因为是字符串数组，所以泛型是<String>。ArrayAdapter 类的构造函数共有 3 个参数，说明如下。

* 第 1 个参数：Context 对象。
* 第 2 个参数：项目的布局（即如何显示每一个项目），Android 系统数据提供多种默认布局方式可以使用，以此例是 simple_spinner_item。
* 第 3 个参数：项目的字符串数组 operators[]。

3. 指定 Spinner 控件使用的适配器对象

在创建 ArrayAdapter 适配器对象后，就可以指定 Spinner 控件使用的 ArrayAdapter 对象，如下所示：

```
opSpin.setAdapter(a);
```

上述程序代码使用 setAdapter()方法指定使用的 ArrayAdapter 对象为 a。

4. 取得用户的选择

可以使用 getSelectedItem()方法来取得用户选择的选项，如下所示：

```
String op = opSpin.getSelectedItem().toString();
```

上述程序代码可以取得用户选择的运算符字符串，然后就可以使用 if/else/if 条件来执行指定运算符的四则运算。

Android 项目：Ch15_3

这个 Android 应用程序是修改自第 13.4.2 小节的四则计算器，改用 Spinner 控件来选择执行运算的运算符，其执行结果如图 15-7 所示。

🔊 XML 文件：\res\layout\main.xml

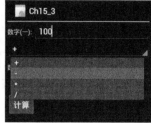

▲图 15-7

```
01: <?xml version="1.0" encoding="utf-8"?>
02:  <LinearLayout  xmlns:android="http://schemas.android.
com/apk/res/android"
03:     android:orientation="vertical"
04:     android:layout_width="fill_parent"
05:     android:layout_height="fill_parent">
06:     <LinearLayout
07:       android:orientation="horizontal"
08:       android:layout_width="fill_parent"
09:       android:layout_height="wrap_content">
10:       <TextView android:text="数字(一)： "
11:         android:layout_width="wrap_content"
12:         android:layout_height="wrap_content"/>
13:       <EditText android:id="@+id/txtOpd1"
14:         android:layout_width="fill_parent"
15:         android:layout_height="wrap_content"
16:         android:inputType="number"/>
17:     </LinearLayout>
18:     <Spinner android:id="@+id/operators"
19:       android:layout_width="fill_parent"
20:       android:layout_height="wrap_content"
21:       android:prompt="@string/hello"/>
22:     <LinearLayout
23:       android:orientation="horizontal"
24:       android:layout_width="fill_parent"
25:       android:layout_height="wrap_content">
26:       <TextView android:text="数字(二)： "
27:         android:layout_width="wrap_content"
28:         android:layout_height="wrap_content"/>
29:       <EditText android:id="@+id/txtOpd2"
30:         android:layout_width="fill_parent"
31:         android:layout_height="wrap_content"
32:         android:inputType="number"/>
33:     </LinearLayout>
34:     <CheckBox android:id="@+id/chkDivide"
35:       android:text="整数除法"
36:       android:checked="true"
37:       android:layout_width="wrap_content"
38:       android:layout_height="wrap_content"/>
39:     <Button android:id="@+id/button1"
40:       android:text="计算"
41:       android:layout_width="wrap_content"
42:       android:layout_height="wrap_content"/>
43:     <TextView android:id="@+id/lblOutput"
44:       android:layout_width="wrap_content"
45:       android:layout_height="wrap_content"/>
46: </LinearLayout>
```

◄)) 文件说明

第 18～21 行：使用 Spinner 控件取代原来的 RadioGroup 和 RadioButton 控件。

◄)) Java 程序：Ch15_3Activity.java

```
01: public class Ch15_3Activity extends Activity {
02:     private TextView output;
03:     private Spinner opSpin;
04:     @Override
05:     public void onCreate(Bundle savedInstanceState) {
06:         String[] operators = {"+", "-", "*", "/"};
07:         super.onCreate(savedInstanceState);
08:         setContentView(R.layout.main);
09:         // 运算符的 Spinner 控件
10:         opSpin = (Spinner) findViewById(R.id.operators);
11:         // 创建 ArrayAdapter 适配器对象
12:         ArrayAdapter<String> a =new ArrayAdapter<String>(
13:           this,android.R.layout.simple_spinner_item,
                            operators);
14:         opSpin.setAdapter(a);   // 指定适配器对象
15:         // 取得 Button 控件
16:         Button btn1=(Button) findViewById(R.id.button1);
17:         // 注册 Button 的监听器对象
18:         btn1.setOnClickListener(btn1Listener);
19:         // 取得 TextView 控件
20:         output = (TextView) findViewById(R.id.lblOutput);
21:     }
22:     View.OnClickListener btn1Listener =
                            new View.OnClickListener() {
23:         public void onClick(View v) {
24:             int opd1, opd2;
25:             double result = 0.0;
26:             EditText txtOpd1, txtOpd2;
27:             CheckBox chkDivide;
28:             // 取得 EditText 控件
29:             txtOpd1=(EditText) findViewById(R.id.txtOpd1);
30:             txtOpd2=(EditText) findViewById(R.id.txtOpd2);
31:             // 取得输入值
32:             opd1=Integer.parseInt(txtOpd1.getText().toString());
33:             opd2=Integer.parseInt(txtOpd2.getText().toString());
34:             // 取得选取的运算符
35:             String op=opSpin.getSelectedItem().toString();
36:             if (op == "+") {
37:                 result = opd1 + opd2;  // 加
38:             }
39:             else if (op == "-") {
40:                 result = opd1 - opd2;  // 减
41:             }
42:             else if (op == "*") {
43:                 result = opd1 * opd2;  // 乘
44:             }
45:             else if (op == "/") {
46:                 chkDivide = (CheckBox)
                            findViewById(R.id.chkDivide);
47:                 if (chkDivide.isChecked())
48:                     result = opd1 / opd2;  // 整数除法
49:                 else
50:                     result = opd1 / (double) opd2;
51:             }
52:             output.setText("计算结果 = " + result);
53:         }
```

```
54:    };
55: }
```

🔊　程序说明

第 6 行：声明运算符的字符串数组 operators[]。

第 10~14 行：首先得到运算符 Spinner 控件，然后在第 12~13 行创建 ArrayAdapter 泛型对象，指定类型为<String>字符串，其数据源是 operators[]数组，在第 14 行指定 Spinner 控件使用的 ArrayAdapter 对象。

第 35 行：取得用户在 Spinner 控件选择的运算符。

第 36~51 行：使用 if/else/if 条件判断选择的运算符并执行四则运算。

15.4　ListView 列表控件

ListView 控件类似 Windows 操作系统的列表框，例如，浏览器的地址栏便是一个 ListView 控件，其中列出常用的网址列表，选择一个网址就可以进入该网站。一般来说，如果整个活动就只有一个 ListView 控件，我们可以直接继承 ListActivity 类来创建 ListView 控件。

1. 继承 ListActivity 类

ListActivity 类位于 android.app 包下，此类隐含拥有 ListView 控件，所以，并不需要在 main.xml 文件去添加，事实上，我们根本就不用 main.xml，如下所示：

```
public class Ch15_4Activity extends ListActivity {
    private String[] portals;
    private String[] links;
    @Override
    public void onCreate(Bundle savedInstanceState) {
        super.onCreate(savedInstanceState);
        // setContentView(R.layout.main);
        ......
    }
}
```

上面的类 Ch15_4Activity 继承 ListActivity 类，因为它也是一个 Activity 类，所以需要重写 onCreate()方法，不过，不同于其他继承 Activity 类的子类，在 onCreate()方法并不需要使用 setContentView()方法来指定布局文件，所以此行程序代码已经批注掉。

事实上，onCreate()方法的主要内容是创建适配器对象来指定 ListView 控件项目的数据源，如下所示：

```
portals = getResources().getStringArray(R.array.portal_sites);
links = getResources().getStringArray(R.array.portal_urls);
......
ArrayAdapter<String> a = new ArrayAdapter<String>(
    this, android.R.layout.simple_list_item_1, portals);
setListAdapter(a);
```

上述程序代码调用 getResources()方法取得数据对象后，再调用 getStringArray()方法取得字符串数组 portals，然后就可以用此数组来创建 ArrayAdapter 对象，构造函数的第 2 个参数是系统默认的项目布局，最后调用 setListAdapter()方法指定使用的适配器对象。

字符串数组数据 portals 位于“\res\values\”目录下的 arrays.xml 文件，其内容如下所示：

```
<?xml version="1.0" encoding="utf-8"?>
<resources>
    <string-array name="portal_sites">
        <item>Google 谷歌</item>
        <item>Yahoo!奇摩</item>
        <item>微软公司</item>
        <item>中国移动</item>
        <item>PC HOME</item>
    </string-array>
    <string-array name="portal_urls">
        <item>http://www.google.com.hk</item>
        <item>http://www.yahoo.com.cn</item>
        <item>http://www.microsoft.com.cn</item>
        <item>http://www.10086.com</item>
        <item>http://www.pchome.com.cn</item>
    </string-array>
</resources>
```

resources 根元素之下定义有两个字符串数组，使用 string-array 子元素来声明，name 属性值是数组名（portal_sites 和 portal_urls），数组之下的每一个 item 元素定义一个数组值。

2. 响应用户的选择

只需在 ListActivity 类重写 onListItemClick()方法，就可以来响应用户的选择，如下所示：

```
protected void onListItemClick(ListView l, View v,
                        int position, long id) {
    super.onListItemClick(l, v, position, id);
    String url = links[position];
    Toast.makeText(this, portals[position],
        Toast.LENGTH_SHORT).show();
    Intent intent = new Intent(Intent.ACTION_VIEW,
        Uri.parse(url));
    startActivity(intent);
}
```

上述方法的参数 position 是用户选取项目的索引值，我们可以使用 Intent 对象启动内置浏览器来打开所选网站的 URL 网址。

 Android 项目：Ch15_4

在 Android 应用程序创建一个显示入口网站名称列表的 ListView 控件，选择对应网站就会启动浏览器来加载它们的首页，其执行结果如图 15-8 所示。

选择【微软公司】，稍等一下，就可以看到启动浏览器加载的微软首页，如图 15-9 所示。

◀) XML 文件：\res\values\arrays.xml

```
01: <?xml version="1.0" encoding="utf-8"?>
02: <resources>
03:     <string-array name="portal_sites">
04:         <item>Google 谷歌</item>
05:         <item>Yahoo!奇摩</item>
```

```
06:        <item>微软公司</item>
07:        <item>中国移动</item>
08:        <item>PC HOME</item>
09:     </string-array>
10:     <string-array name="portal_urls">
11:        <item>http://www.google.com.hk</item>
12:        <item>http://www.yahoo.com.cn</item>
13:        <item>http://www.microsoft.com.cn</item>
14:        <item>http://www.10086.com</item>
15:        <item>http://www.pchome.com.tw</item>
16:     </string-array>
17: </resources>
```

▲图 15 8

▲图 15 9

🔊　文件说明

第 3～9 行：使用<string-array>标签定义字符串数组 portal_sites，数组内容将作为 ListView 控件的选项。

第 10～16 行：使用<string-array>标签定义字符串数组 portal_urls，这是对应字符串数组 portal_sites 的 URL 网址。

🔊　Java 程序：Ch15_4Activity.java

```
01: public class Ch15_4Activity extends ListActivity {
02:     private String[] portals;
03:     private String[] links;
04:     @Override
05:     public void onCreate(Bundle savedInstanceState) {
06:         super.onCreate(savedInstanceState);
07:         // 取得字符串数组数据
08:         portals = getResources().getStringArray(
                              R.array.portal_sites);
09:         links = getResources().getStringArray(
                              R.array.portal_urls);
10:         // 创建 ArrayAdapter 对象
11:         ArrayAdapter<String> a =new ArrayAdapter<String>(
12:             this, android.R.layout.simple_list_item_1,
                  portals);
13:         setListAdapter(a);  // 指定适配器对象
14:     }
```

```
15:     @Override
16:     protected void onListItemClick(ListView l, View v,
                              int position, long id) {
17:         super.onListItemClick(l, v, position, id);
18:         String url = links[position];  // 取得网址
19:         Toast.makeText(this, portals[position],
20:             Toast.LENGTH_SHORT).show();
21:         // 启动浏览程序
22:         Intent intent = new Intent(Intent.ACTION_VIEW,
                              Uri.parse(url));
23:         startActivity(intent);
24:     }
25: }
```

◀)) 程序说明

第 1～25 行：声 明 Ch15_4Activity 类继承自 ListActivity 类，并且重写 onCreate()和 onListItemClick()两个方法。

第 5～14 行：重写 onCreate()方法，在第 8～9 行取得 portals[]和 links[]字符串数组的数据，第 11～12 行创建 ArrayAdapter 对象，在第 13 行指定使用的适配器对象。

第 16～24 行：重写 onListItemClick()方法以响应用户的选择，第 18 行取得选取网站的网址，第 22～23 行使用 Intent 对象启动内置浏览器来显示首页。

习题

1. 请说明什么是 Android 的选项菜单。

2. 请简单说明如何在 Android 应用程序创建选项菜单。

3. 修改第 15.1 节的 Android 项目，在其中添加 3 个选项，更改 TextView 控件 output 的背景色彩为红、黄和蓝色，代码如下所示：

```
output.setBackgroundColor(Color.RED);
output.setBackgroundColor(Color.YELLOW);
output.setBackgroundColor(Color.GREEN);
```

4. 修改第 13.4.2 小节建立的 Android 应用程序，改用选项菜单方式来选择四则运算符。

5. 请简单说明 AlertDialog.Builder 类提供哪些方法来帮助我们创建 AlertDialog 对话框。为什么我们可以使用流调用方法（Method Chaining）来建立 AlertDialog 对话框？

6. 修改第 15.1 节的 Android 项目，改用信息对话框来输出温度转换的结果。

7. 请问 Android 提供有哪两种列表控件？

8. 请问什么是适配器（Adapter）？Android 默认提供哪 3 种适配器对象？

9. 修改第 15.1 节的 Android 项目，改用 Spinner 控件来选择执行哪一种温度转换。

10. 创建一个 Android 项目，将整合第 13.4.1 小节和第 13.4.2 小节的温度转换和四则计算功能进行整合，使用一个 ListView 控件来选择执行哪一个计算。

第 16 章 偏好设置、文件与 SQLite 数据库

16.1 保存偏好设置

持久性数据（Persisting Data）是应用程序执行时需要长期保存的一些数据，对于 Android 应用程序开发来说，这是一项十分重要的课题。一般来说，我们可以使用 SharedPreferences 对象、文件或 SQLite 数据库来保存这些持久性数据。

在 Android 提供 SharedPreferences 对象来保存一些简单的应用程序数据，主要是指字体大小、用户账号、配色或游戏分数等一些偏好设置，它是使用 XML 格式的偏好配置文件来保存这些数据。

1. 取得 SharedPreferences 对象

我们可以使用继承自 Context 类的 getSharedPreferences()方法来取得 SharedPreferences 对象，如下所示：

```
private SharedPreferences prefs;
    …
prefs = getSharedPreferences("MyPref", MODE_PRIVATE);
```

方法的第 1 个参数是偏好配置文件名称，第 2 个参数值 MODE_PRIVATE 表示只允许建立偏好配置文件的应用程序访问。在活动中就可以使用 SharedPreferences 对象 prefs 来访问偏好设置值。

2. 读取偏好设置数据

在 Activity 活动类读取偏好设置，建议在 onResume()重写方法，在取得 SharedPreferences 对象 prefs 后，可以使用 getString()、getFloat()或 getInt()等方法取得保存的字符串、浮点数和整数等值，如下所示：

```
String tempc = prefs.getString("TEMPC" , "100");
txtC.setText(tempc);
```

上述方法的第 1 个参数是字符串类型的键值，第 2 个参数是默认值。

3. 保存偏好设置数据

对于在 Activity 活动类保存偏好设置建议在 onPause()重写方法，我们可使用 SharedPreferences.

Editor 对象来编辑存入的数据，如下所示：

```
SharedPreferences.Editor prefEdit = prefs.edit();
```

上述程序代码表示调用 SharedPreferences 对象的 edit()方法取得 SharedPreferences.Editor 对象 prefEdit，然后可使用 putString()、putInt()和 putFloat()等方法存入字符串、整数和浮点数等数据，如下所示：

```
prefEdit.putString("TEMPC", txtC.getText().toString());
```

上述方法的第 1 个参数是字符串类型的键值，之后可以使用此键值来取出保存值，第 2 个参数是存入的对应值，最后记得使用 commit()方法将数据写入偏好设置文件，如下所示：

```
prefEdit.commit();
```

 Android 项目：Ch16_1

这个 Android 应用程序是修改自第 14.3 节的温度转换程序，改用 SharedPreferences 对象保留输入数据，并将温度数据传递给下一个活动来计算温度转换结果，如图 16-1 所示。

在输入温度后，单击【转换】按钮，可以启动 FActivity 活动，并看到温度转换的结果，如图 16-2 所示。

▲图 16-1

▲图 16-2

当下次再执行程序时，可以保留上一次最后输入的温度值。

🔊 XML 文件：\res\layout\main.xml

布局文件 main.xml 与第 14.3 节同名文件完全相同。

🔊 Java 程序：Ch16_1Activity.java

```
01: public class Ch16_1Activity extends Activity {
02:     private SharedPreferences prefs;
03:     private EditText txtC;
04:     @Override
05:     public void onCreate(Bundle savedInstanceState) {
06:         super.onCreate(savedInstanceState);
07:         setContentView(R.layout.main);
08:         // 取得 SharedPreferences 对象
09:         prefs=getSharedPreferences("MyPref",MODE_PRIVATE);
10:         // 取得 EditText 控件
11:         txtC = (EditText) findViewById(R.id.txtC);
12:     }
13:     @Override
14:     protected void onResume() {
15:         super.onResume();
16:         // 取得偏好设置数据
17:         String tempc = prefs.getString("TEMPC" , "100");
```

```
18:        txtC.setText(tempc);
19:    }
20:    @Override
21:    protected void onPause() {
22:        super.onPause();
23:        // 取得 Editor 对象
24:        SharedPreferences.Editor prefEdit = prefs.edit();
25:        // 存入偏好设置数据到 Editor 对象
26:        prefEdit.putString("TEMPC",
                            txtC.getText().toString());
27:        prefEdit.commit(); // 确认写入文件
28:    }
29:    // Button 控件的事件处理
30:    public void button1_Click(View view) {
31:        // 创建 Intent 对象
32:        Intent intent=new Intent(this, FActivity.class);
33:        startActivity(intent);    // 启动活动
34:    }
35: }
```

◀) 程序说明

第 5～12 行：方法 onCreate()重写，在第 9 行取得 SharedPreferences 对象。

第 14～19 行：重写 onResume()方法，在第 17 行读取 1 个字符串，第 18 行指定 EditText 控件的内容。

第 21～28 行：重写 onPause()方法存入偏好设置，第 24 行取得 SharedPreferences.Editor 对象，然后放入 EditText 控件输入的字符串，最后在第 27 行调用 commit()方法确认写入文件。

第 30～34 行：Button 控件 button1 的事件处理，创建 Intent 对象来启动 FActivity 活动。

◀) XML 文件：\res\layout\f.xml

布局文件 f.xml 与第 14.3 节同名文件完全相同。

◀) Java 程序：FActivity.java

```
01: public class FActivity extends Activity {
02:    private SharedPreferences prefs;
03:    @Override
04:    protected void onCreate(Bundle savedInstanceState) {
05:        super.onCreate(savedInstanceState);
06:        setContentView(R.layout.f);
07:        // 取得 SharedPreferences 的设置数据
08:        prefs=getSharedPreferences("MyPref",MODE_PRIVATE);
09:        convertTempture();
10:    }
11:    // 转换温度
12:    private void convertTempture() {
13:        int c;
14:        double f = 0.0;
15:        // 取得 SharedPreferences 的设置数据
16:        String str = prefs.getString("TEMPC", "100");
17:        c = Integer.parseInt(str);
18:        // 摄氏转华氏的公式
19:        f = (9.0 * c) / 5.0 + 32.0;
20:        // 显示华氏温度
21:        TextView o = (TextView)
                        findViewById(R.id.lblOutput);
22:        o.setText("华氏温度: " + Double.toString(f));
23:    }
```

```
24: }
```

🔊 程序说明

第 8 行：取得 Ch16_1Activity 类建立的 SharedPreferences 对象，访问的是同一个配置文件名称。

第 16 行：取得 SharedPreferences 对象的偏好设置值，即我们输入的温度数据。

🔊 XML 文件：\AndroidManifest.xml

在 application 元素下新增另一个 activtiy 元素，其 android:name 属性值为【.FActivity】，如下所示：

```
<activity android:name=".FActivity"/>
```

16.2　文件访问

Java 语言的文件处理是一种"流"（Stream）模型，流概念最早是使用在 Unix/Linux 操作系统，流模型运作如同水管的水流一般，当程序打开来源的输入流（例如，文件、内存和缓冲区等），Java 程序可以从输入流依序读取数据。同理，如果程序需要输出数据，可以打开输出流（同样是文件、内存和缓冲区等），然后将数据写入流。

Android 应用程序可以使用 java.io 包里的类来写入与读取文件，在 Context 类提供 openFileInput() 和 openFileOutput() 方法来读取与写入文件。

1.　写入文件

Android 程序代码是使用 java.io 包中的 FileOutputStream 类将数据写入文件，如下所示：

```
FileOutputStream out = openFileOutput(
            fname,MODE_PRIVATE);
```

上述程序代码使用继承自 Context 类的 openFileOutput() 方法来打开 FileOutputStream 文件输出流，第 1 个参数是文件名字符串，第 2 个参数是文件操作模式常量，默认值为 MODE_PRIVATE，即值 0，如表 16-1 所示。

表 16-1

常　　量	说　　明
MODE_PRIVATE	文件只能够让创建它的应用程序访问
MODE_WORLD_WRITEABLE	文件可以让其他应用程序写入
MODE_WORLD_READABLE	文件可以让其他应用程序读取
MODE_APPEND	如果文件已经存在，就在文件尾写入数据，而不是重写文件内容

接着，我们可以将字节数据写入文件，如下所示：

```
out.write(str.getBytes());
```

上述程序代码使用 write() 方法将参数的字节数据写入文件，字符串调用 getBytes() 方法转换成字节数组。最后调用 close() 方法关闭流，如下所示：

```
out.close();
```

2. 读取文件

读取文件使用 FileInputStream 对象，如下所示：

```
FileInputStream in = openFileInput(fname);
```

上述程序代码使用继承自 Context 类的 openFileInput()方法打开 FileInputStream 文件输入流，参数是文件名字符串；然后我们需要自行建立读取缓冲区的 byte[]数组以读取文件内容，如下所示：

```
byte[] data = new byte[128];
in.read(data);
String str = new String(data);
```

上述 read()方法读取参数缓冲区的字节数据，因为是字节数组，所以使用 String 构造函数将它转化成字符串；最后调用 close()方法关闭流，如下所示：

```
in.close();
```

 Android 项目：Ch16_2

在 Android 应用程序输入一个字符串后，单击【存入文件】按钮可以将字符串存入文件，然后【读取文件】按钮可读取和显示文件内容，其执行结果如图 16-3 所示。

🔊 XML 文件：\res\layout\main.xml

```
01: <?xml version="1.0" encoding="utf-8"?>
02: <LinearLayout xmlns:android=
        "http://schemas.android.com/apk/res/android"
03:     android:orientation="vertical"
04:     android:layout_width="fill_parent"
05:     android:layout_height="fill_parent">
06:     <TextView
07:       android:layout_width="wrap_content"
08:       android:layout_height="wrap_content"
09:       android:text="请输入存入文件的数据:"/>
10:     <EditText android:id="@+id/txtInput"
11:       android:layout_width="fill_parent"
12:       android:layout_height="wrap_content"/>
13:     <Button android:id="@+id/btnSave"
14:       android:text="存入文件"
15:       android:layout_width="wrap_content"
16:       android:layout_height="wrap_content"
17:       android:onClick="btnSave_Click"/>
18:     <Button android:id="@+id/btnRead"
19:       android:text="读取文件"
20:       android:layout_width="wrap_content"
21:       android:layout_height="wrap_content"
22:       android:onClick="btnRead_Click"/>
23:     <TextView android:id="@+id/lblOutput"
24:       android:layout_width="wrap_content"
25:       android:layout_height="wrap_content"/>
26: </LinearLayout>
```

▲图 16-3

🔊 文件说明

第 2～26 行：在 LinearLayout 之中使用 TextView 和 EditText 控件来输入存入文件的字符串，

之后是两个 Button 控件 btnSave 和 btnRead，其事件处理方法分别为 btnSave_Click() 和 btnRead_Click()，最后是输出读取文件内容的 TextView 控件。

🔊 Java 程序：Ch16_2Activity.java

```
01: public class Ch16_2Activity extends Activity {
02:     private String fname = "note.txt";
03:     @Override
04:     public void onCreate(Bundle savedInstanceState) {
05:         super.onCreate(savedInstanceState);
06:         setContentView(R.layout.main);
07:     }
08:     // Button 控件的事件处理
09:     public void btnSave_Click(View view) {
10:         EditText input = (EditText)
                            findViewById(R.id.txtInput);
11:         String str = input.getText().toString();
12:         try {
13:             // 打开写入文件
14:             FileOutputStream out =
                    openFileOutput(fname,MODE_PRIVATE);
15:             // 将字符串转换成字节数据后，写入流
16:             out.write(str.getBytes());
17:             out.close();      // 关闭流
18:             Toast.makeText(this, "成功写入文件...",
19:                 Toast.LENGTH_SHORT).show();
20:             input.setText("");  // 清除 EditText 控件的内容
21:         }
22:         catch (IOException ex) {
23:             ex.printStackTrace();
24:         }
25:     }
26:     public void btnRead_Click(View view) {
27:         try {
28:             // 打开读取文件
29:             FileInputStream in = openFileInput(fname);
30:             byte[] data = new byte[128];
31:             // 读取流的字节数据
32:             in.read(data);
33:             in.close();      // 关闭流
34:             // 将字节数据建立成字符串
35:             String str = new String(data);
36:             Toast.makeText(this, "成功读取文件...",
37:                 Toast.LENGTH_SHORT).show();
38:             TextView output = (TextView)
                            findViewById(R.id.lblOutput);
39:             output.setText("读取内容:\n" + str);
40:         }
41:         catch (IOException ex) {
42:             ex.printStackTrace();
43:         }
44:     }
45: }
```

🔊 程序说明

第 9~25 行：定义 Button 控件 btnSave 的事件处理方法，在第 12~24 行是异常处理代码（try/catch），第 14 行打开写入数据的文件流，第 16 行写入文件，第 17 行关闭流，即关闭文件。

第 26~44 行：Button 控件 btnRead 的事件处理方法，在第 27~43 行是异常处理代码，第 29

行打开读取数据的文件流，第 30 行声明缓冲区的 byte[]数组，第 32 行读取文件，第 33 行关闭流，在第 35 行将字节数组转换成字符串，第 38～39 行显示读取的文件内容。

16.3 SQLite 数据库与 SQL 语言

数据库（Database）是一种数据保存单位，是一些经过组织的数据集合。数据库在日常生活中应用广泛，大至许多考勤管理系统、仓库管理系统、进销存系统，小至一个录像带店管理系统，这些应用程序都属于不同应用的数据库系统。

16.3.1　SQLite 数据库引擎

SQLite 是目前世界上最广泛使用的免费数据库引擎，一套实现大部分 SQL 92 标准的函数库，它不需要管理、不需要服务器、也不需要安装设置，不但体积轻巧，而且还支持事务（Transaction）处理功能，其官方网址为：http://www.sqlite.org/。

1. SQLite 数据库引擎的特点

SQLite 是 Android 操作系统内置的数据库系统，事实上，SQLite 在执行效率上超过目前一些常用的数据库系统，其主要特点如下所示：

● SQLite 数据库只是一个文件，可以直接使用文件权限来管理数据库，而不用考虑过多数据库的用户权限管理，所以没有提供 SQL 语言的 DCL 访问控制。

● 单一文件的 SQLitc 数据库，可以让 Android 应用程序很容易进行安装，而且不用特别进行数据库系统的设置与管理。

● SQLite 不需要启动，换句话说，不会浪费移动设备的内存资源。

2. SQL 数据库语言

"SQL"（Structured Query Language）为 ANSI（American National Standards Institute）标准的数据库语言，可以访问和修改数据库的记录数据。

早在 1970 年，E. F. Codd 建立关系数据库概念后，就提出数据库语言构想，它提供完整和通用的数据访问方式。虽然当时并没有真正建立语法，但这就是 SQL 语言的起源。

1974 年一种称为 SEQUEL 的语言诞生，这是 Chamberlin 和 Boyce 的作品，它建立了 SQL 语言的原型。IBM 在稍加修改后将其作为他们数据库 DBMS 的数据库语言，称为 System R。1980 年 SQL 名称正式诞生，从此 SQL 语言逐渐壮大成为一种标准的关系数据库语言。

16.3.2　SQL 语言的 DDL 指令

DDL（Data Definition Language，数据定义语言）是 SQL 的一个子集，包含许多建立数据表和定义数据表字段的相关 SQL 指令。

1．CREATE TABLE 建立数据表

CREATE TABLE 指令可以在数据库建立数据表，如下所示：

```
CREATE TABLE students (
 _id integer primary key,
 name text no null,
 grade real no null
)
```

上述指令建立一个名为 students 的数据表，拥有 3 个字段_id、name 和 grade，其类型分别为 integer、text 和 real（SQLite 只支持这 3 种类型的字段），相当于 Java 语言的整型、字符串型和浮点型。

not null 表示字段不可是空值，即不能没有值；primary key 是主键，如果加上 autoincrement，表示其字段值可自动递增，换句话说，我们并不用指定此字段的值。

2．DROP TABLE 删除数据表

对于数据库中已经存在的数据表，我们可以使用 DROP TABLE 指令予以删除，如下所示：

```
DROP TABLE students
```

可以加上 IF EXISTS 表示当数据表确实存在时才删除，如下所示：

```
DROP TABLE IF EXISTS students
```

16.3.3　SQL 语言的 DML 指令

DML（Data Manipulation Language，数据操作语言）是数据表记录查询、插入、删除和修改的相关 SQL 指令。本节主要说明查询记录的 SELECT 指令，其基本语法如下所示：

```
SELECT 字段 1, 字段 2 FROM 数据表
WHERE conditions
ORDER BY 字段列表
```

上述 SELECT 指令的字段 1～2 为记录的字段，conditions 为查询条件，使用文字描述就是"从数据表取回符合 WHERE 子句条件的记录，显示字段 1 和 2，并且以 ORDER BY 子句的字段来排序"。

1．查询数据表的全部记录和字段

SELECT 指令可以使用 "*" 符号代表数据表的所有字段，表示取回数据表记录的全部字段的值，如下所示：

```
SELECT * FROM students
```

2．WHERE 条件查询子句

这里只讨论单一条件的情况，在 WHERE 子句设置条件的基本规则如下。

- 文字字段需要使用单引号括起，例如，查询姓名为 Joe Chen 的学生记录，SQL 指令如下：

```
SELECT * FROM students WHERE name='Joe Chen'
```

- 数值字段不需要使用单引号括起，例如，查询成绩为 90 分学生记录，SQL 指令如下所示：

```
SELECT * FROM students WHERE grade=90
```

- 文字和备注字段还可以使用【LIKE】包含运算符，再配合"%"或"_"通配符，分别可以代表任何字符串或任何单一字符，表示只需包含此子字符串就符合条件。例如，查询姓名中拥有 Chen 子字符串的学生的数据，SQL 指令如下：

```
SELECT * FROM students WHERE name LIKE '%Chen%'
```

- 数值或日期/时间字段可以使用< >、>、<、>=和<=（不等于、大于、小于、大于等于和小于等于）等运算符从而创建多样化的查询条件。

3. ORDER BY 排序子句

如果查询结果需要对某一字段进行排序，可以加上 ORDER BY 子句来指定依照字段由小到大或由大到小进行排序，如下所示：

```
SELECT * FROM students
ORDER BY grade ASC
```

上述 SQL 指令将对查询结果使用 grade 字段由小到大进行排序，即上面的 ASC，此为 SQL 默认的排序方式；DESC 是由大至小。

16.4 使用 SQLite 数据库

Android 应用程序通过 SQLiteOpenHelper 和 SQLiteDatabase 类来建立和访问数据库的记录数据，这两个类位于 android.database.sqlite 包下。

16.4.1 使用 SQLiteOpenHelper 类建立数据库

SQLiteOpenHelper 是一个帮助我们访问 SQLite 数据库的帮助类（Helper Class），我们需要继承此类，通过继承类来建立 SQLite 数据表和进行版本管理。建立的数据库是一个 SQLiteDatabase 类的对象。

基本上，SQLiteDatabase 类已经实现访问 SQLite 数据库的相关方法，我们可以通过这些方法来添加、修改和删除数据表的记录数据，详见第 16.4.2 小节的说明。

1. 继承 SQLiteOpenHelper 类

在 Android 应用程序建立 SQLite 数据库实际上就是继承 SQLiteOpenHelper 类来重写相关方法，事实上，其主要目的是让我们可以在 SQLite 数据库新增数据表（因为数据库的建立已经在父类实现）。

例如，创建一个 StdDBHelper（自行命名）子类，需要自行添加构造函数，重写 onCreate()和 onUpgrade()方法。首先是构造函数，如下所示：

```
public class StdDBHelper extends SQLiteOpenHelper {
    private static final String DATABASE_NAME = "Class";
```

```
private static final int DATABASE_VERSION = 1;
public StdDBHelper(Context context) {
    super(context, DATABASE_NAME,
                  null, DATABASE_VERSION);
}
```

上面 StdDBHelper()构造函数直接调用父类的构造函数来建立参数指定的数据库，共有 4 个参数，说明如下。

- 第 1 个参数：Context 对象。
- 第 2 个参数：数据库名称，即数据库文件名，它保存在 "\data\data\<包名称>\数据库\" 目录。
- 第 3 个参数：建立 Cursor 对象，我们并不会使用，其默认值为 null。
- 第 4 参数：版本的整数值，从 1 开始。

接着，我们需要重写 onCreate()和 onUpgrade()方法，如下所示：

```
@Override
public void onCreate(SQLiteDatabase db) {
    db.execSQL("CREATE TABLE students (" +
        "_id integer primary key, " +
        "name text no null, grade real no null)");
}
@Override
public void onUpgrade(SQLiteDatabase db,
                  int oldVersion, int newVersion) {
    db.execSQL("DROP TABLE IF EXISTS students");
    onCreate(db);
}
```

onCreate()方法的参数是建立的 SQLiteDatabase 数据库对象 db，调用 execSQL()方法执行 CREATE TABLE 指令来建立数据表。

onUpgrade()方法作用是当数据库是旧版时（比较构造函数参数的版本），就调用此方法来修改数据库，程序先执行 SQL 语言的 DROP TABLE 指令删除数据表，再调用 onCreate()方法重新建立数据表。

2. SQLiteOpenHelper 类的相关方法

SQLiteOpenHelper 类提供的打开和关闭数据库方法如表 16-2 所示。

表 16-2

方　　法	说　　明
getReadableDatabase()	创建或打开（如果存在）一个只读数据库，成功打开返回 SQLiteDatabase 对象
getWritableDatabase()	创建或打开（如果存在）一个读写数据库，同样成功打开返回 SQLiteDatabase 对象
close()	关闭打开的数据库

 Android 项目：Ch16_4_1

在 Android 应用程序单击按钮，就可以使用 SQLiteOpenHelper 类的方法来打开数据库，显示数据库的版本和状态，其执行结果如图 16-4 所示。

🔊 XML 文件：\res\layout\main.xml

▲图 16-4

```
01: <?xml version="1.0" encoding="utf-8"?>
02: <LinearLayout xmlns:android=
        "http://schemas.android.com/apk/res/android"
03:     android:orientation="vertical"
04:     android:layout_width="fill_parent"
05:     android:layout_height="fill_parent">
06:     <Button android:id="@+id/btn1"
07:       android:text="打开数据库"
08:       android:layout_width="wrap_content"
09:       android:layout_height="wrap_content"
10:       android:onClick="btn1_Click"/>
11:     <TextView android:id="@+id/lblOutput"
12:       android:layout_width="fill_parent"
13:       android:layout_height="wrap_content"/>
14: </LinearLayout>
```

🔊 文件说明

第 2～14 行：在 LinearLayout 之中有 1 个 TextView 和 1 个 Button 控件， Button 控件 btn1 的事件处理方法为 btn1_Click()，可以在 TextView 控件显示打开数据库的状态。

🔊 Java 程序：Ch16_4_1Activity.java

```
01: public class Ch16_4_1Activity extends Activity {
02:     private SQLiteDatabase db;
03:     private StdDBHelper dbHelper;
04:     @Override
05:     public void onCreate(Bundle savedInstanceState) {
06:         super.onCreate(savedInstanceState);
07:         setContentView(R.layout.main);
08:     }
09:     // Button 控件的事件处理
10:     public void btn1_Click(View view) {
11:         dbHelper = new StdDBHelper(this);
12:         db = dbHelper.getWritableDatabase();
13:         TextView output = (TextView)
14:             findViewById(R.id.lblOutput);
15:         output.setText("数据库是否打开: " + db.isOpen() +
16:                 "\n 数据库版本: " + db.getVersion());
17:     }
18: }
```

🔊 程序说明

第 10～17 行：定义 btn1_Click()事件处理方法，第 11 行创建 StdDBHelper 对象，第 12 行调用 getWritableDatabase()方法打开可擦写的数据库，在第 15～16 行显示版本和是否打开，即分别调用 SQLiteDatabase 对象的 isOpen()和 getVersion()方法。

🔊 Java 程序：StdDBHelper.java

```
01: public class StdDBHelper extends SQLiteOpenHelper {
02:     private static final String DATABASE_NAME = "Class";
03:     private static final int DATABASE_VERSION = 1;
04:     public StdDBHelper(Context context) {
05:         super(context,DATABASE_NAME,null,DATABASE_VERSION);
06:     }
07:     @Override
08:     public void onCreate(SQLiteDatabase db) {
```

```
09:        db.execSQL("CREATE TABLE students (" +
10:          "_id integer primary key, " +
11:          "name text no null, grade real no null)");
12:      }
13:      @Override
14:      public void onUpgrade(SQLiteDatabase db,
                       int oldVersion, int newVersion) {
15:      db.execSQL("DROP TABLE IF EXISTS students");
16:      onCreate(db);
17:      }
18: }
```

◀)) 程序说明

第 1~18 行：声明 StdDBHelper 类并继承 SQLiteOpenHelper 类，在第 2~3 行声明数据库名称和版本两个常量，第 4~6 行是构造函数，第 8~17 行重写 onCreate()和 onUpgrade()方法。

16.4.2 使用 SQLiteDatabase 类访问数据表

SQLiteOpenHelper 类提供打开和关闭数据库的方法，而在 SQLiteDatabase 类提供方法来添加、修改和删除数据表的记录。

1. 打开可擦写的数据库

通常是在 Activity 类的 onCreate()方法中来打开数据库，代码如下所示：

```
dbHelper = new StdDBHelper(this);
db = dbHelper.getWritableDatabase();
```

上述程序代码在建立 StdDBHelper 对象后，调用 getWritableDatabase()方法来取得 SQLiteDatabase 对象的数据库。

2. 关闭数据库

关闭数据库通常是在 onStop()方法，只需调用 SQLiteDatabase 类的 close()方法，就可以关闭数据库，如下所示：

```
db.close();
```

3. 添加记录

SQLiteDatabase 类提供 insert()基本数据库操作方法来添加记录。首先，我们需要使用 ContentValues 类建立域值，如下所示：

```
long id;
ContentValues cv = new ContentValues();
cv.put("_id", Integer.parseInt(txtID.getText().toString()));
cv.put("name", txtName.getText().toString());
cv.put("grade", Double.parseDouble(
               txtGrade.getText().toString()));
```

上述程序代码建立 ContentValues 对象 cv 后，使用 put()方法加入域值，第 1 个参数是域名字符串，第 2 个参数是域值。在建立后，就可以调用 insert()方法添加记录，如下所示：

```
id = db.insert(DATABASE_TABLE, null, cv);
```

上述方法的返回值是长整型的记录编号，第 1 个参数是数据表名称，第 2 个参数当第 3 个参数是空值时使用，默认值是 null，最后 1 个参数是 ContentValues 对象 cv。

4. 修改记录

SQLiteDatabase 对象可以使用 update()方法来修改记录。同样需要使用 ContentValues 类建立修改的域值，如下所示：

```
int id = Integer.parseInt(txtID.getText().toString());
ContentValues cv = new ContentValues();
cv.put("grade", Double.parseDouble(
    txtNewGrade.getText().toString()));
count = db.update(DATABASE_TABLE, cv, "_id=" + id, null);
```

update()方法的返回值是影响的记录数，第 1 个参数是数据表名称，第 2 个参数是 ContentValues 对象，第 3 个参数就是 WHERE 子句的修改条件，如果是参数作为条件，其参数值就是最后一个参数。

5. 删除记录

SQLiteDatabase 对象可以使用 delete()方法来删除记录，如下所示：

```
int id = Integer.parseInt(txtID.getText().toString());
count = db.delete(DATABASE_TABLE, "_id=" + id, null);
```

同样方法的返回值是影响的记录数，第 1 个参数是数据表名称，第 2 个参数是 WHERE 子句的删除条件，最后一个参数是填充 WHERE 的字符串。

6. 查询记录

SQLiteDatabase 对象可以使用 rawQuery()方法执行 SQL 指令来查询记录，如下所示：

```
Cursor c = db.rawQuery(sql, null);
```

rawQuery()方法的第 1 个参数是 SQL 查询指令，如果使用带参数的 SQL 指令，就可以在第 2 个参数指定参数值，方法可以返回查询结果记录数据的 Cursor 对象，这是一个查询结果的记录集合，拥有指针可以逐一取出每一条记录。

在取得 Cursor 对象后，我们就可以调用 getColumnNames()方法取得域名，如下所示：

```
colNames = c.getColumnNames();
for (int i = 0; i < colNames.length; i++)
    str += colNames[i] + "\t\t";
str += "\n";
```

上述 for 循环可以显示域名的标题栏。接着，就可以移动记录指针来取得查询结果的每一条记录，如下所示：

```
c.moveToFirst();
for (int i = 0; i < c.getCount(); i++) {
    str += c.getString(0) + "\t\t";
    str += c.getString(1) + "\t\t";
```

```
        str += c.getString(2) + "\n";
        c.moveToNext();
}
```

上述程序代码首先调用 moveToFirst()方法移至第 1 笔记录，getCount()方法返回记录数，然后使用 for 循环来走访每一条记录，moveToNext()方法可以移至下一条。

在 Cursor 对象可以调用 getInt()、getFlot()或 getString()方法取出参数字段索引的域值，因为我们使用字符串方式显示域值，所以都调用 getString()方法。

 Android 项目：Ch16_4_2

创建 Android 应用程序，在其中可输入学生的学号、姓名和成绩数据，单击相应按钮，可以新增、修改（只能修改成绩，条件是学号）和删除记录数据（条件是学号），单击【显示】按钮则可以显示数据表的所有记录数据，其执行结果如图 16-5 所示。

在【SQL 指令】栏输入第 16.3.3 小节介绍的 SQL 查询指令，单击【查询】按钮，就可以在下方显示查询结果（请注意！如果输入错误的 SQL 指令，就会终止程序的执行），如图 16-6 所示。

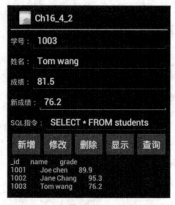

▲图 16-5

▲图 16-6

🔊 XML 文件：\res\layout\main.xml

```
01: <?xml version="1.0" encoding="utf-8"?>
02: <LinearLayout xmlns:android =
      "http://schemas.android.com/apk/res/android"
03:    android:orientation="vertical"
04:    android:layout_width="fill_parent"
05:    android:layout_height="fill_parent">
06:    <LinearLayout android:orientation="horizontal"
07:      android:layout_width="fill_parent"
08:      android:layout_height="wrap_content">
09:      <TextView android:text="学号: "
10:        android:layout_width="wrap_content"
11:        android:layout_height="wrap_content"/>
12:      <EditText android:id="@+id/txtID"
13:        android:layout_width="fill_parent"
14:        android:layout_height="wrap_content"/>
15:    </LinearLayout>
16:    <LinearLayout android:orientation="horizontal"
```

```
17:         android:layout_width="fill_parent"
18:         android:layout_height="wrap_content">
19:       <TextView android:text="姓名: "
20:         android:layout_width="wrap_content"
21:         android:layout_height="wrap_content"/>
22:       <EditText android:id="@+id/txtName"
23:         android:layout_width="fill_parent"
24:         android:layout_height="wrap_content"/>
25:     </LinearLayout>
26:     <LinearLayout android:orientation="horizontal"
27:         android:layout_width="fill_parent"
28:         android:layout_height="wrap_content">
29:       <TextView android:text="成绩: "
30:         android:layout_width="wrap_content"
31:         android:layout_height="wrap_content"/>
32:       <EditText android:id="@+id/txtGrade"
33:         android:layout_width="fill_parent"
34:         android:layout_height="wrap_content"
35:         android:inputType="numberDecimal"/>
36:     </LinearLayout>
37:     <LinearLayout android:orientation="horizontal"
38:         android:layout_width="fill_parent"
39:         android:layout_height="wrap_content">
40:       <TextView android:text="新成绩: "
41:         android:layout_width="wrap_content"
42:         android:layout_height="wrap_content"/>
43:       <EditText android:id="@+id/txtNewGrade"
44:         android:layout_width="fill_parent"
45:         android:layout_height="wrap_content"
46:         android:inputType="numberDecimal"/>
47:     </LinearLayout>
48:     <LinearLayout android:orientation="horizontal"
49:         android:layout_width="fill_parent"
50:         android:layout_height="wrap_content">
51:       <TextView  android:text="SQL 指令: "
52:         android:layout_width="wrap_content"
53:         android:layout_height="wrap_content"/>
54:       <EditText android:id="@+id/txtSQL"
55:         android:layout_width="fill_parent"
56:         android:layout_height="wrap_content"
57:         android:text="SELECT * FROM students"/>
58:     </LinearLayout>
59:     <LinearLayout android:orientation="horizontal"
60:         android:layout_width="fill_parent"
61:         android:layout_height="wrap_content">
62:       <Button android:id="@+id/btn1"
63:         android:text="新增"
64:         android:layout_width="wrap_content"
65:         android:layout_height="wrap_content"
66:         android:onClick="btn1_Click"/>
67:       <Button android:id="@+id/btn2"
68:         android:text="修改"
69:         android:layout_width="wrap_content"
70:         android:layout_height="wrap_content"
71:         android:onClick="btn2_Click"/>
72:       <Button android:id="@+id/btn3"
73:         android:text="删除"
74:         android:layout_width="wrap_content"
75:         android:layout_height="wrap_content"
76:         android:onClick="btn3_Click"/>
77:       <Button android:id="@+id/btn4"
78:         android:text="显示"
```

```
79:        android:layout_width="wrap_content"
80:        android:layout_height="wrap_content"
81:        android:onClick="btn4_Click"/>
82:      <Button android:id="@+id/btn5"
83:        android:text="查询"
84:        android:layout_width="wrap_content"
85:        android:layout_height="wrap_content"
86:        android:onClick="btn5_Click"/>
87:    </LinearLayout>
88:    <TextView android:id="@+id/lblOutput"
89:        android:layout_width="wrap_content"
90:        android:layout_height="wrap_content"/>
91: </LinearLayout>
```

◀» 文件说明

第 2～91 行：在 LinearLayout 之中有 6 个子 LinearLayout 元素，前 4 个均包含一对水平排列的 TextView 和 EditText 控件，用于输入学号、姓名、成绩和新成绩，最后 1 个拥有 5 个 Button 控件 btn1~5，其事件处理方法分别为 btn1~5_Click()，代码最后是输出信息的 TextView 控件 lblOutput。

◀» Java 程序：Ch16_4_2Activity.java

```
01: public class Ch16_4_2Activity extends Activity {
02:     private static String DATABASE_TABLE = "students";
03:     private SQLiteDatabase db;
04:     private StdDBHelper dbHelper;
05:     private EditText txtID,txtName,txtGrade,txtNewGrade;
06:     private TextView output;
07:     @Override
08:     public void onCreate(Bundle savedInstanceState) {
09:         super.onCreate(savedInstanceState);
10:         setContentView(R.layout.main);
11:         // 创建 SQLiteOpenHelper 对象
12:         dbHelper = new StdDBHelper(this);
13:         db = dbHelper.getWritableDatabase();// 打开数据库
14:         // 取得 TextView 控件
15:         output = (TextView) findViewById(R.id.lblOutput);
16:         // 取得 EditText 控件
17:         txtID = (EditText) findViewById(R.id.txtID);
18:         txtName = (EditText) findViewById(R.id.txtName);
19:         txtGrade=(EditText) findViewById(R.id.txtGrade);
20:         txtNewGrade=(EditText)
                        findViewById(R.id.txtNewGrade);
21:     }
22:     @Override
23:     protected void onStop() {
24:         super.onStop();
25:         db.close(); // 关闭数据库
26:     }
27:     // Button 控件的事件处理 – 插入记录
28:     public void btn1_Click(View view) {
29:         long id;
30:         ContentValues cv = new ContentValues();
31:         cv.put("_id", Integer.parseInt(
                        txtID.getText().toString()));
32:         cv.put("name", txtName.getText().toString());
33:         cv.put("grade", Double.parseDouble(
                        txtGrade.getText().toString()));
34:         id = db.insert(DATABASE_TABLE, null, cv);
35:         output.setText("新增记录成功: " + id);
36:     }  // 修改记录
```

```
37:     public void btn2_Click(View view) {
38:         int count;
39:         int id = Integer.parseInt(
                            txtID.getText().toString());
40:         ContentValues cv = new ContentValues();
41:         cv.put("grade", Double.parseDouble(
                        txtNewGrade.getText().toString()));
42:         count=db.update(DATABASE_TABLE,cv,"_id="+id,null);
43:         output.setText("修改记录成功: " + count);
44:     } // 删除记录
45:     public void btn3_Click(View view) {
46:         int count;
47:         int id = Integer.parseInt(
                            txtID.getText().toString());
48:         count=db.delete(DATABASE_TABLE,"_id="+id,null);
49:         output.setText("删除记录成功: " + count);
50:     } // 查询所有记录
51:     public void btn4_Click(View view) {
52:         // 查询整个数据表
53:         SqlQuery("SELECT * FROM " + DATABASE_TABLE);
54:     }
55:     public void btn5_Click(View view) {
56:         EditText txtSQL = (EditText)
                            findViewById(R.id.txtSQL);
57:         // 执行输入 SQL 指令的查询
58:         SqlQuery(txtSQL.getText().toString());
59:     }
60:     // 执行 SQL 查询
61:     public void SqlQuery(String sql) {
62:         String[] colNames;
63:         String str = "";
64:         Cursor c = db.rawQuery(sql, null);
65:         colNames = c.getColumnNames();
66:         // 显示域名
67:         for (int i = 0; i < colNames.length; i++)
68:             str += colNames[i] + "\t\t";
69:         str += "\n";
70:         c.moveToFirst();  // 第 1 条
71:         // 显示域值
72:         for (int i = 0; i < c.getCount(); i++) {
73:             str += c.getString(0) + "\t\t";
74:             str += c.getString(1) + "\t\t";
75:             str += c.getString(2) + "\n";
76:             c.moveToNext();  // 下一条
77:         }
78:         output.setText(str.toString());
79:     }
80: }
```

◀) 程序说明

第 12～13 行：创建 SQLiteOpenHelper 对象并打开数据库。

第 25 行：关闭数据库。

第 28～59 行：btn1~5_Click()事件处理方法，分别用于新增、修改、删除、查询记录数据和执行 SQL 查询，btn4~5_Click()方法的查询都是调用 SqlQuery()方法，只不过两者传入不同的 SQL 查询指令参数。

第 61～79 行：SqlQuery()方法定义，可以执行 SQL 指令参数的查询。

习题

1．请问 Android 应用程序可以使用哪 3 种方式来保存程序所需的持久性数据？

2．什么是偏好设置？我们可以使用属于 android.content 包的＿＿＿＿＿＿＿＿类来保存少量且简单的应用程序数据。

3．请修改第 13 章习题 10 建立的 Android 应用程序，新增活动来输入两种外币的汇率，然后改用访问偏好设置中的汇率来执行汇率转换。

4．Java 文件处理是一种流（Stream）模型，请问什么是流？Android 应用程序可以使用＿＿＿＿＿＿＿＿包中的类来写入与读取文件，在 Context 类提供＿＿＿＿＿＿＿＿和＿＿＿＿＿＿＿＿方法来读取与写入文件。

5．修改第 16.1 节的 Android 应用程序，改用文件来传递输入的温度数据。

6．什么是 SQLite 数据库引擎？简单说明 SQL 语言和 SQL 指令有哪些。

7．请说明如何在 Android 应用程序创建和使用 SQLite 数据库。

8．请修改第 13 章习题 10 建立的 Android 应用程序，新增一个活动来输入两种外币的汇率，改用 SQLite 数据库存储外币兑换汇率，每一种外币对应一条记录，然后从数据库取得汇率来执行汇率转换。

第17章 内容提供程序、广播接收器与信息提醒

17.1 内容提供程序的基础

内容提供程序（Content Providers）是 Android 操作系统分享数据的机制，可以让不同的应用程序之间共享数据，一般来说，内容提供程序主要是用来分享 SQLite 数据库的数据。

17.1.1 内容提供程序的基础

内容提供程序的主要目的是将保存数据和实际使用它的应用程序隔离开来，以便增加整个 Andriod 操作系统的弹性。也就是说，任何人都可以自行编写通信录应用程序来存取相同的通信录数据。

基本上，内容提供程序是在不同 Android 应用程序之间分享数据的接口，它是一组封装的数据的容器，提供标准接口的方法来进行读写。例如，在 Android 内置浏览器中实际并没有存储任何书签数据，而是通过内容提供程序来取得书签信息：标题和 URL 网址等，如图 17-1 所示。

图 17-1 中的【查询书签】应用程序通过【书签内容提供程序】来获取书签数据，换句话说，任何需要使用书签数据的 Andriod 应用程序，都可以通过同一个内容提供程序来存取该数据。

内容提供程序提供一组标准接口方法来存取数据，即 insert()、update()、delete()和 update()等方法，而将实际存取数据的代码封装在 content provider 对象中，所以数据是存储在数据库、文件、

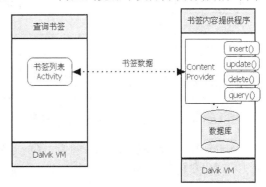

▲图 17-1

XML 文件或网络已经不重要了，只需通过接口方法就可以访问分享的数据。

17.1.2 系统内置的内容提供程序

在 Android 操作系统内置有多个内容提供程序来存储一些共享信息，例如通信录、浏览器书签、通话记录和媒体文件等信息。我们可以使用 android.provider 包提供的相关类来访问内容提供程序，如表 17-1 所示。

表 17-1

内容提供程序	说　明
ContactsContract	存储通信录的相关数据，包含姓名、电话和电子邮件地址等
Browser	存储浏览器的相关数据，包含书签和历史记录等
CallLog	存储通话的相关数据，包含未接来电、已接来电和通话记录等
MediaStore	存储媒体文件的相关数据，包含音乐、视频和图形文件
Settings	存储系统设置和用户偏好设置的相关数据

1．内容提供程序的 URI

内容提供程序 URI 的基本语法如下所示：

```
content://<内容提供程序名称>/<数据路径>/<记录编号>
```

上述语法由 "content://" 前缀开始，各部分语法的说明如下所示：

- 内容提供程序名称：指定内容提供程序的名称。例如：通信录是 contacts；媒体文件是 media；浏览器是 browser；通话是 call_log，如果是自行创建的内容提供程序，就是类的完整名称。
- 数据路径：指定从内容提供程序请求哪一种数据。例如：通信录是 people。
- 记录编号：指明操作哪一条记录。例如：第 2 条通信录数据。

一些内容提供程序的 URI 查询字符串范例，如表 17-2 所示。

表 17-2

URI 查询字符串	说　明
content://contacts/people	返回所有通信录数据的列表
content://browser/bookmarks	返回浏览器的所有书签列表
content://call_log/calls	返回所有通话记录的列表
content://media/internal/images	返回在设备上存储的图形文件列表
content://media/external/images	返回在外部存储 SD 卡的图形文件列表

2．android.provider 包的 URI 类常量

Android 在 android.provider 包提供了一系列的帮助类（Helper Classes），里面包含很多可代表表 17-2 中 URI 查询字符串的变量，是一些预先定义的类常量，如下所示：

```
ContactsContract.Contacts.CONTENT_URI
Browser.BOOKMARKS_URI
CallLog.CONTENT_URI
MediaStore.Images.Media.INTERNAL_CONTENT_URI
MediaStore.Images.Media.EXTERNAL_CONTENT_URI
```

上述代码中的 URI 常量可以取代表 17-2 的 URI 查询字符串（由上而下）。例如下列代码：

```
Uri contacts = ContactsContract.Contacts.CONTENT_URI;
```

等同于：

```
Uri contacts = Uri.parse("content://contacts/people");
```

 Memo 请注意，在 Android SDK 2.0 之后，访问通信录数据是使用 android.provider. ContactsContract 类，而不是 android.provider.Contacts 类。

如果需要查询指定记录，可使用 ContentUris.withAppendedId()方法来添加记录编号，作为第 2 个参数，第 1 个参数是 URI 常量，如下所示：

```
Uri person = ContentUris.withAppendedId(
        ContactsContract.Contacts.CONTENT_URI, 2);
```

17.2 使用系统的内容提供程序

一般来说，我们自行创建立内容提供程序分享数据的机会并不多，事实上，系统内置的内容提供程序基本能够满足我们需求，这一块应用也比较多，例如，在 Android 应用程序可能需要取得通信录数据或新增浏览器的书签。

17.2.1 取得通信录的电话号码

本节以通信录为例，说明如何使用系统的内容提供程序。Android 应用程序本身是一个 ListActivity 类，使用 SimpleCursorAdapter 对象取得内容提供程序中的通信录数据。

1. 内容提供程序与 SimpleCursorAdapter 对象

Ch17_2_1Activity 类继承自 ListActivity 类，在其中创建一个 ListView 控件，数据源是系统的通信录。首先创建 URI 对象，如下所示：

```
Uri contacts = Uri.parse("content://contacts/people");
```

我们也可以直接使用 URI 常量，代码如下所示：

```
Uri contacts = ContactsContract.Contacts.CONTENT_URI;
```

请注意，上述程序代码需要导入 android.provider.ContactsContract，而不是 android.provider. Contacts 类。然后我们可以使用 Activity 类的方法取得通信录数据的 Cursor 对象，如下所示：

```
Cursor c = getContentResolver().query(contacts, null, null, null, null);
startManagingCursor(c);
```

上述程序代码首先调用 getContentResolver()方法取得 ContentResolver 对象，可以帮助我们解析 URI 来找到正确的内容提供程序，然后调用 ContentResolver 对象的 query()方法执行查询，5 个参数的说明如表 17-3 所示。

表 17-3

编　号	参数名称	说　明
1	Uri 对象	查询内容提供程序的 Uri 对象
2	字段列表	字段列表的字符串数组，null 表示返回全部字段
3	筛选条件	记录筛选条件，即 SQL 语言的 WHERE 子句，null 表示返回所有记录
4	参数筛选条件	如果在第 3 个参数的筛选条件中有 "?" 符号的参数，就在此参数字符串数组指定其值，没有则设为 null
5	排序条件	指定排序字段，即 SQL 语言的 ORDER BY 子句，null 表示默认排序

　　在取得 Cursor 对象后，就可以调用 startManagingCursor()方法根据活动的生命周期来管理 Cursor 对象，例如，当活动暂停，就自动调用 deactivate()方法，让 Cursor 对象使用最少的系统资源，在重新启动活动后，就自动调用 requery()方法重新查询。

　　因为 SimpleCursorAdapter 适配器对象会对应记录字段到指定的接口控件，所以我们需要创建两个数组（字段和接口控件）以便作为参数，如下所示：

```
String[] columns = new String[] {
   ContactsContract.Contacts.DISPLAY_NAME,
   ContactsContract.Contacts._ID,
};
int[] views = new int[] {
   R.id.contactName,
   R.id.contactID,
};
```

　　字 符 串 数 组 columns[] 列 出 Cursor 对 象 的 字 段，这 就 是 我 们 准 备 取 出 的 数 据，ContactsContract.Contacts 类常量是通信录字段（你可以将它想象成是一个通信录数据表），DISPLAY_NAME 是通信录的姓名，_ID 是编号。views[]整数数组是对应字段显示的接口控件 TextView，位于 list_item.xml 布局文件。

　　然后，我们可以创建 SimpleCursorAdapter 适配器对象，如下所示：

```
SimpleCursorAdapter adapter = new SimpleCursorAdapter(
   this, R.layout.list_item, c, columns, views);
setListAdapter(adapter);
```

　　其中第 1 个参数是 Context 对象，第 2 个是项目 list_item.xml 布局文件的资源索引，第 3 个是 Cursor 对象，最后 2 个就是字段及对应显示的接口控件。

2.　处理用户的选择

　　我们需要在 onListItemClick()重写方法取得选择通信录的 contactID 和 contactName 的 TextView 控件，如下所示：

```
TextView lblID = (TextView) v.findViewById(R.id.contactID);
TextView lblName = (TextView) v.findViewById(R.id.contactName);
```

　　上述程序代码使用 findviewById()方法找出选取项目的 TextView 控件，其值就是通信录编号和姓名。

当取得通信录编号后，我们可以再次查询内容提供程序，取得通信录的电话号码，如下所示：

```
String cid = lblID.getText().toString();
String name = lblName.getText().toString();
Cursor pCur = getContentResolver().query(
  ContactsContract.CommonDataKinds.
              Phone.CONTENT_URI,
  null,
  ContactsContract.CommonDataKinds.
            Phone.CONTACT_ID +" = ?",
  new String[]{cid}, null);
```

上述程序代码取得 ContentResolver 对象后，调用 query()方法执行查询，Phone.CONTENT_URI 是查询通信录电话数据的 URI 常量，它是定义在 ContactsContact.CommonDataKinds.Phone 类的常量，Phone.CONTACT_ID 是通信录编号字段（你可以将它视为一个存储电话数据的数据表）。

因为方法的第 3 个参数使用了占位符 "?"，所以需要设置第 4 个参数，这里创建一个字符串数组，其元素值就是之前的 cid 变量，换句话说，我们创建的 WHERE 子句是 "CONTACT_ID=通信录编号"。

接着可以使用 while 循环来取出电话号码（因为电话号码可能不只一个），如下所示：

```
while (pCur.moveToNext()) {
  String phoneNo = pCur.getString(
    pCur.getColumnIndex(
    ContactsContract.CommonDataKinds.Phone.NUMBER));
  Toast.makeText(this, "姓名: " + name + "\n 电话号码: "
    + phoneNo, Toast.LENGTH_SHORT).show();
}
```

在上述 while 循环使用 getColumnIndex()方法取得电话号码的字段索引后，就可以从 Cursor 对象取出电话号码，并且使用 Toast 类显示电话号码。

 Android 项目：Ch17_2_1

设计一个 Android 应用程序，使用该程序可以获取系统通信录数据，在其中使用一个 ListView 控件来建立接口。为了演示程序，请先执行【用户】程序新增一些通信录数据并输入电话号码，如图 17-2 所示。

图 17-2 共新增 3 条通信录数据，然后就可以执行项目，其执行结果如图 17-3 所示。

在上述通信录列表选【Joe】，可以在下方显示电话号码，如果不只一个电话号码，稍等一下，就会显示下一个。

◀)) XML 文件：\res\layout\list_item.xml

```
01: <?xml version="1.0" encoding="utf-8"?>
02: <LinearLayout xmlns:android=
      "http://schemas.android.com/apk/res/android"
03:   android:orientation="horizontal"
04:   android:layout_width="fill_parent"
05:   android:layout_height="fill_parent">
06:   <TextView android:id="@+id/contactName"
07:     android:layout_width="fill_parent"
08:     android:layout_height="wrap_content"
09:     android:layout_weight="0.3"
10:     android:textSize="24dp"
```

```
11:        android:padding="6dp"/>
12:      <TextView android:id="@+id/contactID"
13:        android:layout_width="fill_parent"
14:        android:layout_height="wrap_content"
15:        android:layout_weight="0.7"
16:        android:textSize="24dp"
17:        android:padding="6dp"/>
18:  </LinearLayout>
```

◀)）文件说明

第 2～18 行：在 LinearLayout 中有 2 个 TextView 控件，用于显示 ListView 控件的每一个项目。

▲图 17-2

▲图 17-3

◀)）Java 程序：Ch17_2_1Activity.java

```
01: public class Ch17_2_1Activity extends ListActivity {
02:     @Override
03:     public void onCreate(Bundle savedInstanceState) {
04:         super.onCreate(savedInstanceState);
05:         Uri contacts=Uri.parse("content://contacts/people");
06:         Cursor c = getContentResolver().query(
                        contacts, null, null, null, null);
07:         startManagingCursor(c);
08:         String[] columns = new String[] {
09:             ContactsContract.Contacts.DISPLAY_NAME,
10:             ContactsContract.Contacts._ID,
11:         };
12:         int[] views = new int[] {
13:             R.id.contactName,
14:             R.id.contactID,
15:         };
16:         //创建 SimpleCursorAdapter 适配器对象
17:         SimpleCursorAdapter adapter =
                        new SimpleCursorAdapter(
18:           this, R.layout.list_item, c, columns, views);
19:         setListAdapter(adapter);  // 指定适配器对象
20:     }
21:     @Override
22:     protected void onListItemClick(ListView l, View v,
```

```
23:        super.onListItemClick(l, v, position, id);
24:        // 取得 contactID 的 TextView 控件
25:        TextView lblID = (TextView)
                        v.findViewById(R.id.contactID);
26:        TextView lblName = (TextView)
                        v.findViewById(R.id.contactName);
27:        // 取得_ID 和姓名
28:        String cid = lblID.getText().toString();
29:        String name = lblName.getText().toString();
30:        // 查询电话号码
31:        Cursor pCur = getContentResolver().query(
32:          ContactsContract.CommonDataKinds.
                          Phone.CONTENT_URI,
33:          null,
34:          ContactsContract.CommonDataKinds.
                          Phone.CONTACT_ID +" = ?",
35:          new String[]{cid}, null);
36:        // 显示电话号码
37:        while (pCur.moveToNext()) {
38:          String phoneNo=pCur.getString(pCur.getColumnIndex(
                ContactsContract.CommonDataKinds.Phone.NUMBER));
39:          Toast.makeText(this, "姓名: " + name +
            "\n 电话号码: " + phoneNo, Toast.LENGTH_SHORT).show();
40:        }
41:        pCur.close();
42:    }
43: }
```

◀) 程序说明

第 3~20 行：重写 onCreate()方法，第 5~7 行查询取得所有通信录数据，返回的是 Cursor 对象，第 8~15 行创建 SimpleCursorAdapter 对象所需的字段字符串数组 columns[]和接口控件资源索引数组 views[]，第 17~18 行创建 SimpleCursorAdapter 对象，在第 19 行指定使用的适配器对象。

第 22~43 行：重写 onListItemClick()方法以处理用户的选择，第 25~29 行取得选取通信录编号 ID 和姓名，在第 31~35 行查询指定通信录的电话号码，第 37~40 行使用 while 循环来一一取出 Cursor 对象中的电话号码，在第 39 行使用 Toast 类显示电话号码。

◀) XML 文件：\AndroidManifest.xml

因为程序会读取通信录数据，所以需要在 AndroidManifest.xml 使用<use-permission>标签来声明 READ_CONTACTS 权限，如下所示：

```
<uses-permission
    android:name="android.permission.READ_CONTACTS"/>
```

17.2.2　查询浏览器的书签

如同取得系统通信录数据，我们也可以使用系统内容提供程序来查询浏览器的书签。查询书签首先需要建立浏览器书签的 URI 对象，如下所示：

```
Uri uri = Uri.parse("content://browser/bookmarks");
```

然后就可以查询浏览器书签数据，如下所示：

```
String[] projection = { "_id", "title", "url" };
```

```
Cursor c = getContentResolver().query(uri, projection, null, null, null);
```

上述程序代码取得 ContentResolver 对象后，调用 query()方法执行查询，第 1 个参数是 Uri 对象，第 2 个参数是字段列表的字符串数组，其余参数均设为 null。在取得 Cursor 对象后，就可以一一取出书签数据，如下所示：

```
String str = "";
str += "书签数量 = " + c.getCount() + "\n";
while (c.moveToNext()) {
  str += c.getString(1) + " -- ";
  String url = c.getString(2);
  str += url + "\n";
}
```

首先使用 getCount()方法取得书签数量，然后使用 while 循环一一取出每一个书签，getString(1)方法取出书签名称；getString(2)可以取出 URL 网址，即对应字段数组 projection[]的字段列表。

 Android 项目：Ch17_2_2

在 Android 应用程序创建浏览器书签的查询程序，可以取出和显示书签列表，其执行结果如图 17-4 所示。

单击【查询书签】按钮，即可以在下方 TextView 控件显示浏览器保存的书签列表。

🔊 XML 文件：\res\layout\main.xml

```
01: <?xml version="1.0" encoding="utf-8"?>
02: <LinearLayout xmlns:android=
       "http://schemas.android.com/apk/res/android"
03:     android:orientation="vertical"
04:     android:layout_width="fill_parent"
05:     android:layout_height="fill_parent">
06:     <Button android:id="@+id/btn1"
07:         android:text="查询书签"
08:         android:layout_width="wrap_content"
09:         android:layout_height="wrap_content"
10:         android:onClick="btn1_Click"/>
11:     <TextView android:id="@+id/lblOutput"
12:         android:layout_width="fill_parent"
13:         android:layout_height="wrap_content"/>
14: </LinearLayout>
```

▲图 17-4

🔊 文件说明

第 2～14 行：使用 LinearLayout 垂直编排 1 个 Button 控件 btn1（其事件处理为 btn1_Click）和 1 个 TextView 控件，用于输出书签的查询结果。

🔊 Java 程序：Ch17_2_2Activity.java

```
01: public class Ch17_2_2Activity extends Activity {
02:     @Override
03:     public void onCreate(Bundle savedInstanceState) {
04:         super.onCreate(savedInstanceState);
05:         setContentView(R.layout.main);
06:     }
07:     // Button 控件的事件处理
```

```
08:     public void btn2_Click(View view) { // 查询书签
09:         TextView output = (TextView)
                        findViewById(R.id.lblOutput);
10:         String str = "";
11:         String[] projection={ "_id", "title", "url" };
12:         // 建立浏览器书签的 URI 对象
13:         Uri uri=Uri.parse("content://browser/bookmarks");
14:         // 查询内容提供程序
15:         Cursor c = getContentResolver().query(uri,
                        projection, null, null, null);
16:         // 建立 TextView 控件的内容
17:         str += "书签数量 = " + c.getCount() + "\n";
18:         while (c.moveToNext()) {
19:             // 取得书签信息
20:             str += c.getString(1) + " -- ";
21:             String url = c.getString(2);
22:             str += url + "\n";
23:         }
24:         output.setText(str);
25:     }
26: }
```

◀)) 程序说明

　　第 8~25 行：查询书签数据的 btn1_Click()事件处理方法，在第 13~15 行从系统内容提供程序查询书签数据，返回的是 Cursor 对象，第 18~23 行使用 while 循环取出书签并显示在 TextView 控件。

◀)) XML 文件：\AndroidManifest.xml

　　同样因为程序需要读取和写入书签数据，所以在 AndroidManifest.xml 使用<use-permission>标签声明 READ_HISTORY_BOOKMARKS 权限，如下所示：

```
<uses-permission android:name=
    "com.android.browser.permission.READ_HISTORY_BOOKMARKS"/>
```

17.3　广播接收器

　　在 Andriod 应用程序可以使用广播接收器来接收有兴趣的广播，即响应广播，或自行送出广播让其他应用程序知道你的应用程序状态有改变。

1. 广播接收器概述

　　广播接收器顾名思义是用来接收广播，并且它也可做出回应，这是 Andriod 实现系统层级的广播与响应机制。

　　Andriod 系统自身就常常会发出广播，例如接到来电、收到短信、启动摄像头、时区改变、系统开机、电池剩余电量过低或用户选择偏好语言时，Andriod 系统都会发出广播。

　　我们可以将广播接收器想象或停车场上的轿车，驾驶员手上的遥控器就是广播发送者，因为频率不同，一辆轿车只能接收指定遥控器频率的广播，等到轿车接到广播，就解开门锁，驾驶员才能打开车门进入车辆，其他驾驶员的遥控器就没有作用。

2. 接收系统广播

　　广播接收器并没有任何使用接口，它是一个继承 android.content.BroadcastReceiver 抽象类的子类，等到接收到指定的广播时自动触发时，通过实现 onReceive()抽象方法（因为是抽象方法，继承的子类一定要实现此方法）响应广播来执行所需操作，具体如下所示：

```
public class Ch17_3BroadcastReceiver
                    extends BroadcastReceiver {
    public void onReceive(Context context, Intent intent) {
        // 处理接收的广播
    }
}
```

上述类继承自 BroadcastReceiver 类，然后实现 onReceive()抽象方法来处理接收的广播，在本节是处理系统广播 PHONE_STATE。

 Android 项目：Ch17_3

在 Android 应用程序创建广播接收器以接收系统广播 PHONE_STATE，当接到电话后，使用 Toast 类显示电话号码，请注意，因为广播接收器的执行结果并不会在可视化界面显示，当在 Eclipse 右下方的 "Console" 窗口看到 Done!信息，就表示已经成功安装至 Android 仿真器。

测试广播接收器需要使用 Eclipse 的 DDMS 视图，切换至此，在左边中间可以看到 "Emulator Control" 窗口，如图 17-5 所示。

在【Incoming number】栏输入电话号码，单击【Call】按钮，切换回 Android 模拟器，可以看到下方使用 Toast 类显示的电话号码，如图 17-6 所示：

▲图 17-5

▲图 17-6

Memo　　请注意，因为 Android 项目没有使用 Activity 活动类，所以项目已经删除 Activity 类文件和对应 main.xml 文件，在 AndroidManifest.xml 文件也删除 activity 子元素，改为 receiver 子元素。

🔊 Java 程序：Ch17_3BroadcastReceiver.java

```
01: public class Ch17_3BroadcastReceiver
```

```
                              extends BroadcastReceiver {
02:    public void onReceive(Context context,Intent intent) {
03:       Bundle extras = intent.getExtras();
04:       if (extras != null) {
05:          String state=extras.getString(
                        TelephonyManager.EXTRA_STATE);
06:          if (state.equals(
                   TelephonyManager.EXTRA_STATE_RINGING)) {
07:             String phoneNumber = extras.getString(
08:                TelephonyManager.EXTRA_INCOMING_NUMBER);
09:             Toast.makeText(context, "电话号码:"+
10:                phoneNumber, Toast.LENGTH_SHORT).show();
11:          }
12:       }
13:    }
14: }
```

◀) 程序说明

第 1～14 行：Ch17_3BroadcastReceiver 类继承自 BroadcastReceiver 类，并重写 onReceive()方法。

第 2～13 行：在第 3 行取得 Intent 对象传递的数据，如果不是 null，就在第 5 行取得 EXTRA_STATE 的状态字符串，然后在第 6～11 行使用 if 语句判断是否是 EXTRA_STATE_RINGING，即拨入电话，如果是，在第 7～8 行取出电话号码，第 9～10 行使用 Toast 类显示电话号码。

◀) XML 文件：\AndroidManifest.xml

在 application 元素下将 activity 子元素改为 receiver 子元素，android:name 属性值为【.Ch17_3BroadcastReceiver】，加上 intent-filter 子元素，指定可以接收 PHONE_STATE 的系统广播，如下所示：

```
<receiver android:name=".Ch17_3BroadcastReceiver">
 <intent-filter>
   <action android:name="android.intent.action.PHONE_STATE"/>
 </intent-filter>
</receiver>
```

因为广播接收器需要读取电话状态，所以需要加上读取电话状态的权限，如下所示：

```
<uses-permission android:name=
        " android.permission.READ_PHONE_STATE"/>
```

17.4 状态栏与信息提醒

当需要告知用户一些错误、警告或信息时，我们可以使用 Toast（提示）类显示一段信息、一个对话框或启动新活动来得到用户的注意，另一种常用方法则是在状态栏显示信息提醒。

状态栏（Status Bar）是移动设备最上方的一条横向的长条区域，这与 Windows 窗口的状态栏位于最下方不同（面向平板计算机的 Android 3.x 系统的状态栏也是位于最下方，Android 4.0 系统则改回在最上方）。"通知服务"（Notification Service）是一种系统服务，可以在状态栏显示可向下滚动的通知，例如未接来电，如图 17-7 所示。

在状态栏会显示提醒信息的图标、标题文字和时间，往下拖动，可以展开通知的项目列表，显示未接来电的电话号码，单击通知项目就可以回拨电话。

1. 步骤一：获得通知管理器

在 Android 应用程序使用"通知管理器"（Notification Manager）来在状态栏显示提醒信息和通知，通知是一项系统服务，如下所示：

```
NotificationManager notif = (NotificationManager)
    getSystemService(NOTIFICATION_SERVICE);
```

上述程序代码调用 Context 对象的 getSystemService() 方法来取得 NotificationManager 对象，参数是 NOTIFICATON_SERVICE 常量。

▲图 17-7

2. 步骤二：创建通知对象

在取得通知管理器后，我们就可以创建通知对象，如下所示：

```
Notification note=new Notification(R.drawable.icon,
    "除以 0", System.currentTimeMillis());
```

Notification 对象的内容即显示在状态栏的信息提醒，有 3 个参数，如下所示。
- 第 1 个参数：在状态栏显示的图标。
- 第 2 个参数：在状态栏显示的标题文字。
- 第 3 个参数：在通知显示的时间，使用 System.currentTimeMillis() 方法可以取得当前时间。

如果不加参数（即空括号），我们也可以在接下来使用 Notification 对象的 icon、tickerText 和 when 属性来依序指定信息提醒的内容。

3. 步骤三：创建 PendingIntent 对象

在通知项目列表中，我们可以单击通知项目（因为可能有很多个）来触发意图对象从而显示详细的通知信息。可以使用 PendingIntent 类来创建意图对象，允许应用程序稍后来处理要执行的动作，如下所示：

```
Intent intent = new Intent(this,
    NotificationActivity.class);
intent.putExtra("NOTIFICATION_ID", NOTIF_ID);
PendingIntent pI = PendingIntent.getActivity(this,
    0, intent, PendingIntent.FLAG_UPDATE_CURRENT);
```

PendingIntent 可以看做是对 Intent 的包装，上述程序代码首先创建欲包装的 Intent 对象，并且附加一个参数，然后就可以调用 PendingIntent 类的 getActivity() 方法来创建启动活动的 PendingIntent 对象，共有 4 个参数，如下所示。
- 第 1 个参数：Context 对象。
- 第 2 个参数：用于意图的请求码，没有使用填入 0。
- 第 3 个参数：包装的 Intent 对象。
- 第 4 个参数：被启动活动中的标志，FLAG_UPDATE_CURRENT 表示如果 PendingIntent 对象已经存在，就更新其内容。

PendingIntent 类的 getActivity()方法用于启动活动，如果要启动服务或广播接收器，请使用 getService()或 getBroadcast()方法。

4. 步骤四：准备通知事件的信息

现在，我们就可以建立通知事件显示的信息，即通知列表中项目所需的信息，如下所示：

```
note.setLatestEventInfo(this,"除以 0","除法不能除以 0",pI);
```

使用 setLastestEventInfo()方法来指定通知事件的最新信息，其参数按顺序为 Context 对象、通知的标题文字、通知的详细内容和 PendingIntent 对象。

5. 步骤五：通知用户

最后，我们可以通知用户来显示提醒信息，如下所示：

```
notif.notify(NOTIF_ID, note);
```

使用 NotificationManager 对象的 notify()方法来通知用户，第 1 个参数是唯一的通知标识符，第 2 个参数是 Notification 对象。

6. 步骤六：取消状态栏的提醒信息

在通知启动的活动可以取消状态栏的提醒信息，如下所示：

```
NotificationManager notif = (NotificationManager)
      getSystemService(NOTIFICATION_SERVICE);
notif.cancel(getIntent().getExtras().
      getInt("NOTIFICATION_ID"));
```

上述代码可添加在活动的 onCreate()方法，当取得 NotificationManager 对象后，调用 cancel()方法来取消状态栏的提醒信息，参数是 Intent 对象传递的通知标识符。

 Android 项目：Ch17_4

此示例 Android 应用程序修改自第 13.4.2 小节的四则运算器程序，执行画面如图 17-8 所示。

当用户选择除法运算并在第 2 个数字输入 0，单击【计算】按钮，就会在生成一个【除以 0】的状态栏信息提醒，向下拖动状态栏，可以看到通知清单，如图 17-9 所示。

单击右上角【清除】按钮，可以清除通知，如果按通知项目，可以启动第 2 个活动，在此活动会清除通知和信息提醒，如图 17-10 所示。

▲图 17-8

🔊 XML 文件：\res\layout\main.xml

main.xml 与第 13.4.2 小节布局文件完全相同，就不列出代码。

🔊 Java 程序：Ch17_4Activity.java

```
01: public class Ch17_4Activity extends Activity {
```

```
02:     private static final int NOTIF_ID = 1;
03:     private TextView output;
04:     @Override
05:     public void onCreate(Bundle savedInstanceState) {
....
14:     }
15:     View.OnClickListener btn1Listener =
                    new View.OnClickListener() {
16:         public void onClick(View v) {
```

▲图 17-9

▲图 17-10

```
....
44:             if (rdbDivide.isChecked()) {
45:                 if (opd2 == 0) {
46:                     // 除以 0
47:                     notificationDivideZero();
48:                     return;
49:                 }
50:                 if (chkDivide.isChecked())
51:                     result = opd1 / opd2;   // 整数除法
52:                 else
53:                     result = opd1 / (double) opd2;
54:             }
55:             output.setText("计算结果 = " + result);
56:         }
57:     };
58:     public void notificationDivideZero() {
59:         // 取得 NotificationManager 系统服务
60:         NotificationManager notif = (NotificationManager)
61:                 getSystemService(NOTIFICATION_SERVICE);
62:         //创建状态栏显示的提醒信息
63:         Notification note = new Notification(
64:         R.drawable.icon,"除以 0",System.currentTimeMillis());
65:         Intent intent = new Intent(this,
66:                 NotificationActivity.class);
67:         intent.putExtra("NOTIFICATION_ID", NOTIF_ID);
68:         //创建 PendingIntent 对象
69:         PendingIntent pI=PendingIntent.getActivity(this,
70:            0, intent, PendingIntent.FLAG_UPDATE_CURRENT);
71:         //创建通知的详细内容
72:         note.setLatestEventInfo(
```

```
                                 this,"除以 0","除法不能除以 0",pI);
73:            notif.notify(NOTIF_ID, note);   // 送出提醒信息
74:        }
75: }
```

🔊　程序说明

第 2 行：声明提醒信息编号的常量 NOTIF_ID。

第 45～49 行：使用 if 语句判断第 2 个数字是否是 0，如果是，在第 47 行调用 notificationDivideZero() 方法。

第 58～74 行：notificationDivideZero() 方法定义，在第 60～61 行取得 NotificationManager 系统服务，第 63～64 行创建 Notification 对象以便生成信息提醒，在第 65～70 行创建 PendingIntent 对象，第 72 行指定通知事件的内容，最后在第 73 行通知用户，即送出提醒信息。

🔊　XML 文件：\res\layout\notification.xml

```
01: <?xml version="1.0" encoding="utf-8"?>
02: <LinearLayout xmlns:android=
    "http://schemas.android.com/apk/res/android"
03:   android:orientation="vertical"
04:   android:layout_width="fill_parent"
05:   android:layout_height="fill_parent">
06:   <TextView
07:     android:layout_width="fill_parent"
08:     android:layout_height="wrap_content"
09:     android:text="收到除以 0 的通知........"/>
10: </LinearLayout>
```

🔊　文件说明

第 6～9 行：添加一个 TextView 控件，用以显示消息正文。

🔊　Java 程序：NotificationActivity.java

```
01: public class NotificationActivity extends Activity {
02:     @Override
03:     protected void onCreate(Bundle savedInstanceState) {
04:         super.onCreate(savedInstanceState);
05:         setContentView(R.layout.notification);
06:         NotificationManager notif=(NotificationManager)
07:                 getSystemService(NOTIFICATION_SERVICE);
08:         // 取消状态栏的提醒信息
09:         notif.cancel(getIntent().getExtras().
                         getInt("NOTIFICATION_ID"));
10:     }
11: }
```

🔊　程序说明

第 6～7 行：取得 NotificationManager 对象的系统服务。

第 9 行：使用 cancel() 方法取消提醒信息，参数是 Intent 对象传递的提醒信息编号。

🔊　XML 文件：\AndroidManifest.xml

在 application 元素下新增另一个 activtiy 元素，android:name 属性值为【.NotificationActivity】，加上 intent-filter 子元素，表示它也是一个 Android 应用程序的主活动，如下所示：

```
<activity android:name=".NotificationActivity"
```

```
        android:label="提醒活动">
  <intent-filter>
    <action android:name="android.intent.action.MAIN" />
    <category android:name="android.intent.category.DEFAULT" />
  </intent-filter>
</activity>
```

习题

1. 请问什么是内容提供程序？Android 系统内建的内容提供程序有哪些？

2. 请问内容提供程序的 URI 和 android.provider 包中包含的 URI 类常量之间的差异是什么？

3. 请修改第 17.2.2 小节的 Android 应用程序，改用 Spinner 控件来显示取得的书签数据。

4. 请问什么是广播接收器？

5. 如何创建广播接收器来接收来电的系统广播？

6. 请问 Toast 类和信息提醒的差异是什么？

7. 请说明在状态栏显示信息提醒的基本步骤。什么是 PendingIntent 对象？

8. 请修改第 13 章习题 8 的 BMI 计算器，当 BMI 值超过 27 时，在通知显示注意体重的信息。

第 18 章　Google 地图与定位服务

18.1　取得 Google Maps API 密钥

Google Map（地图）是 Android 操作系统内置的地图应用程序，在第 14.5.2 小节已经介绍如何使用 Intent 意图对象启动内置地图程序，可以显示指定经纬度坐标的地图。

在实际业务中，我们也可以将 Google Map 服务内嵌在 Android 程序从而构建基于 LBS 的应用。不过，因为 Google Map 不包含在 Android SDK，所以，我们需要安装 Google Maps API，才能在 Android 应用程序使用 Google Map。

在将 Google Map 整合到你的 Android 应用程序之前，我们需要先取得免费的 Google Maps API 密钥。由于在开发 Android 程序时，一般是在 Android 模拟器且需在调试模式来测试，我们需使用 SDK 调试证书（Debug Certificate）来申请密钥。

1. 步骤一：取得 SDK 调试证书的路径

申请密钥的第一步是取得 SDK 调试证书的路径，其步骤介绍如下。

 启动 Eclips 执行 "Window>Preferences" 命令，打开 "Preferences" 对话框，如图 18-1 所示。

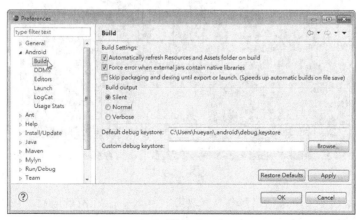

▲图 18-1

在左边展开【Android】下的【Build】，可以在右边看到 debug.keystore 文件的路径，这就是 SDK 调试证书。

Memo　　Windows 7 操作系统 debug.keystore 文件的默认路径是 "C:\Users\<用户名称>\.android\"；Windows XP 操作系统是 "C:\Documents and Settings\<用户名称>\.android\"。

2. 步骤二：取出申请所需 MD5 认证指纹

我们需要使用 Java 的 Keytool.exe 工具程序取出申请所需的 MD5 认证指纹，它位于 "C:\Programs Files\Java\<JRE 版本>\bin" 目录，使用命令如下所示：

```
C:\Program Files\Java\jre7\bin>keytool.exe -v -list -alias androiddebugkey -keystore
"C:\Users\hueyan\.android\debug.keystore" -storepass android -keypass android Enter
```

为了简化命令提示符中的命令输入，本书已经建立名为 MD5.bat 批处理文件，位于 "\JavaEx" 目录下。请继续上面步骤，如下所示：

将上述批处理文件复制到硬盘 C:或 D:，以此例为 D:，批处理文件共有两个参数，第 1 个是 JRE 版本；第 2 个是之前取得的 SDK 调试证书，如下所示：

```
C:\>MD5 jre7 "C:\Users\hueyan\.android\debug.keystore" Enter
```

执行 "开始>所有程序>附件>命令提示符" 命令，打开 "命令提示符" 窗口来输入上述命令，如图 18-2 所示。

▲图 18-2

执行右键快捷菜单【标记】命令选取第 1 个证书指纹 MD5 码后，在标题栏上，执行右键快捷菜单的 "编辑>复制" 命令复制 MD5 码。

3. 步骤三：上网申请密钥

现在，我们已经拥有申请所需的 MD5 码，请继续下面步骤：

step 06　建立 Internet 联机后，启动 Internet Explorer 浏览器进入网址：http://code.google.com/intl/zh-CN/android/maps-api-signup.html，如图 18-3 所示。

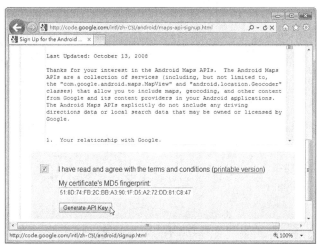

▲图 18-3

step 07　勾选同意授权后，在下方贴上之前取得的 MD5 码，单击【Generate API Key】按钮，如果尚未登录，请输入 Google Gmail 账号来登入，稍等一下，可以看到产生的 XML 代码，如下所示：

```
<com.google.android.maps.MapView
    android:layout_width="fill_parent"
    android:layout_height="fill_parent"
    android:apiKey="0G59vbJyrvcpoAszqsTcxcDXfsVhEHNmdG_bOiw"
/>
```

在 Android 应用程序的布局文件加入上述代码，就可以使用 MapView 控件来显示 Google Map，android:apiKey 属性值就是 Google Maps API 密钥。

18.2　使用 Google 地图

在取得 Google Maps API 密钥后，我们就可以使用 MapView 控件和继承 MapActivity 抽象类来创建自己的地图程序。

Memo　经测试，本书使用的 Android 4.0 版模拟器版本在执行 Google Maps API 且搭配定位服务时，有不明原因问题，所以本节内容是使用 Android 2.3.3 版模拟器来测试运行并抓取画面的，请参考第 1.5.3 小节更新安装此版本的平台包。

1. 创建支持 Google Maps API 的 Android 项目

启动 Eclipse 来创建 Android 项目，因为要使用 Google Maps API，所以在"Build Target"框需要选 Google APIs，如图 18-4 所示。

在建立项目后，在其目录结构可以看到 Google APIs 文件夹，里面内容除了 android.jar 包外，还有一个 maps.jar 包，这就是 Google Maps API，如图 18-5 所示。

▲图 18-4　　　　　　　　　　　　　　　　　　　　▲图 18-5

2. MapView 控件

在 main.xml 文件需要声明 MapView 控件，使用上一节取得的<MapView>标签及代码，如下所示：

```
<com.google.android.maps.MapView
  android:id="@+id/mapView"
  android:layout_width="fill_parent"
  android:layout_height="fill_parent"
  android:clickable="true"
  android:apiKey=
  "0G59vbJyrvcpoAszqsTcxcDXfsVhEHNmdG_bOiw"
/>
```

上述 MapView 控件因为不属于 Android SDK 内置的接口控件，所以需要使用全名 com.google.android.maps.MapView，其常用属性的说明如表 18-1 所示。

表 18-1

属　　性	说　　明
android:clickable	指定接口控件是否响应 Click 事件，true 为响应
android:apiKey	属性值就是上一节申请的 Google Maps API 密钥

上表的 android:clickable 属性继承自 View 控件的属性。

3. 创建使用 MapView 控件的活动类

在活动类使用 MapView 控件需要继承 MapActivity 抽象类，而不是 Activity 类，因为 MapActivity 已经实现了一些显示 MapView 控件所需的方法，如下所示：

```
public class Ch18_2Activity extends MapActivity {
    @Override
    public void onCreate(Bundle savedInstanceState) {
```

```
        super.onCreate(savedInstanceState);
        setContentView(R.layout.main);
        ......
    }
    @Override
    protected boolean isRouteDisplayed() {
        return false;
    }
}
```

因为 MapActivity 是抽象类，所以继承类一定要实现 isRouteDisplayed()抽象方法，返回是否显示任何规划路径，没有则返回 false。然后，我们就可以指定地图显示方式和开启缩放功能，如下所示：

```
MapView mapView = (MapView) findViewById(R.id.mapView);
mapView.setBuiltInZoomControls(true);
mapView.setSatellite(false);
```

首先取得 MapView 控件，然后调用相关方法来设置 MapView。常用方法及说明如表 18-2 所示。

表 18-2

方　　法	说　　明
setBuiltInZoomControls(boolean)	设置是否内置缩放控制，参数值 true 是启用；false 是不启用
setSatellite(boolean)	指定地图使用卫星模式来显示，其参数值为 true 表示进入卫星模式；false 是一般模式
setStreetView(boolean)	指定地图使用街道模式来显示，其参数值 true 是街道模式；false 取消街道模式

我们准备在 Google 地图指定默认缩放程度，使用的是 MapController 对象，这是控制拖动和缩放的工具对象，如下所示：

```
MapController mc = mapView.getController();
mc.setZoom(18);
```

上述程序代码调用 MapView 控件的 getController()方法取得 MapController 对象后，调用 setZoom()方法指定缩放程度，其值为 1~21，值愈大，地图就放得愈大，这里设为 18。

Android 项目：Ch18_2

在 Android 应用程序显示 Google 地图，并且提供地图拖动、放大和缩小的功能。

在执行项目前，我们需要更改 Android 模拟器使用的平台，请执行 "Window>AVD Manager"命令，打开 "Andriod Virtual Device Manager" 对话框，在【Virtual devices】选择 GPhone，单击【Edit】按钮来编辑模拟器，如图 18-6 所示。

将【Target】栏值更改为【Google APIs (Google Inc.) - API Level 10】，单击【Edit AVD】按钮完成编辑，然后就可以来创建此项目，其执行结果如图 18-7 所示。

上述地图显示的是默认位置，我们可以移动地图到其他位置。当移动地图时，可以在下方看到缩放控制按钮，如图 18-8 所示。

▲图 18-6

单击减号，可以缩小地图显示精度（反之，加号是放大地图显示），看到更大范围的地图，如图 18-9 所示。

▲图 18-7　　　　　　　▲图 18-8

▲图 18-9

◀) XML 文件：\res\layout\main.xml

```
01: <?xml version="1.0" encoding="utf-8"?>
02: <LinearLayout xmlns:android=
       "http://schemas.android.com/apk/res/android"
03:   android:orientation="vertical"
04:   android:layout_width="fill_parent"
05:   android:layout_height="fill_parent">
06:   <com.google.android.maps.MapView
07:     android:id="@+id/mapView"
08:     android:layout_width="fill_parent"
09:     android:layout_height="fill_parent"
10:     android:clickable="true"
11:     android:apiKey=
         "0G59vbJyrvcpoAszqsTcxcDXfsVhEHNmdG_bOiw"
12:   />
13: </LinearLayout>
```

◀) 文件说明

第 2～13 行：使用 LinearLayout 垂直编排 MapView 控件，MapView 控件中的密钥就是上一节申请时产生的。

◀) Java 程序：Ch18_2Activity.java

```
01: public class Ch18_2Activity extends MapActivity {
02:   @Override
03:   public void onCreate(Bundle savedInstanceState) {
04:     super.onCreate(savedInstanceState);
05:     setContentView(R.layout.main);
06:     // 取得 MapView 控件
07:     MapView mapView = (MapView)
```

```
                          findViewById(R.id.mapView);
08:        // 指定内置缩放控制
09:        mapView.setBuiltInZoomControls(true);
10:        // 指定显示方式
11:        mapView.setSatellite(false);
12:        // 取得地图控制对象
13:        MapController mc = mapView.getController();
14:        mc.setZoom(18);
15:    }
16:    @Override
17:    protected boolean isRouteDisplayed() {
18:        return false;
19:    }
20: }
```

◀) 程序说明

第 1～20 行：Ch18_2Activity 类继承了 MapActivity 类，因为后者是抽象类，所以需要实现第 17～19 行的 isRoutDisplayed()方法。

第 3～15 行：重写 onCreate()方法，在第 7 行取得 MapView 控件，第 9～11 行指定内置缩放控制和显示方式，第 13～14 行在取得地图控制对象后，指定缩放比例。

◀) XML 文件：\AndroidManifest.xml

因为 Google Maps API 不是 Android 内置函数库，所以当 Android 应用程序使用 Google Maps API 时，我们需要在 application 元素新增 uses-library 子元素，让应用程序可以使用此函数库，如下所示：

```
<uses-library android:name="com.google.android.maps"/>
```

此外，Google 地图需要访问网络，所以需要新增 INTERNET 权限，如下所示：

```
<uses-permission android:name="android.permission.INTERNET"/>
```

18.3 在 Google 地图使用定位服务

Android 移动设备结合定位功能和 Google 地图建立的"位置感知服务"（Location-based Service，LBS）是一项十分实用的功能，LBS 应用程序可以追踪你的位置和提供一些额外服务，例如找出附近的咖啡厅、停车场、自动柜员机或加油站等。

LBS 另一项常见的应用是路径规划导航，除了行车导航外，还可以针对大型展览馆、购物商场、城市观光、野生动物园或主题乐园等提供导览服务，且可结合定位功能来提供用户更精确的位置信息。

18.3.1 Android 的定位服务与坐标

Android 通过 LocationManager 类来指供定位服务，这是一种系统服务，可以帮助我们访问移动设备当前的位置数据，包括纬度（Latitude）、经度（Longitude）和高度（Altitude）等。

1. 定位提供者

Android 操作系统的定位提供者（Provider）可以提供不同方式的定位服务，我们主要是使用下列两种定位提供者，其说明如下。

- GPS 定位提供者：提供者名称字符串为 "gps"，它使用 GPS（Global Positioning System）的卫星信号来定位，可以提供精确的位置信息，但是无法收到卫星信号的室内并无法使用。
- 网络定位提供者：提供者名称字符串为 "network"，它直接使用电信公司的基地台来执行三角定位，其提供的位置信息较不精确，但是可以在室内使用。

请注意，移动设备并不一定支持 GPS 定位提供者，如果没有电话或 3G 联网功能，就不会支持网络定位提供者，换句话说，移动设备是否支持定位服务需视硬件配备而定。

2. 经纬度坐标

定位服务最主要的目的是找出移动设备目前位置的经纬度坐标，经纬度是经度与纬度合称的坐标系统，也称为地理坐标系统，它是使用三维空间的球面来定义地球表面各点的坐标系统，能够标示地球表面上的任何一个位置。经度与纬度的说明，如下所示。

- 纬度：地球表面某一点距离地球赤道以南或以北的度数，其值为 0～90 度，赤道以北的纬度叫北纬（符号为 N）；赤道以南的纬度称南纬（符号为 S）。
- 经度：地球表面上某一点距离本初子午线（一条经过伦敦格林威治天文台旧址的南北走向线）以东或以西的度数，简单地说，本初子午线的经度是 0 度，其他地点的经度是向东从 0～180 度，称为东经（符号为 W）；或向西从 0～180 度，称为西经（符号为 E）。

一般来说，在地球仪或地图上描述经纬度坐标使用的单位是度（Degrees）、分（Minutes）和秒（Seconds），例如，旧金山金门大桥的经纬度，如下所示：

```
122o29'W
37o49'N
```

读作西经 122 度 29 分；北纬 37 度 49 分。每一度可以再分成 60 单位的分，分可以再细分为 60 单位的秒（如果需要可以再细分下去）。在计算机上表示经纬度通常是使用十进制方式，N 和 E 为正值；S 和 W 为负值，分为小数点后 2 位，秒是再后 2 位，以上述经纬度为例，用十进制表示如下所示：

```
-122.29
37.49
```

18.3.2　在 Google 地图使用定位服务

定位服务最常见的应用是整合 Google 地图，可以显示当前移动设备所在 GPS 坐标附近的地图信息。

1. 取得定位服务的 LocationManager 对象

定位服务是 Android 操作系统的系统服务（System Services），程序代码可以透过 Manager 类使用系统服务，以定位服务来说，就是 LocationManager 对象，如下所示：

```
private LocationManager lc;
lc = (LocationManager)
     getSystemService(LOCATION_SERVICE);
```

上述程序代码表示使用继承自 Context 类的 getSystemService()方法来取得 LocationManage 对象 lc。

2. 将 Google 地图移到指定位置

随着移动设备 GPS 位置的更新，Google 地图也需要移到指定位置，MapController 对象的 animateTo()方法可以移动地图至参数的坐标，首先我们需要建立位置坐标的 GeoPoint 对象，如下所示：

```
double lat = Double.parseDouble("39.8952");
double lng = Double.parseDouble("116.3933");
gp = new GeoPoint((int) (lat * 1E6),(int) (lng * 1E6));
```

上述程序代码在取得纬度和经度值后，使用构造函数来创建 GeoPoint 对象 gp，参数就是纬度和经度，不过坐标值需要乘以 1E6。然后就可以移到此坐标，如下所示：

```
private MapController mc;
......
mc = mapView.getController();
mc.animateTo(gp);
mc.setZoom(18);
```

上述程序代码在取得 MapController 对象后，调用 animateTo()方法来将 Google 地图移到参数的位置。

3. 创建 LocationListener 监听器对象

因为定位服务需要定时更新坐标位置，所以我们需要建立 LocationListener 监听器对象。这是一个实现 LocationListener 接口的类，如下所示：

```
class MyLocationListener implements LocationListener {
  public void onLocationChanged(Location current) {}
  public void onProviderDisabled(String provider) {}
  public void onProviderEnabled(String provider) {}
  public void onStatusChanged(String provider,
              int status, Bundle extras) {}
}
```

上述 MyLocationListener 类实现 LocationListener 接口的 4 个方法，以本节范例来说，我们需要实现 onLocationChanged()方法，这是当位置改变时调用的接口方法，参数就是描述当前位置的 Location 对象。

换句话说，我们将在 onLocationChanged()方法取得新坐标从而将 Google 地图移到新位置。同样来取得经纬度和创建 GeoPoint 对象即可，如下所示：

```
lat = current.getLatitude();
lng = current.getLongitude();
gp = new GeoPoint((int) (lat * 1E6),(int) (lng * 1E6));
mc.animateTo(gp);
mc.setZoom(18);
```

上述程序代码即调用 animateTo()方法移到最新坐标的地图位置。

4．注册监听器

系统服务通常都需要大量电力的供应，为了节省电力，我们只有在真正需要时才使用这些服务。从活动生命周期角度来说，建议在 onResume()方法注册服务的监听器对象；onPause()方法取消注册服务的监听器对象。

在 onResume()重写方法建立 MyLocationListener 对象后，就可以使用 requestLocationUpdate()方法注册监听器，如下所示：

```
@Override
protected void onResume() {
  super.onResume();
  ll = new MyLocationListener();
  …
  lc.requestLocationUpdates(
    LocationManager.GPS_PROVIDER,
    minTime, minDistance,ll);
  lc.requestLocationUpdates(
    LocationManager.NETWORK_PROVIDER,
    minTime, minDistance,ll);
}
```

在 requestLocationUpdates()方法有 4 个参数，如下所示。
- 第 1 个参数：定位提供者字符串。
- 第 2 个参数：更新位置的间隔时间（以毫秒为单位）。
- 第 3 个参数：更新位置的最短距离（以米为单位）。
- 第 4 个参数：LocationListener 监听器对象。

然后，可在 onPause()重写方法取消注册监听器，如下所示：

```
@Override
protected void onPause() {
  super.onPause();
  lc.removeUpdates(ll);
}
```

上述程序代码是调用 LocationManager 对象的 removeUpdates()方法来取消注册监听器对象。

 Android 项目：Ch18_3_2

这个 Android 应用程序修改自第 18.2 节的 Google 地图程序，程序可以配合定位服务来更新地图位置。

在项目开始前，我们需要在 Android 模拟器添加 GPS 硬件支持，执行"Window>AVD Manager"命令，选择 GPhone 模拟器，单击【Edit】按钮，如图 18-10所示。

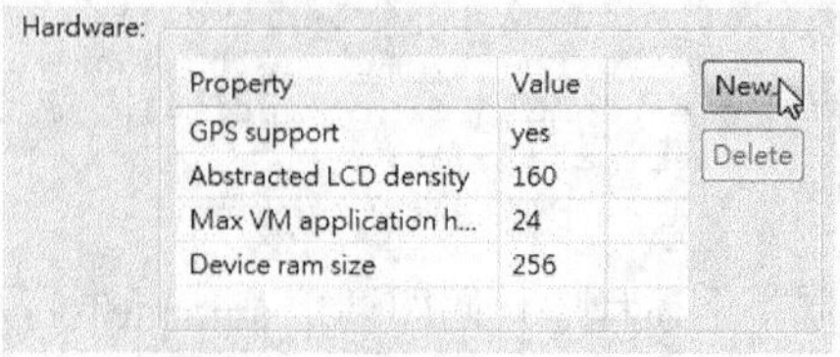

在图 8-10 中单击【New】按钮新增【GPS support】，然后就可以执行此项目，其执行结果如图 18-11 所示。

上述地图显示的是默认位置 116.3933，39.8952。回到 Eclipse 并切换到【DDMS】视图，在右边"Emulator Control"

Hardware:		
Property	Value	New
GPS support	yes	
Abstracted LCD density	160	Delete
Max VM application h...	24	
Device ram size	256	

▲图 18-10

窗口找到输入经纬度坐标的字段，如图 18-12 所示。

　　输入新坐标 116.3967,39.9895，单击【Send】按钮向模拟器发送，因为坐标改变，所以马上更新显示此位置的地图，如图 18-13 所示。

▲图 18-11　　　　　　　　　　▲图 18-12　　　　　　　　　　▲图 18-13

🔊　XML 文件：\res\layout\main.xml

```
01: <?xml version="1.0" encoding="utf-8"?>
02: <LinearLayout xmlns:android=
      "http://schemas.android.com/apk/res/android"
03:    android:orientation="vertical"
04:    android:layout_width="fill_parent"
05:    android:layout_height="fill_parent">
06:    <TextView android:id="@+id/output"
07:    android:layout_width="fill_parent"
08:    android:layout_height="wrap_content"/>
09:    <com.google.android.maps.MapView
10:      android:id="@+id/mapView"
11:      android:layout_width="fill_parent"
12:      android:layout_height="fill_parent"
13:      android:clickable="true"
14:      android:apiKey=
        "0G59vbJyrvcpoAszqsTcxcDXfsVhEHNmdG_bOiw"
15:    />
16: </LinearLayout>
```

🔊　文件说明

　　第 2～16 行：使用 LinearLayout 垂直编排 1 个 TextView 和 1 个 MapView 控件。

🔊　Java 程序：Ch18_3_2Activity.java

```
01: public class Ch18_3_2Activity extends MapActivity {
```

```
02:    private MapView mapView;
03:    private TextView output;
04:    private MapController mc;
05:    private GeoPoint gp;
06:    private LocationManager lc;
07:    private LocationListener ll;
08:    @Override
09:    public void onCreate(Bundle savedInstanceState) {
10:        super.onCreate(savedInstanceState);
11:        setContentView(R.layout.main);
12:        output = (TextView) findViewById(R.id.output);
13:        // 取得 LocationManager 实例
14:        lc = (LocationManager)
                       getSystemService(LOCATION_SERVICE);
15:        mapView = (MapView) findViewById(R.id.mapView);
16:        mapView.setBuiltInZoomControls(true);
17:        mapView.setSatellite(false);
18:        mc = mapView.getController();
19:        double lat = Double.parseDouble("39.8952");
20:        double lng = Double.parseDouble("116.3933");
21:        // 创建 GeoPoint 对象
22:        gp=new GeoPoint((int)(lat*1E6),(int)(lng*1E6));
23:        output.setText("纬度: " + lat + " 经度: " + lng);
24:        mc.animateTo(gp); // 移到初始坐标
25:        mc.setZoom(18);
26:    }
27:    @Override
28:    protected void onResume() {
29:        super.onResume();
30:        ll = new MyLocationListener();
31:        int minTime = 1000; // 毫秒
32:        float minDistance = 1; // 公尺
33:        // 注册监听器
34:        lc.requestLocationUpdates(
35:            LocationManager.GPS_PROVIDER,
36:            minTime, minDistance,ll);
37:        lc.requestLocationUpdates(
38:            LocationManager.NETWORK_PROVIDER,
39:            minTime, minDistance,ll);
40:    }
41:    @Override
42:    protected void onPause() {
43:        super.onPause();
44:        // 取消注册监听器
45:        lc.removeUpdates(ll);
46:    }
47:    // 实现监听器
48:    class MyLocationListener implements LocationListener {
49:        public void onLocationChanged(Location current) {
50:            double lat, lng;
51:            if (current != null) {
52:                // 取得经纬度
53:                lat = current.getLatitude();
54:                lng = current.getLongitude();
55:                Toast.makeText(Ch18_3_2Activity.this,
56:                    "经纬度坐标变更....",
                        Toast.LENGTH_SHORT).show();
57:                output.setText("纬度: "+lat+" 经度: "+lng);
58:                gp = new GeoPoint(
                        (int) (lat * 1E6),(int) (lng * 1E6));
59:                mc.animateTo(gp); // 移到最新坐标
60:                mc.setZoom(18);
```

```
61:            }
62:        }
63:        public void onProviderDisabled(String provider) {}
64:        public void onProviderEnabled(String provider) {}
65:        public void onStatusChanged(String provider,
                        int status, Bundle extras) {}
66:    }
67:    @Override
68:    protected boolean isRouteDisplayed() {
69:        return false;
70:    }
71: }
```

🔊 程序说明

第 1～71 行：Ch18_3_2Activity 类继承自 MapActivity 类，因为是抽象类，所以需要实现第 68～70 行的 isRoutDisplayed()方法。

第 9～26 行：重写 onCreate()方法，在第 14 行创建定位服务 LocationManager 对象，第 19～22 行创建一个 GeoPoint 实例。，

第 28～40 行：重写 onResume()方法，在第 30 行建立 MyLocationListener 监听器对象，第 34～39 行注册更新坐标的监听器对象，一是 GPS；一是网络。

第 42～46 行：重写 onPause()方法，第 45 行取消注册监听器对象。

第 48～66 行：内层类 MyLocationListener 的声明，类实现 LocationListener 接口的 4 个方法，我们只使用到第 49～62 行的 onLocationChanged()方法，参数是决定当前位置的 Location 对象，在第 53～54 行取得最新坐标，第 58～59 行将 Google 地图移到新坐标。

🔊 XML 文件：\AndroidManifest.xml

因为 Google Maps API 不是 Android 内置函数库，所以我们需要在 application 元素新增 uses-library 子元素，让应用程序可以使用此函数库，如下所示：

```
<uses-library android:name="com.google.android.maps"/>
```

Google 地图需要访问网络且程序需要使用定位服务，所以需要新增 INTERNET 权限、ACCESS_COURSE_LOCATION 网络定位服务和 ACCESS_FINE_LOCATION 的 GPS 定位服务，如下所示：

```
<uses-permission android:name="android.permission.INTERNET"/>
<uses-permission android:name=
    "android.permission.ACCESS_COARSE_LOCATION"/>
    <uses-permission android:name=
    "android.permission.ACCESS_FINE_LOCATION"/>
```

18.4 标记 Google 地图

我们不只可以使用 MapView 控件和 MapActivity 类来创建地图程序，更可以在地图上做记号，例如标记加油站、停车场位置或个人行踪等。

标记 Google 地图使用 Overlay 类，它的工作原理类似于利用一张透明投影片，我们可以在上面做记号，然后将许多投影片如同图层般一层一层叠在地图上。

1.　Overlay 类

位于 com.google.android.maps 包的 Overlay 类是一个绘图的图层类，我们只需继承 Overlay 类重写 draw()方法，就可以在图层上绘出图形。MapOverlay 类的声明如下所示：

```
public class MapOverlay extends Overlay {
    private GeoPoint drawPoint;
    private Context context;
    public MapOverlay(Context context) {}
    public void setDrawPoint(GeoPoint point) {}
    public GeoPoint getDrawPoint() {}
    @Override
    public boolean draw(Canvas canvas, MapView mapView,
            boolean shadow, long when) {}
}
```

上述 MapOverlay 类继承 Overlay 类，setDrawPoint()和 getDrawPoint()方法可以指定和取得欲标记图标的坐标，即 GeoPoint 对象，然后重写 draw()方法绘出图标的 Bitmap 对象，其位置就是指定的坐标，首先需要将 GeoPoint 转换成屏幕坐标，代码如下所示：

```
Point screenPts = new Point();
mapView.getProjection().toPixels(drawPoint, screenPts);
```

上述程序代码使用了 MapView 控件的 getProjection()方法，将 GPS 的 GeoPoint 坐标转换成屏幕坐标，即 Point 对象，然后就可以加载图标文件来建立 Bitmap 对象，如下所示：

```
Bitmap bmp = BitmapFactory.decodeResource(
        context.getResources(), R.drawable.icon);
```

上述程序代码调用了 BitmapFactory 的 decodeResource()类方法，可以将图标资源，即 R.drawable.icon 转换成 Bitmap 对象，即可使用 Canvas 类的 drawBitmap()方法来绘出图标，如下所示：

```
canvas.drawBitmap(bmp, screenPts.x, screenPts.y - 48, null);
```

上述程序代码表示将第 1 个参数中的 Bitmap 对象绘在由第 2 个和第 3 个参数构成的坐标位置，48 是图标的高度。

2.　标记 Google 地图

在 Google 地图加上记号就是新增一层 Overlay 对象的图层，首先是创建 MapOverlay 对象并指定标记位置的坐标，如下所示：

```
MapOverlay mapOverlay = new MapOverlay(
                    Ch18_4Activity.this);
mapOverlay.setDrawPoint(gp);
```

上述程序代码调用 setDrawPoint()方法来指定标记绘制的坐标。接着，我们需要取出 MapView 控件的图层列表，这是一个 List 泛型集合对象，如下所示：

```
List<Overlay> overlays = mapView.getOverlays();
overlays.clear();
overlays.add(mapOverlay);
```

使用 MapView 控件的 getOverlays()方法来取得图层列表，在调用 clear()方法清除图层后，即可使用 add()方法新增 MapOverlay 对象的图层。

Android 项目：Ch18_4

本范例中 Android 应用程序修改自第 18.3.2 小节的 Google 地图程序，可以在更新的地图位置标记一个图标。运行程序，然后回到 Eclipse 并切换到【DDMS】视图，在右边 "Emulator Control" 窗口找到输入经纬度坐标的字段，如图 18-14 所示。

请输入坐标 116.3967, 39.9895，单击【Send】按钮向模拟器指定当前 GPS 位置，因为坐标改变，马上更新显示地图，此外在坐标上还显示一个标记图标，如图 18-15 所示。

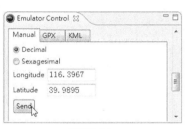

▲图 18-14

▲图 18-15

📢 XML 文件：\res\layout\main.xml

main.xml 与第 18.3.2 小节同名文件完全相同。

📢 Java 程序：Ch18_4Activity.java

```
01: public class Ch18_4Activity extends MapActivity {
...
47:     // 实现监听器
48:     class MyLocationListener implements LocationListener {
49:         public void onLocationChanged(Location current) {
50:             double lat, lng;
51:             if (current != null) {
52:                 // 取得经纬度
53:                 lat = current.getLatitude();
54:                 lng = current.getLongitude();
55:                 Toast.makeText(Ch18_4Activity.this,
56:                 "经纬度坐标变更....",
                    Toast.LENGTH_SHORT).show();
57:                 output.setText("纬度: "+lat+" 经度: "+lng);
```

```
58:                gp=new GeoPoint((int)(lat*1E6),(int)(lng*1E6));
59:                mc.animateTo(gp); // 移到最新坐标
60:                mc.setZoom(18);
61:                // 在 Google 地图加上记号
62:                MapOverlay mapOverlay =
                        new MapOverlay(Ch18_4Activity.this);
63:                mapOverlay.setDrawPoint(gp);
64:                List<Overlay> overlays =
                            mapView.getOverlays();
65:                overlays.clear();
66:                overlays.add(mapOverlay);
67:            }
68:        }
...
77: }
```

◀ɪ) 程序说明

第 1～77 行：Ch18_4Activity 类继承自 MapActivity 类，类声明和第 18.3.2 小节相似，只是修改了 onLocationChanged()方法。

第 49～68 行：实现 onLocationChanged()接口方法，在第 62～66 行标记 Google 地图，第 62～63 行建立 MapOverlay 对象，同时调用 setDrawPoint()方法指定绘出标记位置的坐标，第 64～66 行使用 MapView 控件的 getOverlays()方法取得图层列表，在调用 clear()方法清除图层后，使用 add()方法添加自定义的 mapOverlay 图层。

◀ɪ) Java 程序：MapOverlay.java

```
01: public class MapOverlay extends Overlay {
02:     private GeoPoint drawPoint;
03:     private Context context;
04:     // 构造函数
05:     public MapOverlay(Context context) {
06:         this.context = context;
07:     }
08:     // 指定绘记号的坐标
09:     public void setDrawPoint(GeoPoint point) {
10:         drawPoint = point;
11:     }
12:     // 取得绘记号的坐标
13:     public GeoPoint getDrawPoint() {
14:         return drawPoint;
15:     }
16:     @Override
17:     public boolean draw(Canvas canvas, MapView mapView,
                        boolean shadow, long when) {
18:         super.draw(canvas, mapView, shadow);
19:         // 将 GeoPoint 转换成屏幕坐标
20:         Point screenPts = new Point();
21:         mapView.getProjection().toPixels(
                            drawPoint, screenPts);
22:         // 加上图标的标记
23:         Bitmap bmp = BitmapFactory.decodeResource(
24:                 context.getResources(), R.drawable.icon);
25:         // 绘出图标，48 是图标的高
26:         canvas.drawBitmap(bmp, screenPts.x,
                        screenPts.y - 48, null);
27:         return true;
28:     }
29: }
```

◀) 程序说明

第 1～29 行：MapOverlay 类继承自 Overlay 类，拥有 1 个构造函数和 3 个方法，其中 draw() 方法是对父类方法的重写。

第 5～7 行：构造函数方法，取得 Context 对象。

第 9～15 行：setDrawPoint()方法指定标记的坐标；getDrawPoint()方法取得标记的坐标。

第 17～28 行：重写 draw()方法以实现绘制标记图标，第 20～21 行将 GeoPoint 对象的 GPS 坐标转换成 Point 对象的屏幕坐标，在第 23～24 行将资源中的图标转换成 Bitmap 对象，第 26 行调用 drawBitmap()方法绘出图标，其坐标是 setDrawPoint()方法指定的坐标。

◀) XML 文件：\AndroidManifest.xml

AndroidManifest 文件与第 18.3.2 小节同名文件指定的权限和函数库完全相同，就不列出代码。

习题

1. 请问什么是 Google Map（地图）？我们为什么需要取得 Google Maps API 密钥？

2. 请使用读者计算机安装的 Android 开发环境来申请 Google Maps API 密钥。

3. 请问在 Android 项目如何使用 Google Map（地图）？

4. 请修改第 18.2 节的 Android 应用程序，改用使用卫星模式来显示地图，缩放程度为 15。

5. 请问什么是位置感知服务（Location-based Service，LBS）？

6. 请问 Android 提供的定位提供者有哪两种？什么是经度与纬度？

7. 创建一个"我在哪里"的 Android 应用程序，在该程序可以显示移动设备当前所在的 GPS 坐标。

8. 在 Android 中标记 Google 地图可使用＿＿＿＿＿＿＿＿类实现。

附录 A   Java Applet、AWT 包
与委托事件处理

A.1   Java Applet 基础

Applet 是 Java 独有的应用程序的称呼，它通常可见的应用程序（application）不同，主要运行于浏览器、Applet 应用程序的实现主要依靠 Java 包中的 Applet 类。事实上，Java Applet 程序就是继承 Applet 类和覆盖相关方法的一个 Java 对象。

A.1.1   Java Applet 的类架构

Java Applet 的外观是在 Panel 控件上绘出的图形、文字或 GUI（GraphicUser Interface）控件。Applet 类的继承架构，如图 A-1 所示。

从上面架构可以看出 Java Applet 的类是继承自 Applet 类，Applet 是继承自 Panel，后者则继承自 Container，其父类是 Component，最后的 Object 类是所有 Java API 类的父类。

A.1.2   Java Applet 的执行环境

Java Applet 并不是一个完整的 Java 程序，所以不能直接在命令提示符窗口执行，我们需要通过 Applet 查看器或浏览器来运行它，如图 A-2 所示。

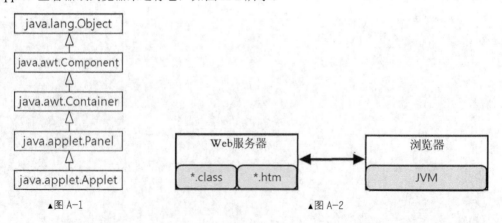

▲图 A-1   ▲图 A-2

上面 Web 服务器端的 Java Applet 已经编译成*.class 类文件，在 HTML 网页使用<applet>标签

来内嵌 Java Applet 类文件。

当浏览器请求服务器端拥有 Java Applet 的网页时，*.class 和*.htm 文件都会下载到客户端，然后在浏览器执行 Java Applet。客户端浏览器需要支持 JVM 或在计算机安装 JRE。在 Eclipse 运行 Java Applet 不需要 HTML 网页，它直接启动 Applet 查看器来执行。

A.1.3　HTML 基础知识

"HTML"（HyperText Markup Language）是一种网页文件的编程语言，它是功能强大的文件标示、管理和编排语言 "SGML"（Standard Generalized Markup Language）的一个子集，在 1980 年公布语言的草稿，1986 年成为 ISO 标准的文件描述语言。

HTML 网页结构

HTML 网页的基本结构可以分成几个块，标示网页的不同用途，如下所示：

```
<html>标示着一份 HTML 网页
<head>HTML 网页的标题
    .......
</head>
<body>HTML 网页的内容
    <applet code="AppA_2_1.class" width=200 height=50>
    </applet>
    …….
</body>
</html>
```

上述 HTML 网页主要分为 3 个块，表 A-1 所示。

表 A-1

区　　块	说　　明
`<html> … </html>`	HTML 网页使用`<html>`标签包围，标签内容告诉浏览器这是一份 HTML 网页，内含`<head>`和`<body>`两大区块
`<head> … </head>`	HTML 网页的标题区块，可以定义文件标题、网址和本身的相关设置
`<body> … </body>`	HTML 网页实际的编排内容放置于此区块

在 HTML 网页是使用`<applet>`标签嵌入 Java Applet 的.class 类文件。

`<applet>`标签

HTML 的`<applet>`标签可以将 Java Applet 嵌入网页，其基本语法如下所示：

```
<applet code="class_name" width=value height=value >
....
</applet>
```

各属性说明如下。

code 属性：Java Applet 的类文件名。

width 属性：设置 Java Applet 尺寸的宽度。

height 属性：设置 Java Applet 尺寸的高度。

例如，Java Applet 的类文件为 AppA_2_1.class，其尺寸的宽为 200，高为 50，在 HTML 设置如下：

```
<applet code="AppA_2_1.class" width=200 height=50>
</applet>
```

A.2　创建 Java Applet

Java Applet 是通过继承 Applet 类，然后实现或覆盖（Override）相关方法来创建的，藉以显示文字或图片等内容。

A.2.1　第一个 Java Applet

Java Applet 的基本结构是一个继承 Applet 类的类定义。例如，在 Java Applet 输出一个字符串内容，如下所示：

```
import java.applet.Applet;
import java.awt.Graphics;
public class AppA_2_1 extends Applet {
  public void paint(Graphics g) {
      g.drawString("第一个 Java Applet 程序",50, 25);
  }
}
```

上述代码的开头首先导入 Applet 和 Graphics 类，告诉编译器编译此 applet 所需类的位置。AppA-2-1 类继承 Applet 且实现一个 paint()方法，其说明如表 A-2 所示。

表 A-2

方　　法	说　　明
void paint(Graphics)	Applet 的显示方法，这是继承自 Container 类的方法，可以在 Panel 对象上绘出 Java Applet 显示的图形或文字内容

paint()方法传入的参数是 Graphics 对象，Graphics 类是 Java 绘图类，提供多种绘图方法，详见"第 A-4 节：Java Applet 的绘图"的说明。

换句话说，Java Applet 是一个绘图对象，使用 Graphics 类的方法在 Applet 画布上绘出所需的内容，例如，使用 drawString()方法来显示文字内容，其说明如表 A-3 所示。

表 A-3

方　　法	说　　明
void drawString(String, *int, int*)	显示参数 String 的字符串内容，后面两个参数分别是位置坐标 x 和 y 的值

 Java 项目：AppA_2_1.java

在 Java Applet 的 AppA_2_1.java 文件显示一段文字内容,执行 Java 项目后可以看到启动 Applet 查看器，其内容就是 Java Applet 的执行结果，如图 A-3 所示。

◀)) 程序内容

```
01: import java.applet.Applet;
02: import java.awt.Graphics;
03: // 继承 Applet 对象
04: public class AppA_2_1 extends Applet {
05:private static final long serialVersionUID = 1L;
06:// Applet 的主程序
07:public void paint(Graphics g) {
08:// 显示信息
09:g.drawString("第一个 Java Applet 程序",50, 25);
10:}
11: }
```

◀)) 程序说明

第 1～2 行：导入 java.applet.Applet 和 java.awt.Graphics 类。

第 4～11 行：定义 AppA-2-1 类，该类继承自 Applet 类。

第 5 行：定义类常量 serialVersionUID，取值为默认值。

▲图 A-3

第 7～10 行：覆盖 paint()方法，其中使用 drawString()方法在参数位置显示字符串内容。

A.2.2　执行 Java Applet

第 A.2.1 节的 Java Applet 是在 Applet 查看器中运行的，换句话说，需要由其他程序来控制 Java Applet 的执行。

1. Java Applet 的执行过程

Java Applet 的执行过程就是依序调用继承自 Applet 类的方法，其执行过程的相关方法及说明如表 A-4 所示。

表 A-4

方　法	说　　明
void init()	当浏览器或 Applet 查看器加载和建立 Java Applet 时调用此方法
void start()	开始 Java Applet 的执行，当加载 Applet 或用户进入一页内含 Applet 的网页时调用此方法
void stop()	停止 Java Applet 的执行，当用户离开包含 Applet 的网页或结束浏览器的执行时调用此方法
void destroy()	当离开浏览器时调用此方法，此方法可以执行最后的善后操作

上表 4 个方法也代表了浏览器或 Applet 查看器执行 Java Applet 的初始化、开始、停止和善后的四个过程。在创建 Java Applet 时，我们可以覆盖上述方法，但不需要覆盖所有方法。

2. 取得 Java Applet 的尺寸

可使用继承自 Component 类的 getSize()方法取得 Java Applet 的尺寸，如下所示：

```
int recWidth = getSize().width;
int recHeight = getSize().height;
```

上述程序代码通过 width 和 height 成员变量取得 Java Applet 的尺寸,我们也可以使用 getWidth() 和 getHeight() 方法来取得。

此外,可使用 repaint() 方法重绘 Java Applet。repaint() 方法和 Graphics 的绘图方法说明如表 A-5 所示。

表 A-5

方　　法	说　　明
void drawRect(int, *int, int, int*)	绘制矩形, 前 2 个 int 参数是左上角坐标(x,y), 后 2 个分别为矩形的宽和高
void repaint()	重新绘出容器控件的图形, 以本章为例就是重绘 Java Applet

 Java 项目:AppA_2_2

在 Java Applet 的 AppA_2_2.java 文件覆盖 init()、start()、stop() 和 destroy() 方法,然后使用 String 对象存储执行过程,并将整个执行过程都显示出来,如图 A-4 所示。

从图可以看出已经初始化和开始 Java Applet,因为 Java Applet 正在运行中,所以只能看到前 2 个方法执行。

关闭 Applet 查看器,可以在 Eclipse IDE 下方的“Console”窗口显示 Java Applet 的整个执行过程,此时 4 个方法都已经依序执行,如下所示:

```
初始 Applet >>>
开始 Applet >>>
停止 Applet >>>
离开 Applet >>>
```

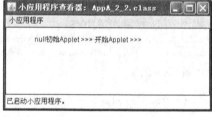

▲图 A-4

🔊 程序内容

```
01: import java.applet.Applet;
02: import java.awt.Graphics;
03: // 继承 Applet 对象
04: public class AppA_2_2 extends Applet {
05:private static final long serialVersionUID = 1L;
06:private String str;
07:// Applet 的主程序
08:public void paint(Graphics g) {
09:int recWidth = getSize().width;
10:int recHeight = getSize().height;
11:// 绘出方框
12:g.drawRect(0, 0, recWidth-1, recHeight-1);
13:// 显示信息
14:g.drawString(str, 50, 25);
15:}
16: // Applet 的初始方法
17: public void init() { showStep("初始 Applet >>> "); }
18: // Applet 的开始方法
19: public void start() { showStep("开始 Applet >>> "); }
20: // Applet 的开始方法
21: public void stop() { showStep("停止 Applet >>> "); }
22: // Applet 的离开方法
23: public void destroy() { showStep("离开 Applet >>> "); }
24: // 显示步骤
25: void showStep(String msg) {
26:    System.out.println(msg);
27:    str += msg;
```

```
28:     repaint();
29:     }
30:}
```

🔊 程序说明

第 9～10 行：取得 Java Applet 的宽和高。

第 12 行：使用 drawRect()方法绘出 Java Applet 外框，因为坐标是从 0 开始，所以宽和高分别减 1。

第 14 行：使用 drawString()方法在指定位置显示执行过程产生的字符串。

第 17～23 行：覆盖 Applet 类的 4 个方法，分别调用 showStep()方法将过程描述存储在 String 对象。

第 25～29 行：showStep()方法显示目前状态的字符串内容，在连接消息正文到 String 对象后，调用 repaint()方法重绘 Java Applet。

A.3　AWT 包的 GUI 控件

Java AWT（Abstract Window Toolkit）提供基本 GUI（图形用户接口）组件和绘图工具 API，可以在 Java 程序或 Java Applet 创建图形控件的使用接口。

因为 Java Applet 的类结构是继承自 AWT 的 Container 类，换句话说，Panel 子类一样可以创建 GUI 控件，事实上，Java Applet 可以视为一种在浏览器执行的特殊 Panel 对象。

在 Panel 对象创建 GUI 控件使用的是继承自 Container 类的方法，其说明如表 A-6 所示。

表 A-6

方　法	说　明
void add(Component)	创建 GUI 控件到 Java Applet，参数是 GUI 控件
void remove(Component)	从 Java Applet 移除 GUI 控件，参数是 GUI 控件

A.3.1　选择型 AWT 控件

Java 的 AWT 控件是继承自 Component 类，Component 类是所有 AWT 控件的根类。其中拥有选择功能的控件有：Checkbox、CheckboxGroup、Choice 和 List 控件。

1. Checkbox 控件

Checkbox 控件是复选框的开关，单击可以更改状态值为 true 或 false，其初值为 false，如下所示：

```
Checkbox check1 = new Checkbox("是否显示");
Checkbox check2 = new Checkbox("下载", true);
```

上述程序代码建立了复选框 check1 和 check2，构造函数的第 1 个参数是选项的说明文字，如果有第 2 个参数，可以指定默认的状态值。

2. CheckboxGroup 控件

CheckboxGroup 控件是选项钮的选择题，也就是一组单选按钮。只需按一下选项钮，就可以更改状态值为 true 或 false。不过，在一组选项钮之中，只能有一个选项钮为 true，如下所示：

```
CheckboxGroup group = new CheckboxGroup();
Checkbox red = new Checkbox("红", group, true);
Checkbox blue = new Checkbox("蓝", group, false);
```

上述代码创建一组选项钮 group，后两行建立两个选项钮。Checkbox 第 2 个参数是名称，表示它们是同一组 CheckboxGroup 对象。

3. Choice 控件

Choice（下拉列表）控件也是一种单选题，不过，只会显示一个选项，也就是目前选择的选项，我们需要单击按钮才可以拉出选单，如下所示：

```
Choice color = new Choice();
color.add("红");
color.add("蓝");
color.add("绿");
```

上述程序代码建立下拉列表 color，可使用 add()方法来添加新选项。

4. List 控件

List（列表框）控件是一个拥有滚动条的列表框，不只可单选，也允许复选，如下所示：

```
List list = new List(5, true);
list.add("平信");
list.add("挂号");
list.add("快递");
list.add("限时");
```

上述程序代码建立列表框 list，构造函数的第 1 个参数表示选项数目，第 2 个参数 true 表示多选，false 为单选，一样使用 add()方法新增选项。

 Java 项目：AppA_3_1

在 Java Applet 的 AppA_3_1.java 程序文件创建如下 AWT 控件：Checkbox、CheckboxGroup、Choice 和 List 控件，其执行结果如图 A-5 所示。

🔊 程序内容

```
01: import java.applet.Applet;
02: import java.awt.*;
03: // 继承 Applet 对象
04: public class AppA_3_1 extends Applet {
05:private static final long serialVersionUID = 1L;
06:// Applet 的主程序
07:public void paint(Graphics g) {
08:int recWidth = getSize().width;
09:int recHeight = getSize().height;
10:// 绘出方框
11:g.drawRect(0, 0, recWidth-1, recHeight-1);
12:}
13:// Applet 的初始方法
14:public void init() {
```

▲图 A-5

```
15:// 复选框
16:Checkbox check1 = new Checkbox("是否显示");
17:add(check1);
18:Checkbox check2 = new Checkbox("下载",true);
19:add(check2);
20:// 选项钮
21:CheckboxGroup group = new CheckboxGroup();
22:Checkbox red = new Checkbox("红", group, true);
23:    Checkbox blue = new Checkbox("蓝", group, false);
24:    add(red);
25:    add(blue);
26:    // 下拉列表
27:    Choice color = new Choice();
28:    color.add("红");
29:    color.add("蓝");
30:    color.add("绿");
31:    add(color);
32:    // 列表框
33:    List list = new List(5, true);
34:    list.add("平信");
35:    list.add("挂号");
36:    list.add("快递");
37:    list.add("限时");
38:    add(list);
39:}
40:    }
```

◀) 程序说明

第 2 行：导入 java.awt.*包。

第 14～39 行：在 Java Applet 的 init()方法使用 add()方法创建 GUI 控件，第 16～38 行添加
Checkbox、CheckboxGroup、Choice 和 List 等 GUI 控件。

A.3.2　文本型 AWT 控件

AWT 提供文字输入的相关控件有 TextField 和 TextArea 控件，其他常用的还有用于文字说明
的 Label 和 Button 按钮控件。

1. TextField 控件

TextField（文本框）控件允许输入一行可滚动的文字内容，并可指定显示的宽度，如下所示：

```
TextField text = new TextField(10);
```

上述程序代码建立文本框控件 text，构造函数参数 10 代表字段宽度。

2. TextArea 控件

TextArea（多行文本框）控件可用于输入多行文字内容，各行使用"\n"、"\n\r"或"\r"符
号换行（视操作系统而定），如下所示：

```
TextArea area = new TextArea("", 10, 30,
    TextArea.SCROLLBARS_HORIZONTAL_ONLY);
```

上述程序代码建立一个多行文本框控件 area，第 1 个参数是控件内容，默认值为空，第 2 个
参数和第 3 个参数分别为控件的宽和高，最后 1 个参数指定多行文本框中是否显示滚动条，其取值

常量及说明如表 A-7 所示：

表 A-7

常　　量	说　　明
SCROLLBARS_NONE	没有滚动条
SCROLLBARS_HORIZONTAL_ONLY	只有水平滚动条
SCROLLBARS_VERTICAL_ONLY	只有垂直滚动条
SCROLLBARS_BOTH	拥有水平和垂直滚动条

3. Label 控件

Label（标签）控件用于在 GUI 接口上显示一段文字内容。例如，用于文本框字段的说明或输出执行结果等，如下所示：

```
Label label = new Label("用户名称: ");
```

上述程序代码建立一个标签控件 label，参数是要显示的文字内容。

4. Button 控件

Button（按钮）控件是一个按钮，使用鼠标单击可以产生事件，通常配合第 A.5 节的事件来执行操作，如下所示：

```
Button button = new Button("确定");
```

上述程序代码建立一个按钮控件 button，参数是按钮中显示的标题名称。

 Java 项目：AppA_3_2

在 Java Applet 的 AppA_3_2.java 程序文件添加下列 AWT 控件：TextField、TextArea、Label 和 Button 控件，说明其使用。执行结果如图 A-6 所示。

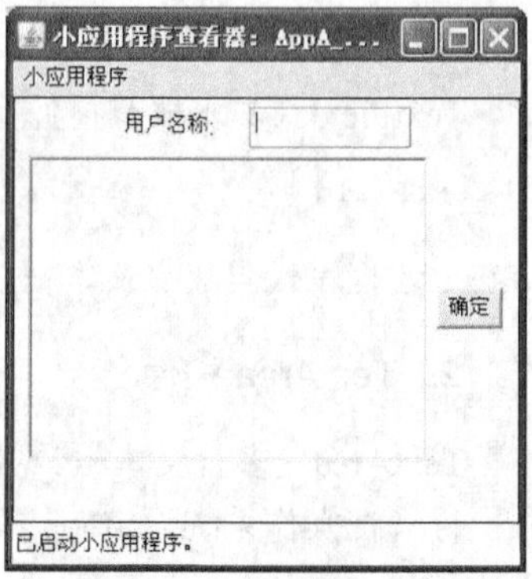

◀)) 程序内容

```
01: import java.applet.Applet;
02: import java.awt.*;
03: // 继承 Applet 对象
04: public class AppA_3_2 extends Applet {
05:private static final long serialVersionUID = 1L;
06:// Applet 的主程序
07:public void paint(Graphics g) {
08:int recWidth = getSize().width;
09:int recHeight = getSize().height;
10:// 绘出方框
11:g.drawRect(0, 0, recWidth-1, recHeight-1);
12:}
13:// Applet 的初始方法
14:public void init() {
15:// 标签
16:Label label = new Label("用户名称: ");
17:add(label);
18:// 单行文本框
```

▲图 A-6

```
19:TextField text = new TextField(10);
20:add(text);
21:// 多行文本框
22:    TextArea textarea = new TextArea("", 10, 30,
23:            TextArea.SCROLLBARS_HORIZONTAL_ONLY);
24:    add(textarea);
25:    //创建按钮对象
26:    Button button = new Button("确定");
27:    add(button); // 新增按钮
28:}
29:    }
```

🔊 程序说明

第 14～28 行：实现 Applet 的 init()方法，其中使用 add()方法来新增 GUI 控件，包括 Label、TextField、TextArea 和 Button 控件。

A.4 Java Applet 的绘图

Applet 提供了 Graphics 类，可以使用它来绘图、加载图片文件和显示图片文件功能。

A.4.1 绘图

在 Graphics 类提供多种方法可以用来绘出直线、矩形、圆角矩形、圆或椭圆。

1. Graphics 类的绘图方法

Graphics 类绘图相关方法及其说明如表 A-8 所示。

表 A-8

方　　法	说　　明
void drawLine(int, *int, int, int*)	使用当前颜色绘出直线,4 个参数分别构成起点的坐标(x,y)和终点的坐标(x1, y1)
void draw3DRect(int, *int, int, int, boolean*)	绘出 3D 效果的矩形，前 2 个参数 int 构成矩形左上角坐标(x,y)，后 2 个分别为矩形的宽和高,最后的 boolean 参数决定矩形是凸出还是凹下，true 表示凸出
void drawRoundRect(int, *int, int, int, int, int*)	绘出圆角矩形，前 2 个参数 int 是左上角坐标(x,y)，中间 2 个分别为矩形的宽和高，最后 2 个参数 int 决定圆角弧度的水平和垂直尺寸
void drawOval(int, *int, int, int*)	绘制圆或椭圆，通过构建椭圆的外切矩形来实现前 2 个参数 int 构成椭圆外切矩形的左上角坐标(x,y)，后 2 个分别为外切矩形的宽和高
void drawArc(int ,*int, int, int, int, int*)	绘制椭圆中的一段弧形，前 2 个参数 int 是左上角坐标(x,y)，接着 2 个分别为外切矩形的宽和高，最后 2 个参数（int）是从第 1 个 int 的角度开始（时钟的 3 点位置是 0），到最后参数表示的角度数
void drawPolyline(int[], *int[], int*)	使用前 2 个参数 int[]数组的坐标绘出多边形，最后 1 个参数 int 说明共有多少点

上表以 draw 开头的绘图方法都有一个对应的 fill 开头的填充方法，例如：fillRect()、fillOval() 和 fillPolyline()等，可以绘出填满颜色的图形。

2. 指定前景色和背景色

在实际绘图前，可以来指定画布的前景色和背景色。相关方法及其说明如表 A-9 所示。

表 A-9

方　　　法	说　　　明
void setBackground(Color)	设置背景颜色，参数是 Color 对象常量
void setForeground(Color)	设置前景颜色，参数是 Color 对象常量

3. Java 项目：AppA_4_1.java

在 Java Applet 的 AppA_4_1.java 程序文件依序绘出线、矩形、3D 矩形、圆角矩形、圆、弧形和多角形，其执行结果如图 A-7 所示。

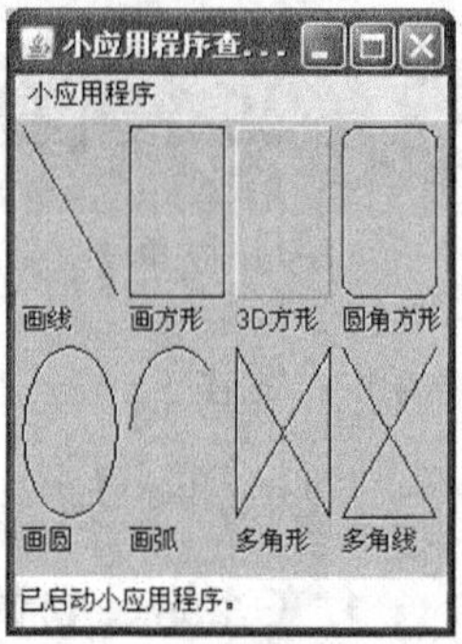

◀)) 程序内容

▲图 A-7

```
01: import java.applet.Applet;
02: import java.awt.*;
03: // 继承 Applet 对象
04: public class AppA_4_1 extends Applet {
05:private static final long serialVersionUID = 1L;
06:public int width, height;
07:// Applet 的主程序
08:public void paint(Graphics g) {
09:int offset = width / 4;// 宽度的位移
10:int noteY = height / 2 - 5; // 说明文字高
11:int x = 3;
12:int y = 3;
13:int w = offset - 2*x;
14:int h = noteY - y - 15;
15:// 画线 - 第一行图形
16:g.drawLine(x, y, x + w, y + h - 1);
17:g.drawString("画线", x, noteY);
18:x += offset;
19:    // 画方形
20:    g.drawRect(x, y, w, h);
21:    g.drawString("画方形", x, noteY);
22:    x += offset;
23:    // 画 3D 方形
24:    g.setColor(Color.lightGray);
25:    g.draw3DRect(x, y, w, h, true);
26:    g.setColor(Color.black);
27:    g.drawString("3D 方形", x, noteY);
28:    x += offset;
29:    // 画圆角方形
30:    g.drawRoundRect(x, y, w, h, 15, 15);
31:    g.drawString("圆角方形", x, noteY);
32:    x += offset;
33:    // 第 2 行图形
34:    x = 3;
35:    y += height / 2;;
36:    noteY += height / 2;;
37:    // 画圆
38:    g.drawOval(x, y, w, h);
39:    g.drawString("画圆", x, noteY);
40:    x += offset;
41:    // 画弧
```

```
42:      g.drawArc(x, y, w, h, 45, 135);
43:      g.drawString("画弧", x, noteY);
44:      x += offset;
45:      // 画多角形
46:      int[] xs = {x, x, x+w, x+w};
47:      int[] ys = {y, y+h, y, y+h};
48:      g.drawPolygon(xs, ys, xs.length);
49:      g.drawString("多角形", x, noteY);
50:      x += offset;
51:      int[] x1s = {x, x+w, x, x+w};
52:      int[] y1s = {y, y+h, y+h, y};
53:      // 画多角线
54:      g.drawPolyline(x1s, y1s, x1s.length);
55:      g.drawString("多角线", x, noteY);
56:
57:
58:
59:
60:
61:
62:
63:      }
64:}     // Applet 的初始方法
         public void init() {
             width = getSize().width;
         height = getSize().height;
         setBackground(Color.lightGray);
         setForeground(Color.black);
         }
```

🔊 程序说明

第 9～14 行：计算位移和图形尺寸。

第 16～55 行：依序测试本节说明的各种绘图方法。

第 58～63 行：定义 init()方法，在取得 Java Applet 尺寸后，设置前景色和背景颜色。

A.4.2　加载图片文件

如果拥有现成图片文件，我们也可以在 Java Applet 加载并显示图片文件。

1. 载入图片文件

Java Applet 加载图文件使用 getImage()方法，可以将图片文件转换成为 Image 对象。getImage() 方法的说明如表 A-10 所示。

表 A-10

方　　法	说　　明
Image getImage(URL)	取得图片文件并转换为 Image 对象，参数 URL 指定图片路
Image getImage(URL, *String*)	径，参数 String 是图片文件名称

如果要加载的图片来自于其他网站，例如 http://www.company.com/sample.gif，在参数中需要创 建 URL 对象来加载图片文件，如下所示：

```
Image image = getImage(new
          URL("http://www.company.com/sample.gif"));
```

如果图片和网页文件存储在同一个路径，我们可以使用 getDocumentBase()或 getCodeBase()方法取得文件的 URL 位置，如下所示：

```
Image image = getImage(getDocumentBase(),"sample.jpg");
```

2. 显示图片

将图片转换成 Image 对象后，就可以使用 Graphics 类的 drawImage()方法来显示图片内容，其说明如表 A-11 所示。

表 A-11

方　　法	说　　明
boolean drawImage(Image, *int, int, int, int, ImageObserver*)	前 2 个 int 参数用于指明图片显示的位置（左上角）坐标，之后 2 个 int 参数，表示图片的长宽（为可选），最后 1 个参数是 ImageObserver 接口，直接使用 this 即可，返回值 true 表示图片完全加载和显示

实现 ImageObserver 接口的对象是控件本身 this，因为继承自 Component 类的 Java Applet 已经实现 ImageObserver 接口。

 Java 项目：AppA_4_2.java

在 Java Applet 的 AppA_4_2.java 程序文件加载并显示 2 张内容一致但尺寸不同的图片，其执行结果如图 A-8 所示。

第 2 张是缩小的图片，使用了 Eclipse 默认的 Applet 尺寸，因为比较小，所以超过边界。

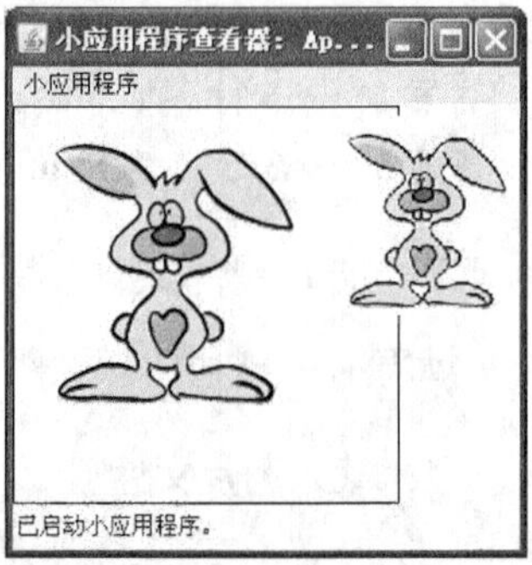

◀) 程序内容

```
01: import java.applet.Applet;
02: import java.awt.*;
03: // 继承 Applet 对象
04: public class AppA_4_2 extends Applet {
05:private static final long serialVersionUID = 1L;
06:private Image image;
07:int height, width;
08:// 绘图方法
09:public void paint(Graphics g) {
10:int w = image.getWidth(this);
11:g.drawRect(0, 0, width-1, height-1);
12:g.drawImage(image, 10, 5, this);
13:g.drawImage(image, w+15, 5, 100, 100, this);
14:}
15:// 初始方法
16:public void init() {
17:// 建立 Image 对象
18:image = getImage(getDocumentBase(),"sample.jpg");
19:width = getSize().width; // 取得尺寸
20:height = getSize().height;
21:}
22: }
```

▲图 A-8

◀) 程序说明

第 9~14 行：定义 paint()方法，在第 10 行使用 getWidth()方法取得图片宽度，getHeight()方

法可以取得图片高度文件，第 12～13 行显示图片文件。

第 16～21 行：定义 init()方法，在第 18 行使用 getImage()加载图片，第 19～20 行取得 Java Applet
尺寸。

A.5 Java 委托事件处理

Java 的 AWT 控件是一种事件驱动程序设计，程序代码主要的目的是响应或处理用户的操作。
例如，键盘输入、鼠标单击等，此时的程序执行流程需视用户的操作而定。

A.5.1　事件概述

"事件"（Event）是在执行窗口应用程序时，鼠标或键盘等操作所触发的一些动作或行为。例
如，如果将应用程序视为一辆公共汽车，公交车依照行车路线在马路上行驶，那么在行驶过程中发
生的一些驾驶员动作乘客行为就是事件，如下所示：

- 看到马路上的红绿灯；
- 乘客上车、投币和下车。

当事件产生后，我们可以针对事件进行处理。例如，当看到站牌有乘客准备上车时，乘客上车
事件触发了，司机知道需要路边停车和开启车门。

以公交车为范例传达了一个观念，不论搭乘哪一路公交车，虽然行驶路线不同，搭载乘客不同，
上述动作在每一路公交车都一样会发生。

A.5.2　委托事件处理模型

Java 的事件处理是一种"委托事件处理模型"（Delegation Event Model），分为"事件来源"
（Event Source）和处理事件的"监听器"（Listener）
对象，如图 A-9 所示。

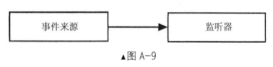

▲图 A-9

事件来源可以是 Component 对象的鼠标、鼠
标移动和键盘事件，或是 AWT 控件所产生的事
件。当事件产生时，监听器可以接收事件然后进行处理，监听器是一个委托处理指定事件的对象。

Java 使用接口（Interface）来建立委托事件处理模型，所谓监听器对象就是实现一些标准接口
的类对象。例如，MouseListener、WindowListener 和 KeyListener 等接口，事件来源对象注册的就
是上述接口数据类型的监听器对象。

如果 Java 程序没有监听器对象委托处理此事件，当事件发生时，并不会发生任何事；如果有
委托，当事件发生时，因为事件来源对象是使用接口数据类型找寻监听器对象，如果数个监听器对
象同时委托处理此事件，它们就会拥有共同的数据类型，即 MouseListener、WindowListener 和
KeyListener 等接口数据类型，所以任何一个监听器对象都可能处理此事件。

这里的事件处理就是执行接口的方法，事件来源对象并不知道，也不用考虑是对应哪一个监听
器对象，因为它是使用接口数据类型的对象变量，通过动态绑定的多态，在监听器对象执行正确的
接口方法。

例如，当 MouseEvent 鼠标事件产生后，就会传送事件给委托为 MouseListener 接口的所有监听器对象来进行处理，执行此接口的 mouseClicked()、mousePressed()、mouseReleased()、mouseEntered() 或 mouseExited() 方法。

A.5.3　AWTEvent 事件

在 Java 事件源对象产生的事件也是一个对象，它是描述发生了什么的对象，事件对象属于 AWTEvent 的子类。AWTEvent 事件可以分为"低级事件"（Low-level Events）和"语义事件"（Semantic Events）两种。

1. 低级事件

低级事件（Low-level Events）是一些基本输入和窗口操作等相关的事件，其说明如表 A-12 所示。

表 A-12

事件对象名称	产生事件的原因
ComponentEvent	当隐藏、移动、显示和调整控件尺寸时
ContainerEvent	添加或删除控件时触发
FocusEvent	控件取得和失去焦点时触发，当使用 Tab 键得到或使用鼠标单击该控件，就可以取得焦点
KeyEvent	键盘按键按下、松开和输入字符时触发
MouseEvent	鼠标在控件上单击、拖拉、移动、进入、离开、按住或松开
WindowEvent	执行窗口的开启、关闭和调整大小等操作
PaintEvent	相关的绘图操作
InputEvent	KeyEvent 和 MouseEvent 的父抽象类

2. 语义事件

语义事件（Semantic Events）是指用户与 GUI 控件互动操作而产生的相关事件，其说明如表 A-13 所示。

表 A-13

事件对象名称	产生事件的原因
ActionEvent	当单击按钮、选择列表框的选项或输入文本框时按下 Enter 键
AdjustmentEvent	当移动滚动条时
ItemEvent	当选取复选框、选项钮、下拉列表和列表框时
TextEvent	输入的文字内容改变时

A.5.4　事件源

"事件源"（Event Source）是指哪一个对象产生此事件，也就是事件的来源类。

1. 低级事件的来源类

这里整理了一些低级事件类，如表 A-14 所示。

表 A-14

事件来源类	产生的事件	事件监听器
Component	ComponentEvent	ComponentListener
	FocusEvent	FocusListener
	KeyEvent	KeyListener
	MouseEvent	MouseListener MouseMotionListener
Container	ContainerEvent	ContainerListener
Window	WindowEvent	WindowListener

上表的事件监听器分别对应各事件。PaintEvent 和 InputEvent 没有对应的事件监听器，在 PaintEvent 只需覆盖 paint()和 update()方法。对 InputEvent 则使用其子类的事件处理。

2. 语义事件的来源类

语义事件来源类如表 A-15 所示。

表 A-15

事　件	产生的事件	事件监听器
Button List TextField MenuItem	ActionEvent	ActionListener
Choice Checkbox List CheckboxMenuItem	ItemEvent	ItemListener
Scrollbar	AdjustmentEvent	AdjustmentListener
TextField TextArea	TextEvent	TextListener

需要特别注意类的层次结构，当类产生事件时，所有子类一样会收到事件。例如，Component 类是 MouseEvent 的事件来源，因为 Applet 属于 Component 的子类，所以 Applet 类也可以作为 MouseEvent 事件的监听器对象。

A.5.5 事件监听器

当事件源类产生 AWTEvent 事件后，Java 程序需要委托类来处理此事件，也就是将类指定成监听器。相关方法及其说明如表 A-16 所示。

表 A-16

方　法	说　明
AddXXXListener(Object)	新增参数中的对象为监听器（XXX 是事件类型）
removeXXXListener(Object)	移除参数中对象监听器（XXX 是事件类型）

一旦类使用上述方法新增为监听器，该类需要实现监听器接口的所有方法，如表 A-17 所示。

表 A-17

监听器接口	方　　法
ActionListener	actionPerformed(ActionEvent evt)
AdjustmentListener	adjustmentValueChanged(AdjustmentEvent evt)
ComponentListener	componentHidden(ComponentEvent evt) componentMoved(ComponentEvent evt) componentResized(ComponentEvent evt) componentShown(ComponentEvent evt)
ContainerListener	componentAdded(ContainerEvent evt) componentRemoved(ContainerEvent evt)
FocusListener	focusGained(FocusEvent evt) focusLost(FocusEvent evt)
ItemListener	itemStateChanged(ItemEvent evt)
KeyListener	keyPressed(KeyEvent evt) keyReleased(KeyEvent evt) keyTyped(KeyEvent evt)
MouserListener	mouseClicked(MouseEvent evt) mousePressed(MouseEvent evt) mouseReleased(MouseEvent evt) mouseEntered(MouseEvent evt) mouseExited(MouseEvent evt) mouseDragged(MouseEvent evt)
MouseMotionListener	mouseMoved(MouseEvent evt)
TextListener	textValueChanged(TextEvent evt)
WindowListener	windowActivated(WindowEvent evt) windowDeactivated(WindowEvent evt) windowOpened(WindowEvent evt) windowClosed(WindowEvent evt) windowClosing(WindowEvent evt) windowIconified(WindowEvent evt) windowDeiconified(WindowEvent evt)

上表接口对应第 A.5.4 小节的事件源类。下面以实现 MouseListener 接口为例，说明 Applet 作为 MouseEvent 事件监听器类的基本结构，如下所示：

```
import java.applet.Applet;
import java.awt.Graphics;
import java.awt.event.*;
public class MyApplet extends Applet
                implements MouseListener {
  public void paint(Graphics g) {
      ........
  }
  public void init() {
      addMouseListener(this);
  }
  // 事件处理方法
```

```
    public void mouseClicked(MouseEvent evt){ }
    public void mouseEntered(MouseEvent evt){ }
    public void mouseExited(MouseEvent evt){ }
    public void mousePressed(MouseEvent evt){ }
    public void mouseReleased(MouseEvent evt){ }
}
```

首先在代码导入 java.awt.event.*包，该 Java Applet 类实现 MouseListener 接口，在 init()方法中使用 addMouseListener(this)将自己添加为 MouserListener 监听器对象，最后是 5 个实现的接口方法。

A.6 AWT 控件的事件处理

AWT 的 GUI 控件产生的事件是一种语义事件，在 Java Applet 可以实现接口方法来处理各种 AWT 控件产生的事件。

A.6.1 选择与按钮控件的事件处理

在 AWT 的 GUI 控件——List、Choice 和 Button 控件可以产生 ActionEvent 和 ItemEvent 类的事件对象。委托处理事件的类需要实现 ActionListener 和 ItemListener 接口的方法来处理事件。ActionListener 和 ItemListener 接口方法的说明如表 A-18 所示。

表 A-18

方　法	说　明
void actionPerformed(ActionEvent)	单击按钮或选择列表框的选项时调用，参数是 ActionEvent 对象
void itemStateChanged(ItemEvent)	选择下拉列表的选项时调用，参数是 ItemEvent 对象

因为 actionPerformed()方法可以同时处理 Button 和 List 控件产生的事件，所以需要使用 getSource()方法取得触发事件的来源对象，以便检查是 List 还是 Button 所产生的事件，如下所示：

```
if ( evt.getSource() == list ) {
    ……..
}
```

上述 if 语句检查事件来源对象是否是为 List 控件 list。Choice 和 List 控件可以使用 getSelectedIndex()方法取得用户选择的选项索引，索引值从 0 开始。

Java 项目：AppA_6_1

在 Java Applet 的 AppA_6_1.java 程序文件使用 GUI 控件的 Choice、List 和 Button 控件来实现更改文字的显示颜色，其执行结果如图 A-10 所示。

从列表框或下拉列表选择一个颜色，单击按钮来测试文字颜色的更改。

◀)) 程序内容

```
01: import java.awt.*;
02: import java.awt.event.*;
03: import java.applet.*;
04: public class AppA_6_1 extends Applet
```

▲图 A-10

```
05:implements ActionListener, ItemListener {
06:private static final long serialVersionUID = 1L;
07:private int colorNum;
08:private Button button;
09:private List list;
10:private Choice color;
11:// Applet 的主程序
12:public void paint(Graphics g) {
13:// 设置颜色
14:switch ( colorNum ) {
15:case 0: g.setColor(Color.red);
16:break;
17:case 1: g.setColor(Color.blue);
18:break;
19:case 2: g.setColor(Color.green);
20:                  break;
21: }
22: g.drawString("测试颜色!", 20,80); // 显示信息
23: }
24: // Applet 的初始方法
25: public void init() {
26:    setBackground(Color.lightGray);
27:    colorNum = 0;// 红色
28:    // 下拉列表
29:    color = new Choice();
30:    color.add("红");
31:    color.add("蓝");
32:    color.add("绿");
33:    color.addItemListener(this);// 新增事件处理
34:    add(color);
35:    // 列表框
36:    list = new List(3, true);
37:    list.add("红");
38:    list.add("蓝");
39:    list.add("绿");
40:    list.addActionListener(this);// 新增事件处理
41:    add(list);
42:    // 建立按钮对象
43:    button = new Button("更改颜色");
44:    button.addActionListener(this); // 新增事件处理
45:    add(button); // 新增按钮
46: }
47: // 事件处理方法
48: public void itemStateChanged(ItemEvent evt) {
49:    colorNum=color.getSelectedIndex(); // 更改颜色编号
50:    repaint(); // 重绘
51: }
52: // 事件处理方法
53: public void actionPerformed(ActionEvent evt) {
54:    if ( evt.getSource() == button ) {
55:        if ( colorNum == 0 )// 更改颜色编号
56:            colorNum = 1;
57:        else if ( colorNum == 1 )
58:                colorNum = 2;
59:            else
60:                colorNum = 0;
61:    }
62:    if ( evt.getSource() == list ) { // 更改颜色编号
63:        colorNum = list.getSelectedIndex();
64:    }
65:    repaint(); // 重绘
66:    }
67: }
```

程序说明

第 4~67 行：AppA-6-1 类定义，该类继承 Applet 类且实现 ActionListener 和 ItemListener 接口。

第 33、40 和 44 行：调用 addItemListener(this)和 addActionListener(this)方法注册此类为 ActionEvent 和 ItemEvent 事件的监听器对象。

第 48~66 行：实现 actionPerformed()和 itemStateChanged()2 个接口方法。

第 48~51 行：定义 itemStateChanged()方法，在第 49 行取得 Choice 控件的选项。

第 53~66 行：定义 actionPerformed()方法，在第 54~61 行使用 if 语句检查是否单击按钮及切换不同颜色，第 62~64 行使用 if 语句判断是否取得列表框的选项。

A.6.2　文字输入控件的事件处理

AWT 控件的 TextField 和 TextArea 控件可以输入文字内容。当用户输入文字内容后，单击 Button 控件，就会产生 ActionEvent 类的事件对象。委托处理事件的类需要实现 ActionListener 接口的方法来处理此事件。

在事件处理方法 actionPerformed()中可以使用 getText()方法，取得用户在 TextField 和 TextArea 控件输入的字符串内容，如下所示：

```
str = text.getText();
```

Java 项目：AppA_6_2

在 Java Applet 的 AppA_6_2.java 程序文件加入 TextField 和 TextArea 等控件，在用户输入文字内容后，单击按钮，可以在下方显示输入的文字内容，其执行结果如图 A-11 所示。

▲图 A-11

 程序内容

```
01: import java.applet.Applet;
02: import java.awt.*;
03: import java.awt.event.*;
04: // 继承 Applet 对象
05: public class AppA_6_2 extends Applet
06:implements ActionListener {
07:private static final long serialVersionUID = 1L;
08:private TextField text;
09:private TextArea area;
10:private Button button1, button2;
11:private String str = "这一个测试的文字内容";
12:// Applet 的主程序
13:public void paint(Graphics g) {
14:int recWidth = getSize().width;
15:int recHeight = getSize().height;
16:// 绘出方框
17:g.drawRect(0, 0, recWidth-1, recHeight-1);
18: g.drawString(str, 50 , 250); // 显示信息
19: }
20: // Applet 的初始方法
21: public void init() {
22:    // 标签
```

```
23:     Label label = new Label("用户名称: ");
24:     add(label);
25:     // 单行文本框
26:     text = new TextField(10);
27:     add(text);
28:     // 建立按钮对象
29:     button1 = new Button("输出文字字段");
30:     add(button1); // 添加按钮
31:     button1.addActionListener(this);// 新增事件处理
32:     // 多行文本框
33:     area = new TextArea("", 10, 30,
34:             TextArea.SCROLLBARS_HORIZONTAL_ONLY);
35:     add(area);
36:     // 建立按钮对象
37:     button2 = new Button("输出文本框");
38:     add(button2); // 添加按钮
39:     button2.addActionListener(this);// 新增事件处理
40: }
41: // 事件处理方法
42: public void actionPerformed(ActionEvent evt) {
43:     if ( evt.getSource() == button1 )
44:         str = text.getText(); // 取得文本框的内容
45:     if ( evt.getSource() == button2 )
46:         str = area.getText(); // 取得文字区域的内容
47:     repaint(); // 重绘
48:     }
49:}
```

◀) 程序说明

　　第 5～49 行：AppA-6-2 类定义，该类继承 Applet 类且实现 ActionListener 接口。

　　第 31 和 39 行：使用 addActionListener(this)方法注册此类为 ActionEvent 事件的监听器对象。

　　第 42～48 行：实现 actionPerformed()接口方法，在第 43～46 行使用 2 个 if 语句检查单击了哪一个按钮，第 44 和 46 行取得输入的文字内容，并在第 18 行显示出来。

附录 B　制作安装包与发布应用程序

安装包的基础知识

Android 应用程序的安装包是一个 APK（Application Package）文件，其扩展名为.apk。Android 的每一个应用程序都对应一个安装包。

1. 应用程序的数字签名

Android 操作系统要求所有安装的应用程序都拥有数字签名（Digitally Signing），数字签名包含公开和私有的一对密钥（Public/Private Keys），应用程序开发者拥有私有密钥（Private Key），其主要目的是用来识别应用程序的身份，可以建立开发者与应用程序之间的信任关系。

2. AndroidManifest.xml 文件

在制作 Android 应用程序的安装包前，我们需要再次确认 AndroidManifest.xml 文件中，发布程序的版本号和 android:minSdkVersion 属性，如下所示：

```
<?xml version="1.0" encoding="utf-8"?>
<manifest xmlns:android=
        "http://schemas.android.com/apk/res/android"
  package="androidEx.ch17"
  android:versionCode="1"
  android:versionName="1.0">
  <uses-sdk android:minSdkVersion="14" />
  …….
</manifest>
```

上述 XML 代码中的主要属性说明如下。

android:versionCode：应用程序内部开发的版号，默认值为 1，每次改版都需增加值，以便 Android Market 判断程序是否有更新（如果 Market 中的版号大于安装的版号，就表示有更新）。

android:versionName：应用程序的版号，即我们常见的 1.0、2.0、3.0 版等，主要是给用户了解当前是什么版本。

android:minSdkVersion：其属性值是与 Android 平台包对应的 API 级别，即我们在创建 Android 项目时，输入的 Min SDK Version 域值。实务上，因为 Android 操作系统是向上兼容，除非有使用新版功能，例如，2.0 之后版本才支持蓝牙，应该选越早的版本越好，例如，选 1.5 版，程序可以在之后 1.6 版和 2.x 版执行，反之，就只能在新版本执行。

B.2 创建数字签名与导出安装包

在 Eclipse 中提供有向导步骤来帮助我们创建数字签名并导出安装包 APK，步骤如下所示。

Step 1：打开 Eclipse，在"Package Explorer"窗口选择【Ch17_4】项目，执行右键快捷菜单的"Android Tools>Export Singed Application Package"指令，即可以启动"Export Android Application"向导画面，如图 B-1 所示。

Step 2：导出项目默认是【Ch17_4】，不用更改，单击【Next】按钮，可以看到 Keystore Selection 画面，在此选择 Keystore 文件，如图 B-2 所示。

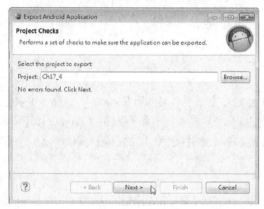

▲图 B-1

▲图 B-2

Step 3：如果已经建立 Keystore 文件，选择【Use exiting keystore】即可，否则，选择【Create new keystore】新建一个 Keystore 文件来签署应用程序，在【Location】栏输入 Keystore 文件的存储路径，然后输入保护此文件的密码并确认，单击【Next】按钮来输入数据建立密钥，如图 B-3 所示。

对话框中的字段说明如下。

Alias：识别密钥的别名。

Password：输入密钥使用的密码。

Confirm：再输入一次相同密码来确认。

Validity (years)：输入密钥的有效年限，失效日期必须在公元 2033 年 10 月 22 日之后，所以输入 30 年是一个安全的年限。

First and Last Name：输入姓名。

Organizational Unit：输入所在部门。

Organization：输入组织或公司名称。

▲图 B-3

City or Locality：输入所在城市。

State or Province：输入省或直辖市。

Contry Code (XX)：输入国家码。

Step 4：输入建立密钥所需数据后，单击【Next】按钮，就可以来选择导出 APK 文件的路径和名称，如图 B-4 所示。

Step 5：在【Destination APK file】栏输入要导出的文件路径，单击【Finish】按钮即制作完安装包。

打开 "C:\Java_IDE" 文件夹，可以看到刚建立的 Keystore 文件和安装包 Ch17_4.apk，如图 B-5 所示。

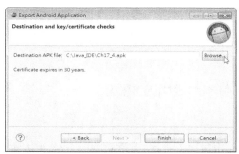
▲图 B-4

▲图 B-5

B.3　安装 Android 应用程序

基本上，有了 Android 应用程序安装包之后，我们就可以在联机的移动设备上安装我们所开发的 Android 应用程序。

在 Android SDK 提供 adb.exe 工具（Android Debug Bridge）来安装 Android 应用程序，此工具位于 Android SDK 目录的 "platform-tools" 子目录。例如，安装上一节建立的 Ch17_4.apk，其步骤如下所示：

Step 1：在计算机上连接移动设备，启动 Windows 操作系统的 "命令提示字符" 窗口，然后切换到 Android SDK 目录的 "platform-tools" 子目录，以第 17 章安装目录 "C:\Java_IDE\android-sdk-windows" 为例，请输入下列 cd 指令来切换目录，如图 B-6 所示。

C:\>cd \Java_IDE\android-sdk-windows\platform-tools Enter

▲图 B-6

Step 2：然后，就可以输入指令来安装 Ch17_4.apk，如图 B-7 所示。

C:\Java_IDE\android-sdk-windows\platform-tools>adb install
"C:\Java_IDE\Ch17_4.apk" Enter

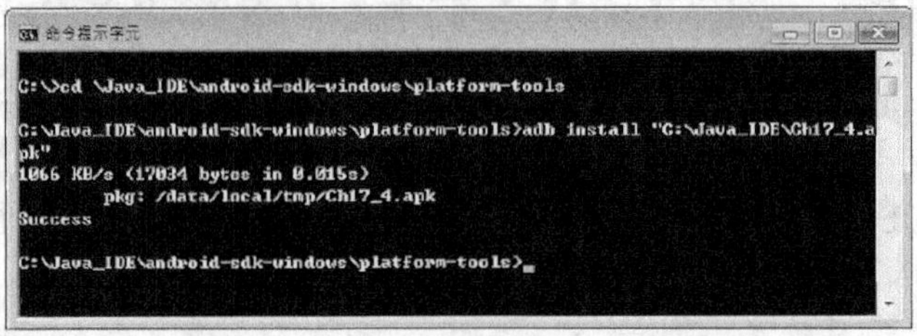

▲图 B-7

B.4　发布 Android 应用程序

当我们将 Android 应用程序建立成安装包之后，有多种方法来发布应用程序。

B.4.1　发布在 Web 网站

如果拥有网站或免费网页空间，我们可以将 Android 应用程序安装包发布到上面，并提供下载。例如，在 downloadCal.htm 页面创建下载 Ch17_4.apk 的超链接，如下所示：

```
<html>
<head>'
    <title>下载四则计算器</title>
</head>
<body>
下载四则计算器: <a herf=" Ch17_4.apk ">请按此</a>
</body>
</html>
```

单击上述<a>标签建立的【请按此】超链接，就可以下载 Ch17_4.apk，将 downloadCal.htm 和 Ch17_4.apk 文件都上传到 Web 服务器，就可以在移动设备使用浏览程序进入 downloadCal.html 来下载 Android 应用程序。

B.4.2　发布应用程序至 Android Market

Android Market（Android 市场）是 Google 公司提供内建在 Android 操作系统的 Android 应用程序下载网站，在 Android 移动设备的手机或平板计算机可以直接启动 Android Market 程序来浏览分类的应用程序列表，如果看到喜欢的，可以直接下载安装到移动设备。

将 Android 应用程序发布到 Android Market 需要注册 Android Market 账号且需使用信用卡付 25 美元开发费用（Developer Fee）成为 Android 开发人员，然后才能将 Android 应用程序发布到 Android Market。本书内容主要说明 Android 程序设计，发布应用程序并非本书重点，所以这里只简单来说明如何发布应用程序至 Android Market。

1. 创建 Android Market 账号

准备好 Android 应用程序安装包后，我们就可以创建 Android Market 账号来发布应用程序。在发布 Android 应用程序前，我们需要完成 3 个步骤，具体如下所示。

● 填写开发人员个人资料。

● 通过 Google Checkout 使用信用卡支付注册费 US$ 25.00。

● 同意 Android Market 开发人员的发布协议。

创建 Android Market 账号的基本步骤如下所示。

Step 1：启动浏览器进入 http://market.android.com/publish 网页。

Step 2：在右边输入 Google 账号和密码登入后，可进入发布页面，如图 B-8 所示。

▲图 B-8

Step 3：选择同意遵守开发者分发协议，单击【继续付款】按钮来使用信用卡支付注册费。

Step 4：单击【支付注册费用】按钮进入 Google 安全付款服务，输入信用卡数据和持卡人姓名、地址和电话，单击【同意并继续】按钮，即开始在线付款。

Step 5：根据网络速度而定，等到完成付款后，就会显示一个确认成为 Android 开发人员的信息。

Step 6：单击信息中的超链接，可以回到 Android Market 开发人员网站。

Step 7：勾选同意 Android Market 开发人员的发布协议，单击【同意并继续】按钮即可进入 Android Market 开发人员首页。至此完成 Android Market 账号的建立。

2. 上传 Android 应用程序至 Android Market

现在，我们可以上传 Android 应用程序至 Android Market，在上传前需要准备一些资料和相关文件，如下所示：

- Android 应用程序安装包文件（APK 格式）。
- 两 张 Android 应用程序的屏幕抓图。可在 Eclipse 切换到 DDMS 视图，在左上角"Devices"窗口选择实机或 Android 模拟器，单击上方相机图标的【Screen Capture】按钮来抓取实机或 Android 模拟器的执行画面。
- Android 应用程序的名称与描述。如果支持多国语系，请准备各语言的版本。
- 一个高分辨率的图标（512×512）。

上传 Android 应用程序到 Android Market 的基本步骤如下所示。

Step 1：进入 Android Market 开发人员首页，单击右下角的"上传应用程序"，就可以进入上传应用程序页面。

Step 2：比如我们需要上传第 B.2 节建立的安装包（.apk）文件，准备两张程序运行截图、高分辨率图标和 Google 推广使用的图片文件（如果有的话）。

Step 3：在文字输入与选择部分，输入应用程序名称、描述、最近的变更、推广文字，并选择应用程序类型和所属目录，如果支持多国语系，可以添加不同语言的名称和描述等数据。

Step 4：在发布选项部分勾选发布地区，单击左下方【发布】按钮就可以发布 Android 应用程序。

当完成上传 Android 应用程序到 Android Market 后，在开发人员首页可以看到发布的应用程序列表和检查其状态。

附录 C　ASCII 码对照表

ASCII 码	符　　号	HTML 码
32	SPACE	&#32;
33	!	&#33;
34	"	&#34;
35	#	&#35;
36	$	&#36;
37	%	&#37;
38	&	&#38;
39	'	&#39;
40	(	&#40;
41	)	&#41;
42	*	&#42;
43	+	&#43;
44	,	&#44;
45	-	&#45;
46	.	&#46;
47	/	&#47;
48	0	&#48;
49	1	&#49;
50	2	&#50;
51	3	&#51;
52	4	&#52;
53	5	&#53;
54	6	&#54;
55	7	&#55;
56	8	&#56;
57	9	&#57;
58	:	&#58;
59	;	&#59;
60	<	&#60;
61	=	&#61;
62	>	&#62;
63	?	&#63;
64	@	&#64;
65	A	&#65;

续表

ASCII 码	符　　号	HTML 码
66	B	&#66;
67	C	&#67;
68	D	&#68;
69	E	&#69;
70	F	&#70;
71	G	&#71;
72	H	&#72;
73	I	&#73;
74	J	&#74;
75	K	&#75;
76	L	&#76;
77	M	&#77;
78	N	&#78;
79	O	&#79;
80	P	&#80;
81	Q	&#81;
82	R	&#82;
83	S	&#83;
84	T	&#84;
85	U	&#85;
86	V	&#86;
87	W	&#87;
88	X	&#88;
89	Y	&#89;
90	Z	&#90;
91	[	&#91;
92	\	&#92;
93	]	&#93;
94	^	&#94;
95	_	&#95;
96	`	&#96;
97	a	&#97;
98	b	&#98;
99	c	&#99;
100	d	&#100;
101	e	&#101;
102	f	&#102;
103	g	&#103;
104	h	&#104;
105	i	&#105;
106	j	&#106;
107	k	&#107;
108	l	&#108;
109	m	&#109;